黄河防洪工程建设维护与生态保护技术

赵树坤 靳松涛 郑利敏 张市飞 卢明锐 赵胜利
张素娜 牛灵娜 姚俊霞 李国林 梁增民 靳亚静 编著

黄河水利出版社
·郑州·

内 容 提 要

本书主要从防洪工程概述与建设特点、防洪工程维修与养护管理、生态防护工程建设与维护、涵闸渠道养护与闸门运行管理、河道整治工程根石加固、防洪施工管理及附属设施管理、堤防抢险新技术推广、防洪工程巡查观测、黄河下游河道和滩区综合治理等方面介绍黄河工程的维修养护管理与抢险技术，助力黄河流域地区提升用水效率、加强水污染治理、改善生态系统管理，为实现黄河流域高质量发展提供支撑。

本书既可供广大黄河河务系统及相关领域从业者参考，也可作为相关专业学生的辅助教材。

图书在版编目(CIP)数据

黄河防洪工程建设维护与生态保护技术/赵树坤等编著. —郑州：黄河水利出版社，2024. 4

ISBN 978-7-5509-3881-6

Ⅰ. ①黄… Ⅱ. ①赵… Ⅲ. ①黄河-防洪工程 Ⅳ. ①TV882.1

中国国家版本馆 CIP 数据核字(2024)第 090867 号

组稿编辑：韩莹莹 电话：0371-66025553 E-mail：1025524002@qq.com

责任编辑 郭 琼　　责任校对 王单飞
封面设计 张心怡　　责任监制 常红昕
出版发行 黄河水利出版社
地址：河南省郑州市顺河路 49 号 邮政编码：450003
网址：www.yrcp.com E-mail：hhslcbs@126.com
发行部电话：0371-66020550
承印单位 广东虎彩云印刷有限公司
开 本 787 mm×1 092 mm 1/16
印 张 18
字 数 450 千字
版次印次 2024 年 4 月第 1 版　　2024 年 4 月第 1 次印刷

定 价 118.00 元

前 言

古往今来,一部黄河治理史,就是一部中华民族的奋斗史、一部治河科技的进步史。顾往昔,思绪万千,成就辉煌。展明朝,任重道远,信心百倍。2021年10月8日,中共中央、国务院印发了《黄河流域生态保护和高质量发展规划纲要》,明确提出:将黄河流域生态保护和高质量发展作为事关中华民族伟大复兴的千秋大计,统筹推进山水林田湖草沙综合治理、系统治理、源头治理,着力保障黄河长治久安,着力改善黄河流域生态环境,着力优化水资源配置,着力促进全流域高质量发展,着力改善人民群众生活,着力保护传承弘扬黄河文化,让黄河成为造福人民的幸福河。立足中国经济已由高速增长阶段转向高质量发展阶段的社会背景,科学贯彻落实《黄河流域生态保护和高质量发展规划纲要》,把黄河建成造福人民的幸福河,已成为每位黄河人和相关科技工作者的光荣使命和义不容辞的责任。但反观黄河治理现状,仍存在着黄河治理保护的任务仍然十分艰巨,黄河泥沙问题没有根本解决,黄河下游诸如河槽淤积抬高、"二级悬河"、横河斜河、滩区淹没等一系列亟待解决的问题,需要每位黄河人和相关科技工作者去逐一解决,探索、应用黄河治理新技术乃是其必由之路和重要武器。正是基于此,编者立足当下现实问题、紧盯科技发展前沿,组织编撰了《黄河防洪工程建设维护与生态保护技术》一书,旨在全面梳理和总结黄河防洪工程建设的经验与技术,并结合大量实际案例进行深入剖析,旨在为读者及今后工作提供理论借鉴、实践参考。

本书由濮阳黄河河务局第一黄河河务局赵树坤、卢明锐、张市飞、姚俊霞、李国林、靳亚静,濮阳县职业技术学校靳松涛,濮阳黄龙工程建设养护有限公司第一分公司郑利敏、赵胜利、梁增民,濮阳黄河河务局张素娜、牛灵娜编著。本书编者均多年在黄河基层单位参与防汛工作,拥有水管体制改革以来工程建设、管理和养护施工的经验。希望本书的出版能够为广大防汛、工程管理、养护施工人员提供帮助,能够为黄河防洪工程建设、黄河治理事业高质量发展贡献一份智慧和力量。

最后,真诚感谢所有为黄河防洪工程建设付出辛勤努力的同仁们,正是你们的无私奉献、不懈追求和创造性实践,才使得编者能够在这条古老的河流上书写新的篇章。同时,编者也期待更多的专家、学者和业内人士能够加入到这一伟大的事业中来,共同为黄河的明天描绘出更加美好的蓝图。

由于编者水平有限,书中难免有疏漏或不足之处,敬请读者批评指正。

编 者

2024年2月

目 录

第一章　绪　论

第一节　防洪工程概述

防洪工程(flood control works)是指为控制、防御洪水以减免洪灾损失所修建的工程。防洪工程主要有堤、河道整治工程、分洪工程和水库等,按功能和兴建目的可分为挡、泄(排)和蓄(滞)几类。

一、挡

挡主要是运用工程措施"挡"住洪水对保护对象的侵袭。如用河堤、湖堤防御河、湖的洪水泛滥;用海堤和挡潮闸防御海潮;用围堤保护低洼地区不受洪水侵袭等。利用具有挡水功能的防洪工程,是最古老和最常用的措施。用挡的办法防御洪水,将改变洪水自然宣泄和调蓄的条件,一般将抬高天然洪水位。有些河、湖洪水位变幅较大,且由于受泥沙淤积等自然演变和人类开发利用洪泛区等活动的影响,洪水位还有不断增高的趋势;一般堤线都较长、筑堤材料和地基选择余地较小,结构不能太复杂,堤身不宜太高。因此,用挡的办法防御洪水在技术经济上受到一定限制。

二、泄(排)

泄(排)主要是增加泄洪能力。常用的措施有修筑河堤、整治河道(如扩大河槽、河道裁弯取直)、开辟分洪道等,是平原地区河道较为广泛采用的措施。①扩大河槽、河道裁弯取直都能降低洪水位,增大本河段的泄洪能力;河道裁弯取直还可以缩短航程,有的还能缓解弯顶淘刷和崩岸对堤防的威胁。但这些措施将增加下游河段的洪水流量、加大防洪负担。②修筑河堤也有增大河道泄量的功能,将原来漫溢出去的洪水控制在堤防限制的河槽内。这一方面减少了河段的调蓄容量,另一方面抬高了洪水位,增大了水深,从而加大河道的流速和下泄流量。加高原有堤也能增大泄洪能力,但不适当地加高堤防,将增加堤防本身的风险度,增加下游防洪负担。③开辟分洪道,分洪入其他河流、湖泊、洼地、海洋都能降低其下游河段的水位、洪水流量,减轻防洪负担。如分洪道绕过狭窄河段后又回归原河道,可降低狭窄河段的水位、洪水流量,减轻防洪负担,但这些措施都可能改变沿途或承泄区的环境,规划时要综合考虑,以免带来新的问题。

三、蓄(滞)

蓄(滞)主要作用是拦蓄(滞)调节洪水,削减洪峰,减轻下游防洪负担,如利用水库、分洪区(含改造利用湖、洼、淀等)工程等。水库除可起防洪作用外,还能蓄水调节径流,利用水资源,发挥综合效益,成为近代河流开发中普遍采取的措施。但修建水库投资大,还会淹没大量土地,迁移人口,有些地方还淹没矿藏,带来较大损失。开辟分洪区,分蓄(滞)河道超额洪水,一般都是利用人口较少的地区,也是很多河流防洪系统中的重要组成部分。在山区实施水土保持措施,可起蓄水保土作用,遇一般暴雨,对拦减当地洪水有一定效果。

一条河流或一个地区的防洪任务,通常由多种措施相结合构成的工程系统来承担。工程的布局是根据自然地理条件,洪水、泥沙特性,社会经济,洪灾情况,本着除害与兴利相结合、局部与整体统筹兼顾、蓄泄兼筹、综合治理等原则,统一规划。一般是在上中游干支流山谷区修建水库拦蓄洪水,调节径流;山丘地区广泛开展水土保持,蓄水保土,发展农林牧业,改善生态环境;在中下游平原地区修筑堤防、整治河道、治理河口,并因地制宜修建分蓄(滞)洪工程,以达到减免洪灾的目的。

第二节　防洪工程建设的特点

与其他工程建设相比,防洪工程建设具有如下特点:

(1)防洪工程建设涉及面较广,具有系统性和社会性。如一条防洪圩堤的建设,不仅是某个地方的事,而是涉及邻近几个乡镇甚至数县的事。对于大江大河的防洪工程建设,通常要由省(区、市)际之间协作完成。因此,防洪工程建设既是系统性工程,又是社会性工程。

(2)防洪工程的效益主要不是直接创造社会财富,而是在防洪减灾的过程中产生效益,也就是以减少洪灾机会、降低洪灾程度、减少洪灾损失或改变洪灾损失的负担方式及安定民生为效益。

(3)洪灾损失受洪水随机性的影响,导致防洪减灾效益具有不确定性。洪水出现的特点,虽有统计方面的规律,但年际变化大,洪水造成的损失年际变化更大。一般年份不发生洪灾或灾害很小,一旦出现大洪水,损失就很大。

(4)防洪工程在安定社会和保障人民生活等方面的效益,是难以用货币来衡量的。

综上所述,防洪工程建设具有社会性,工程建成后难以产生直接的经济效益,但具有明显的社会效益,且这种社会效益难以用货币的方式全面地衡量或核算。防洪工程这种效益机制的特点,决定了其难以引进风险投资机制。其建设资金的投入机制、建设管理和运行过程的责任机制也具有特殊性。

第二章　防洪工程维修与养护管理

第一节　概　述

工程的养护是工程管理的主要工作内容，应遵循“以防为主，防重于修，修重于抢”的原则。首先，要做好经常性的养护和防护工作，防止工程缺陷的发生和发展。其次，工程产生缺陷后，要及时进行养护或修理，做到“小坏小修，不等大修；随坏随修，不等岁修”，防止缺陷扩大，保持工程经常处于良好的工作状态。

工程一旦出现险情，水管单位应按照预案立即组织抢修，防止险情扩大。抢修时，要首先弄清出险情况，分析出险原因，慎重研究抢修措施，制定周密的抢修方案。抢修方案需充分考虑当时的人力、物力及技术条件，因地制宜，就地取材。首先要尽快使险情稳定，不再继续发展，然后采取进一步的措施，消除险情。为争取工程抢修的主动，平常应根据所管工程的实际情况，分析预测可能出现险情的种类、地点，针对不同情况编制工程抢修预案。预案中应包括抢修的方法措施、人员组织、物料供应、工具器材、交通通信、供电照明、后勤保障、安全医护等内容。

由于堤防工程建设受各种因素的影响，工程质量存在先天性不足，内部存在多种隐患，如裂缝、孔洞、松软夹层等，也有的存在堤身断面不足，堤防高度不够，堤基稳定、抗渗性能差等病险问题。这些问题通过一般性的养护修理或岁修项目难以解决，不是堤防管理单位能够解决的。类似这样的大修或除险加固项目，应该报上级主管部门，交由设计、施工单位研究确定处理措施，列入基本建设程序并加以解决。

需要说明的是，工程管理工作绝不是在工程竣工验收后才开始的，而是在工程建设的前期工作时就已经开始。在工程建设的勘测、设计、施工、运行的各个层次、各个环节，管理单位都应该介入其中。作为管理单位或部门，应积极主动地参与工程建设各个环节的工作，尤其是重建设、轻管理的思想根深蒂固，近年来虽有很大的改善，但仍未完全消除，更应积极参与工程建设的各个环节，发现问题及时协调处理，为以后的工程管理工作争取主动。

事实上，参与工程建设各环节的工作十分必要。例如：在工程设计中应布置完善的各类管理设施（工程观测设施、管理工器具、交通设施、通信设施、照明设施、管理房舍、管理组织机构等），为工程的运行管理创造必要的条件。在工程施工中要严格评定工程质量，详细记载各部分的检查结果，尤其对隐蔽工程部分，更应加强检测，了解工程质量情况。施工期还要注意工程的观测，并做好观测记录，及时进行整理分析，发现问题及时加以解决。工程完成后要进行全面、细致的工程验收，并将全部工程技术资料（包括工程设计、工程监理、工程施工、施工期工程管理、工程竣工验收等）移交给管理单位。堤防工程的养护与修理，其对象包括堤防工程本身及其附属设施。堤防工程分为堤顶、堤坡、护堤地，附属设施包括观测设施、堤身排水设施、生物防护工程（草皮护坡、防浪林带、护堤林带、工程抢险用材林等）、交通与通信设施、防汛抢险设施、生产管理与生活设施等。

堤防、水闸养护修理工作分为养护、岁修、抢修和大修。其划分界限应符合下列规定：

（1）养护。对经常检查发现的缺陷和问题，随时进行保养和局部修补，保持工程及设备完整清洁，操作灵活。

（2）岁修。根据汛后全面检查发现的工程损坏和问题，管理单位每年编制岁修计划，报相关主管部门批准后实施。

（3）抢修。当工程及设备遭受损坏、危及工程安全或影响正常运用时，制定抢护方案，报上级主管部门批准后实施。必须立即采取抢护措施的，可采取边上报、边抢护的方法处理。

（4）大修。工程发生较大损坏或设备老化，修复工程量大，技术较复杂，超出岁修计划范围的，须报请上级主管部门，并组织有关单位研究制定专项修复计划，有计划地进行工程整修或设备更新。

各种养护修理均以恢复和保持工程原计划标准为原则，如需变更原设计标准，应做出改建或扩建设计，按基建程序报批后进行。

各种养护修理情况均应详细记录，载入大事记并存入技术档案。抢修工程应做到及时、快速、有效，防止险情发展。岁修、大修工程应严格按批准的计划施工，影响汛期使用的工程，必须在汛前完成，完工后应进行技术总结，并由建设单位或主管部门组织竣工验收。

第二节　工程养护与修理

一、土质堤顶养护与修理

土质堤顶养护的一般要求是：保持堤顶平坦，无坑、无明显凹陷和波状起伏，堤肩线直、弧圆，雨后无积水。

土质堤顶宜用黏土覆盖，整平压实。为便于排水，堤顶一般修成一侧或两侧斜坡，坡度1∶30～1∶50。堤顶排水分为分散排水和集中排水两种形式。分散排水比较简单，即堤肩不设集水小堰，堤顶雨水沿堤肩满溢分散，经堤坡排出堤身。分散排水要求堤肩、堤坡有较强的抗冲刷能力，适用于堤防土质及植被条件好、年内降雨比较均匀、降雨强度不大的地区。集中排水一般是堤肩挡水小堰配合堤身排水沟，由堤肩小堰集水，汇流于排水沟，排出堤身。堤肩小堰一般顶宽、高各为30～40 cm，为防止一沟排水不畅，增加另一沟的排水负担，在两排水沟之间设分水埂。

对于土质堤顶，养护的主要内容是及时进行堤顶平整，有堤肩小堰的，经常整修堤肩小堰。无论是分散排水，还是集中排水，都要求在降雨时坚持进行堤顶顺水、排水，及时排除堤顶积水。如降雨过程中出现较大冲沟，应先在沟口筑埂圈围，阻止雨水进入，避免冲沟扩大，并将周围积水排走，待雨后再行整理修复。经验表明，雨后及时整修堤顶，效率高，效果好。因此，雨后要抓住有利时机，及时进行堤顶整修，恢复堤顶原貌，保持堤顶完整。

天气干燥或土质不好时堤顶出现的局部坑洼等缺陷，应随时洒水湿润，填平压实。冬季堤顶积雪应及时清扫。

硬化堤顶(非土质堤顶)的养护，应根据其结构和采用材料的不同，采取相应的养护方法和措施，如沥青混凝土堤顶可按照公路的养护方法。

二、土质堤坡养护与修理

土质堤坡养护的一般要求是：坦坡平顺、完整，上堤坡道不得侵蚀堤身、削弱堤防断面；要及时发现并正确修复处理堤坡上的雨淋冲沟、浪坎、残缺、洞穴、裂缝等缺陷，保持堤身经常处于完整无缺的状态。

堤坡出现破损、产生缺陷的主要因素是人为破坏、工程施工影响、风雨侵蚀、河道水流冲刷、风浪淘刷、工程地质和其他自然因素等。因此，对于人为破坏要依法进行制止，并根据情节轻重程度进行适当的水行政处罚。对于因工程施工造成的堤防破坏，应要求施工单位在工程完工后，按照有关标准要求，恢复堤防工程原貌(包括草皮及其他附属工程设施)，或将恢复工程所需费用交给堤防管理单位，由堤防管理单位代为恢复。对于因自然因素造成的破坏，要分析产生的原因，对症进行处理，以求从根本上解决问题。

对于各种缺陷，要及时进行修复处理。修复处理一般采用开挖回填的方法：首先对缺陷进行开挖清除，并超挖缺陷以外 0.5 m，开挖较深时，应开挖成高 20~30 cm 的阶梯状，以保证新老土壤结合面的施工质量，应按照《堤防工程施工规范》(SL 260—2014)要求进行施工，分层填筑夯实，表面要略有超高，以防止雨水侵入。

三、排水沟的养护

堤防工程一般采用堤顶两侧排水的方式，堤防排水沟常用混凝土、砖石、石灰黏土、草皮等材料修筑。排水沟的布局，一般平均 30~50 m 布设一条，两侧交错布置，每条排水沟服务堤顶面积 300 m^2 左右。排水沟进口设成喇叭口，排水沟断面尺寸应根据当地降雨强度确定，与排水量相适应，以不使堤顶积水为限。断面一般设为梯形(石灰黏土和草皮排水沟一般修成弧形)，断面尺寸顶宽 40~50 cm，深 20~30 cm，底宽 15~20 cm。排水沟出口应延伸到堤脚外一段距离，铺一层黏土或用砖石砌筑，以消力防冲，避免冲蚀脚堤。

排水沟的养护内容一般是：及时清理沟内杂物，避免堵塞，保持排水通畅。如有轻微损坏，应及时进行修补。如有严重冲蚀或损毁，应分析原因，是因排水断面不足，还是因布局不合理，或是其他原因，视情况及时进行改建或修补恢复。

四、生物工程养护

生物工程是堤防工程的重要组成部分，起到保护堤防安全和生态环境的作用，主要有护坡草皮、防浪林带、护堤林带、抢修用材林等。其主要作用是：消浪防冲，防止暴雨、洪水、风沙、波浪等对堤防工程的侵蚀破坏，保护堤防和护岸工程，为防汛抢险提供料源，涵养水土资源，绿化美化堤容堤貌，优化生态环境。生物工程建设应在有利于防汛抢险的原则下，统一规划、统一栽植、统一标准规格、统一间伐更新。

(1)草皮养护。堤防草皮应选用适应当地气候环境、根系发达、低矮匍匐、抗冲效果好的草种。在临靠城镇的堤段,亦可种植一些美化草种。其养护内容主要是清除杂草、平茬、洒水保墒,保持草皮生长旺盛。还应根据草皮生长周期,当草皮出现老化迹象时,要适时进行草皮更新或复壮。

(2)树木养护。堤防植树以"临河防浪、背河取材、乔灌结合"为原则。栽植新树时,应根据堤防的具体条件和植树目的(防浪、取材、美化环境等),按照适地适林的原则,宜选择容易存活、生长快、防护效益好、兼顾经济效益的乡土树种,或经过引进试验,推广适宜栽植的树种。同一堤段最好选用同一树种,并按树身长短一次栽植,以防造成人为林木分化;影响树木生长,影响整齐美观。根据林木营造技术要求,有些树种应混交栽植,可防止树木病虫害,有利于林木生长;此时应分行相间栽植,做到混而不乱。根据树木生长情况,应适时进行更新。更新时,在防浪要求高、林带宽度大的地方,不宜一次全部砍伐,应分期分批进行,以满足防浪要求。否则,应一次全部更新。树木更新宜在冬季进行。

幼树从栽植成活到树木成材常需要很长时间,速生树木一般也要10~15年,一般树种需要几十年甚至更长时间。其间必须加强抚育管理,保持树木生长旺盛,才能起到对堤防的防护作用。抚育管理的主要内容包括防止人为破坏、抗旱排涝、合理整枝打杈、防治病虫害、及时间伐和更新等。

第三节　堤防隐患修理

常见的堤防工程隐患可分为两类:一类是堤身隐患,主要是"孔洞""裂缝""松软夹层"等;另一类是堤基隐患,主要是基础渗流和接触渗流等。

一、堤基隐患处理

堤基隐患处理措施就是截渗和排渗。截渗措施一般采用抽槽换土法和黏土斜墙法;排渗措施是修做砂石反滤和导渗沟排除渗水。

(一)抽槽换土

抽槽换土就是在临水堤脚附近开挖沟槽,将地基中的透水土层挖除,换填黏土,分层夯实,用以截堵基础渗流。开槽深度应尽可能挖断透水层,根据施工排水条件,一般开挖深度为2~5 m,构成黏土防渗齿墙,并与防渗斜墙连成一体,共同发挥截渗作用。

(二)黏土斜墙

黏土斜墙就是在堤防临水坡用黏土顺坡修筑一层截渗墙,用以减少入侵堤身的渗水。斜墙顶部应高于设计洪水位0.5~1.0 m,斜墙的垂直厚度1~2 m,外表设保护层,垂直厚度不小于0.8 m,以保护黏土斜墙不干裂、不冻融和不受其他侵害。

(三)反滤导渗

配合截渗措施,根据情况和现场条件,可在背水堤脚处采取反滤导渗措施,即在背水堤坡近堤脚处铺筑反滤体,或在堤脚附近开挖导渗沟,降低浸润线高度,减小渗水出逸比降。

二、堤身隐患处理

堤身隐患处理措施一般有翻修、抽水洇堤和充填灌浆等方法，一般有时也可采用上部翻修、下部灌浆的综合措施。

（一）翻修

翻修措施即开挖回填，先将隐患挖开，然后按照土方施工质量要求，分层回填夯实。这是处理隐患比较彻底的最简单的方法，一般适用于埋藏不深的隐患处理。

（二）抽水洇堤

抽水洇堤是在堤顶开槽蓄水，槽内打有锥眼，水由锥眼渗入堤身。抽水洇堤处理隐患的原理是：通过对堤身土壤洇水饱和、排水固结，借水对土的渗压作用，使土粒结构重新结合，增加土体密度，提高堤身土壤密度。实践表明，抽水洇堤措施对沙性土地效果明显，而对黏性土，由于土体崩解和排水固结缓慢，土体加密效果甚微。

（三）充填灌浆

堤防充填灌浆是利用人工打锥或机械打锥机在堤身造孔，将配置一定浓度的泥浆液以一定的压力注入锥孔内，充填堤身的内部隐患，并在浆液的作用下，挤压土壤颗粒，达到充填密实的目的。充填灌浆又分为自流充填灌浆和压力充填灌浆。

充填灌浆的工序一般是造孔和灌浆。灌浆过程可分为制浆、输浆、注浆和封孔。堤防充填灌浆的主要材料是泥浆，由土料和水拌制而成。为达到较好的灌浆效果，要求拌制的泥浆浓度高、流动性好、稳定性强、失水性好。输浆由泥浆泵和输浆管完成。注浆是一道关键工序，注浆管通过分浆器与输浆管连接，注浆管上部装有压力表，用以控制灌浆压力。锥孔注满浆液，拔出注浆管后，锥眼上部一般仍有空隙，需补灌、填土、捣实封住孔口。

第四节　工程险情抢修

堤防工程抢修是保证堤防工程安全的重要方面，也是堤防工程管理单位的重要工作内容之一。工程抢修具有时间紧、任务重、技术性强等特点，既要有宏观控制意识，又要有微观的可操作性强的实施方法。长期的工作实践证明，要取得工程抢修的成功，首先要及时发现险情；其次要有正确的抢护方案；再次要人力、物力充足；最后要组织严格、指挥得当。工程的抢修工作是一项系统工程，涉及社会的各个方面，要求各方面密切配合，通力协作。

堤防工程抢修包括渗水抢修、管涌（流土）抢护、漏洞抢修、风浪冲刷抢护、裂缝抢修、跌窝（陷坑）抢修、穿堤建筑物及其与堤防接合部抢修、防漫溢抢修、坍塌抢修、滑坡抢修等。

一、渗水抢修

（1）汛期高水位下，堤身背水坡及坡脚附近出现土体湿润或发软、有水渗出的现象，称为渗水，也称散侵或洇水。渗水是堤防较常见的险情之一，可从渗水量、出逸点高度和渗水的浑浊情况等三方面判别险情的严重性。严重的渗水险情应立即采取抢护措施。抢护渗水险情,应尽量减少对渗水范围的扰动,以免加大加深稀软范围,造成施工困难和险情扩大。

(2)在水浅流缓、风浪不大、取土较易的堤段,宜在临水侧采用黏土截渗,并符合下列要求:①先清除临水边坡上的杂草、树木等杂物;②抛土段超过渗水段两端 5 m,并高出洪水位约 1 m。

(3)在水深较浅而缺少黏性土料的地段,可采用土工膜截渗。在下边沿折的卷筒内插钢管的作用在于滚铺土工膜时使土工膜能沿边坡紧贴展铺。在土工膜上所压的土袋,作为土工膜保护层,同时起到防风浪掀起的作用。

当缺少黏性土料、水深较浅时,可采用土工膜加编织袋保护层的办法,达到截渗的目的。防渗土工膜种类很多,可根据堤段渗水具体情况选用。具体做法是:①土工膜的宽度和沿边坡的长度可根据具体尺寸预先黏结或焊接(采用脉冲热合焊接器),以已满铺渗水段边坡并深入临水坡脚以外 1 m 以上为宜,边坡宽度不足时可以搭接,但搭接长度应大于 0.5 m;②铺设前,一般先将土工膜的下边折叠形成卷筒,并插入直径 4~5 cm 的钢管加重(无钢管可以填充土料、石块等),然后在临水堤肩将土工膜卷在滚筒上进行展铺;③土工膜铺好后,应在其上排压一两层内装沙石的土袋,由坡脚最下端压起,逐层错缝向上平铺排压,不留空隙,作为土工膜的保护层。

(4)堤防背水坡大面积严重渗水的险情,宜在堤背开挖导渗沟,铺设滤料、土工织物或透水软管等,引导渗水排出。在背水坡及其坡脚处开挖导渗沟,对排走背水坡表面土体中的渗水虽有一定效果,但要防止渗水险情,还要视工情、水情、雨情等确定是否采用抛投黏土截渗、修筑透水沙土后戗压渗等方法。抢筑透水沙土后戗既能排除渗水,防止渗透破坏,又能加大堤身断面,达到稳定堤身的目的。当渗水堤线较长,全线抢筑透水沙土后戗的工作量太大时,可结合导渗沟加间隔土工织物透水后戗压渗的方法进行抢护。

堤防背水坡反滤导渗沟宜采取纵横沟、“Y”形沟和“人”字形沟等形式。排水纵沟应与附近原有排水沟渠连通。导渗沟沟深不小于 0.3 m,沟底宽不小于 0.2 m,竖沟间距 4~8 m,导渗沟的具体尺寸和间距宜根据渗水程度和土壤性质确定。堤防背水坡导渗沟的开挖高度,应尽量达到或略高于渗水出逸点位置。开沟后排水仍不显著时,可增加竖沟或加开斜沟。

二、管涌(流土)抢护

在渗流作用下无黏性土体中的细小颗粒通过粗大颗粒骨架的空隙发生移动或被带出,致使土层中形成孔道而产生集中涌水的现象,称为管涌。在渗流作用下,黏性土或无黏性土体中某一范围内的颗粒同时随水流发生移动的现象,称为流土。抢修中难以将管涌和流土严格区分,习惯上将这两种渗透破坏统称为管涌险情,又称翻沙鼓水、泡泉。

管涌是最常见的多发性险情之一。险情的严重程度可以从以下几方面判别:管涌口离堤脚的距离、涌水水头特点等。管涌抢护时,不应用不透水材料强填硬塞,以免截断排水通路,造成险情恶化。

根据所用滤料的不同,可采用砂石反滤、土工织物反滤、梢料反滤等形式的反滤围井。对严重的管涌险情,应以反滤围井为主,并优先选用砂石反滤围井。根据所用滤料的不同,可采用沙石铺盖、土工织物铺盖、梢料铺盖等形式的反滤铺盖。

应用土工合成材料抢护管涌、流土的方法一般是:抢修土工合成材料反滤围井及编织土袋无滤层围井。主要是利用土工合成材料的透水保土特性,代替砂石、柴草反滤等,以达到反滤导渗、防止渗透破坏的目的。

(一)土工织物反滤围井

修筑土工织物反滤围井时,除按常规方法外,还应先将拟建围井范围内一切带有尖、棱的石块和杂物清除干净,防止土工织物被扎破而影响反滤效果。铺设时块与块之间要互相搭接好,四周使土工织物嵌入土内,然后在其上面填筑 40~50 cm 厚的砖、块石透水料以压重。

(二)无滤层减压围井

无滤层减压围井(或称养水盆)是利用围井内水位减小水头差的平压原理,抬高井内水位,减小水头差,降低渗透压力,减小渗透坡降以稳定管涌险情。此法适用于当地缺乏反滤材料、临背水位差较小、高水位历时短、出现管涌险情范围小、管涌周围地表较坚实且未遭破坏、渗透系数较小的情况。

1. 无滤层围井

在管涌周围一定范围内用编织土袋排垒无滤层围井,随着井内水位升高,逐步加高加固,直至制止涌水带沙,使险情趋于稳定。为防止产生新的险情,围井高度一般不宜超过 2 m。

2. 背水月堤

当背水堤脚附近出现范围较大的管涌群时,可采用编织土袋在堤背出险范围外抢修月堤(又称围堰),截蓄涌水,或抽蓄附近坑塘里的水抬高水位。月堤可随水位升高而加高,一般不宜超过 2 m。

三、漏洞抢修

堤防漏洞水流常为压力水流,流速大,冲刷力强,漏洞险情发展很快,特别是出现浑水后,将迅速危及堤防安全,是堤防最严重的险情之一。因此,漏洞抢修一定要行动迅速,尽快找到漏洞进水口,临背并举,充分做好人力、材料准备,力争抢早抢小,一气呵成。塞堵法是最有效、最常用的方法,尤其在洞口周围地形起伏,或有灌木杂物时更适用。所用的软性材料有土工织物、草捆、棉被、棉衣、编织袋包、网包、草包、软楔等。

(一)水充袋

水充袋是借助水压力堵塞洞口,采用耐压不透水土工布或采用柔软、轻薄、不透水尼龙布料加工制成的楔形布袋,长度在 1 m 以上,袋口固定一个阻滑铁环即可。阻滑铁环直径一般在 0.5 m 以上,圆形最佳,使用直径 16 mm 以上的钢筋或采用直径 18 mm 以上的空心钢管制作。将水充袋塞入洞口,或接近洞口,靠水的吸力吸进洞内,水充袋迅速膨胀,使水袋与洞壁挤压紧密,阻滑铁环覆盖洞口,达到密封洞口的作用。

(二)土工布胶泥软楔

土工布胶泥软楔前段为实体,后段为空袋。实体部分以长 1.0 m 多的柔性橡胶棒为中心,裹以胶泥、麻皮等,外裹土工布。直径从 5~8 cm 渐变到 15~20 cm,再接 0.5 m 长的空袋,袋口设一直径 30 cm 的钢筋环,总长度为 1.5 m。

(三)圆锥形橡皮囊软楔

圆锥形橡皮囊软楔利用橡胶柔软可变形的特性,能很好地适应漏洞的形状。其圆锥部分起软楔作用,圆锥底橡胶圆盘起软帘作用,是一种软楔和软帘结合的堵漏工具。

四、风浪冲刷抢护

(1)对于吹程大、水面宽、水深大的江、河、湖、海堤岸的迎风面,风浪所形成的冲击力强,容易发生此种险情。对临水面上未设置护坡的土堤,应采取削减风浪冲刷能量、加强堤坡抗冲能力的措施,防护风浪冲刷。

(2)铺设土工织物或复合土工膜防浪具有速度快、灵活、效果好等特点,宜大力推广应用。

(3)挂柳防浪方法适用于风浪拍击、堤坡开始被淘刷且柳料充足的堤段。

(4)土袋防浪方法适用于土坡抗冲性差,当地缺少秸、柳等软料,风浪冲击较严重的堤段。

(5)草、木排防浪是在一些湖区和部分中等河流上常采用的一种防浪方法,具有就地取材、费用小、做法简便的优点。

(一)编织土袋防浪

编织土袋防浪适用于土坡抗冲性能差,当地缺少秸、柳等软料,风浪冲击较严重的堤段。具体做法:用土工编织袋装土或砂石缝口,装袋饱满度一般为 70%~80%,以利于搭接密实;根据风浪冲击的范围将编制土袋码放在堤坡上,互相叠压,袋间排挤严密,上下错缝。一般土袋以高出水面 1.0 m 或略高出浪高为宜。堤坡较陡时,则需在最下一层土袋底部打一排木桩,以防止土袋向下滑动,也可抛投土袋进行缓坡。为防止风浪淘刷堤坡,也可在编织土袋下面先铺设土工织物反滤层。

(二)土工织物(膜)防浪

用土工织物或土工膜铺设在堤坡上,以抵抗风浪对堤防的破坏作用。使用这种材料,造价低,抢险工艺简单,便于推广。

在土工膜铺设前,应清除铺设范围内堤坡上的块石、树枝、杂草和土块等,以免损伤土工织物。当土工膜尺寸不够时,可进行拼接。宽度方向上的拼接应黏结或焊接,长度方向可搭接,搭接长度 0.5~1.0 m,并压牢固以免被风浪掀起。

铺设土工膜时,其上沿一般应高出洪水位 1.5~2.0 m,或根据风浪爬高而定。土工膜用平头钉固定(也可用编织土袋压重固定),平头间距为 2 m×2 m。

(三)土工织物软体排防浪

土工织物软体排为用聚丙烯编织布或无纺布缝制成的简单排体,单幅宽度一般为 5~10 m,长度根据防浪高和超高确定,一般为 5~10 m,在编织布下端缝上直径 0.3~0.5 m 的横枕长管袋。铺放时,将排体置于堤顶,横枕内装土(装土要均匀)封口,滚排成卷,沿堤坡推滚展放,下沉至浪谷以下 1.0 m 左右,并抛压在编织土袋或土枕上,防止土工织物排体被卷起或冲走。当洪水位下降时,仍存在风浪淘刷堤坡的危害,应及时放松排体挂绳下滑。

视风浪情况,可在排体上每隔 3~5 m 放一组编织土袋压载。排体与排体之间的搭接宽度不小于 1.0 m,沿搭接缝必须有压载。

五、裂缝抢修

裂缝抢修应根据裂缝的性质、成因及危害程度,分轻重缓急,采取相应的抢护措施。漏水严重的横向裂缝,当险情紧急或河水猛涨来不及全面开挖时,可先在裂缝段临水面做前戗截流,再沿裂缝每隔 3~5 m 挖竖井并填土截堵,待险情缓和时,再采取其他处理措施。

裂缝险情,可采用土工膜封堵缝口、土工膜中间截堵及经编复合布加固等。对于横向裂缝,主要是利用土工膜的防渗作用阻断水流穿过堤身,避免裂缝冲刷扩大。对属于滑坡的纵向裂缝或不均匀沉陷引起的横向裂缝,主要是利用经编土工布对滑坡土体的加筋及反滤功能,来增强堤身的稳定性。

(一)土工膜盖堵

对埋深较大的贯穿性裂缝及裂缝隐患,可在临水堤坡铺设防渗土工膜或复合土工膜,并在其上用土帮坡或盖压高摩擦编织土袋、沙袋等,隔离截渗。在背水坡采用透水土工织物进行反滤排水,保持堤身土体稳定。

(二)土工膜中间截堵

对贯穿性横缝也可用中间截堵法,即用插板机将土工膜或复合土工膜从堤顶打入堤身,截裂缝;也可利用高压水流喷射结合振动器使土松动,将土工薄膜插入堤身。

(三)经编土工布抢护堤防滑坡

采用经编土工布抢护堤防滑坡时,根据险情情况可先在滑裂缝上覆盖不透水的土工膜,防止雨水灌入而加剧险情;然后在滑坡体范围内,进行缓坡、清理杂物、整理平顺,应先铺放直径约 10 cm 的苇靶,底部与集水沟相连;再铺设经编土工布,四周及搭接缝处进行锚固,并用编织土袋压载。为进一步加固滑坡体,也可用编织砂石袋抢修透水土撑,一般间隔 5~10 m 修一道,土撑宽度 3 m 左右,边坡应缓于 1∶3。

六、跌窝(陷坑)抢修

跌窝(陷坑)是在大雨、洪峰前后,或高水位情况下,经水浸泡,在堤顶、堤坡、戗台及坡脚附近,突然发生局部凹陷而形成的一种险情。跌窝险情发生的主要原因是:①施工质量差;②堤防本身有隐患;③堤防渗水、管涌或漏洞等险情未能及时发现和处理。这种险情既破坏堤防的完整性,又常缩短渗径,有时还伴随渗水、漏洞等险情发生,严重时有导致堤防突然失事的危险。

跌窝(陷坑)抢修应根据险情出现的部位及原因,采取不同的措施,以“抓紧翻筑抢护,防止险情扩大”为原则,在条件允许的情况下,宜采用翻挖、分层填土夯实的方法予以彻底处理。当条件不允许时,如水位很高、跌窝较深时,可进行临时性的填土处理。若跌窝处伴有渗水、管涌或漏洞等险情,可采用填筑反滤导渗材料的方法处理。如跌窝(陷坑)发生在堤顶或临水坡,宜用防渗性能不小于原堤身土的材料回填,以利排渗。

七、穿堤建筑物及其与堤防接合部抢修

穿堤建筑物受损而不及时抢修,则将危及穿堤建筑物和堤防的安全,甚至引起工程失事。因此,穿堤建筑物发生损坏时,应立即停止运行,按有关规定进行修理。

穿堤建筑物与堤防接合部是堤防的薄弱环节,容易发生渗漏、接触冲刷,深水险情的抢修应特别予以重视。

闸前有滩地、水流速度不大而险情又很严重时,可在闸前抢筑围堰。围堰临水侧可堆筑土袋,背水侧填筑土戗,或者两侧均堆筑土袋,中间填土夯实,以减少土方量。两侧均用散土填筑时,临水坡可用复合土工膜上压土袋防护。围堰填筑工程量较大,且施工场地较小,短时间内抢筑相当困难,因此宜在汛前就将围堰两侧部分修好,中间留下缺口,并备足土料、土袋、设备等,根据洪水预报临时迅速封堵缺口。

在临水侧水不太深、风浪不大,附近有黏性土料,且取土容易、运输方便的情况下,可采用黏土截渗的方法抢修。临水截渗时注意:①靠近建筑物侧墙和涵管、管道附近不要用土袋抛填,以免产生集中渗漏。②切忌乱抛块石或块状物,以免架空,达不到截渗目的。背水反滤导渗时,切忌用不透水料堵塞,以免引起新的险情。采用闸后养水盆在堤防背水侧蓄水反压时,水位不能抬得过高,以免引起围堰倒塌或周围产生新的险情。穿堤管线是穿堤管道和线缆的总称。穿堤线缆与堤防接合部发生渗水时,除采取临水封堵、背水导渗措施外,还可采取中间截渗措施。

八、防漫溢抢修

当确定对堤防或土心坝垛漫溢进行抢护时,应根据洪水预报和江、河、湖泊实际情况,抓紧时间实施抢护方案,务必抢在洪峰到来之前完成。

堤防防漫溢抢护,常采取以抢筑子堤为主的临时性工程措施来加高加固堤防,加强防守或增大河道宣泄能力。

防漫溢抢修时间紧、战线长,为节省工程量,加高堤防和坝垛顶部常采用修筑子堤的形式。常见的子堤有纯土子堤和土袋子堤等。应用土工合成材料抢护漫溢险情,主要是利用编织袋代替麻袋抢险,常用的方法是修筑子堤,如编织袋与土混合子堤、编织袋与土工织物软体排子堤、土工织物与土子堤等。具体方法与一般麻袋相同。

抢修纯土子堤适用于堤顶宽阔、取土容易、风浪不大、洪峰历时不长的堤段。抢筑时,应在背河堤脚50 m以外取土,宜选用亚黏土或取用汛前堤上储备的土料堆,不宜用沼泽腐殖土。万不得已时,可临时借用背河堤肩浸润线以上部分土料修筑,但不应妨碍交通并应尽快回填还坡。此法具有就地取材、修筑快、费用省等优点,汛后可加高培厚使子堤成为正式堤防。

抢修土袋子堤是抗洪抢险中最为常用的形式。土袋子堤适用于堤顶较窄、风浪较大、取土困难、土袋供应充足的堤段。一般用草袋、麻袋或土工编织袋装土,土袋主要起防冲作用,要避免使用稀软、易融合、易被风浪淘刷的土料。不足1 m高的子堤,临水叠砌一排土袋,或一丁一顺。较高的子堤,底层可酌情加宽为两排或更宽些,还可采取组合式机动防洪设施的建造模式。

预报洪水位较高,子堤抢护难以奏效时,漫溢不可避免。为防止过坝水流冲刷破坏,可在坝顶铺设防冲材料防护,常用方法有柴把护顶、柴料护顶和土工织物护顶。

九、坍塌抢修

堤防坍塌是堤防临水面土体崩落的重要险情。坍塌险情的前兆是裂缝,因此要密切注意裂缝的发生、发展情况。坍塌险情抢护以护脚和缓冲防塌为主。一旦发生堤防坍塌险情,宜首先考虑抛投料物,如块石、土袋、石笼、柴枕等,以稳定基础、防止险情的进一步发展。

对于大溜顶冲、水深流急、水流淘刷严重、基础冲塌较多的险情,若采用抛块石抢护,往往效果不佳。采用柴枕、柴石搂厢等缓流的措施则对减缓近岸流速、抗御水流冲刷比较有效;对含沙量大的河流,效果更为显著。

以块石等散状物为护脚的堤岸防护工程,在水流冲刷下,护脚料物走失,局部出现沉降的现象称为坍塌险情。坍塌险情有以下三种表现形式:护脚坡面轻微下沉、护坡在一定长度范围内局部或全部失稳坍塌下落、护坡连同部分土心快速沉入水中。

护脚坡面轻微下沉的现象称为塌陷险情,一般采用抛石、抛石笼的方法进行加固,即使用机械或人工将块石(混凝土块)或石笼抛投到出险部位,加固护脚,提高工程的抗冲性和稳定性,并将坡面恢复到出险前的设计状况。

护坡在一定长度范围内局部或全部失稳坍塌下落的现象称为滑塌险情。滑塌险情的抢护要视险情的大小和发展的快慢程度而定。一般的护坡块石滑塌宜抛石、抛石笼、抛土袋抢修。当土心外露时,应先采用柴枕、土袋、土袋枕或土工织物软体排抢护滑塌部位,防止水流直接淘刷土心,然后用石笼或柴枕固基,加深加大基础,提高坝体稳定性。

护坡连同部分土心快速沉入水中的险情是最为严重的一种险情。当发生这种险情时,应先对出险部位进行保护,防止土心被进一步冲刷。对土心的冲刷防护,可根据出险范围的大小,采用抛土袋、柴枕或柴石搂厢的方法,在加固坍塌部位后,应抛块石、石笼或柴枕固基。

对于大溜顶冲、水深流急、堤基堤身土质为砂性土、险情正在扩大的情况,宜采用柴石搂厢抢修。柴石搂厢是以柴(柳、秸或苇)、石为主体,以绳、桩分层连接成整体的一种轻型水工结构,主要用于堤防坍塌及堤岸防护工程坍塌险情的抢护。常用的有三种形式:层柴层石搂厢、柴石混合滚厢、柴石混厢。此处所指的柴石搂厢为层柴层石搂厢。柴石搂厢的作用是抗御水流对河岸的冲刷,防止堤岸坍塌。它具有体积大、柔性好、抢险速度快的优点,但操作复杂,关键工序应由熟练工人操作。

土袋枕是由土工织物缝制而成的大型土袋,装土成型后可替代柴枕使用。空袋可预先缝制且便于仓储和运输。用土袋枕抢险,操作简单,速度快。对袋中土料没有特殊要求,与抛石相比节省投资。

十、滑坡抢修

堤防滑坡又称脱坡,是指堤坡(包括地基)部分土体失稳滑动,同时出现趾部隆起外移的险情。一般是水流淘刷、内部渗水作用或上部压载等造成的。滑坡后,堤身断面变窄,水流渗流变短,易诱发其他险情。发现滑坡险情后,应查明原因,按“减载加阻”的原则,采取切实可行的综合处理措施。

堤岸防护工程在自重和外力作用下失去稳定,使护坡、护脚连同部分土心从顶部沿弧形破裂面向河槽滑动的险情称为滑动险情,视滑动情况可分为缓滑、骤滑两种。缓滑险情发展较慢,抢修的方法是:加固基础,增加阻滑力;减轻上部荷载,减小滑动力。发生裂缝、出现缓滑情况时,可迅速采取抛块石、柴枕、石笼等措施加固根基,以增大阻滑力;与此同时,移走坝顶重物,以减小滑动力。骤滑险情突发性强,历时短,易发生在水流直接冲刷处,因此抢护困难。堤岸防护工程发生骤滑,宜采用柴石搂厢或土工织物软体排等保护土心,防止险情进一步发展。

对渗流作用引起的滑动,可在滑坡范围内全面抢筑导渗沟,导出滑坡体渗水,以减小渗水压力,降低浸润线,消除产生进一步滑坡的条件。当滑坡面层过于稀软不易做导渗沟时,可在滑坡面层满铺反滤层,使渗水排出,以阻止险情的发展。

在堤防背水坡排渗不畅、滑坡范围较大、险情严重的堤段,抢筑滤水土撑和滤水后戗能导出渗水,降低浸润线,又能加大堤身断面,可使险情处于稳定状态。取土困难的堤段,宜修筑滤水土撑;取土容易的堤段,宜修筑滤水后戗。滤水土撑和滤水后戗的抢筑方法基本相同,其区别在于:滤水土撑是间隔抢筑,而滤水后戗是全面连续抢筑;滤水土撑的顶面较宽,而滤水后戗的顶面较窄。

水位骤降引起临水坡失稳滑动的险情,可采用抛石或抛土袋的方法抢护。其作用在于增大抗滑力,减小滑动力,制止滑坡发展,以稳定险情。抢险时一定要探清水下滑坡的位置,然后在滑坡体外沿进行抛石或抛土袋固脚。

实际上,处理堤防隐患就是对堤防工程的加固。堤防工程的加固除上述措施外,还有黏土铺盖、前戗后戗、吹填固堤、压渗平台、减压井、截渗墙、铺塑截渗、劈裂灌浆等措施。应根据堤防工程的实际情况,进行加固方案比选后,通过工程设计,确定选用的具体措施,并应选择专业施工队伍,严格控制施工质量。

第五节　河道整治工程管理及养护

一、管理制度

河道整治工程包括险工、控导、护摊(岸)工程,管理主要实行管理工日制、班坝责任制、管理人员奖金和施工补助浮动制等。

(1)管理工日制。就是在险工、控导、护摊(岸)工程的经常性管理中,对一些具有实物工程量的管理任务(如坝岸坦石排整,坦石小量拆改,根石、护脚石的拾整,备防石料整理,坝面整修,高秆杂草铲除等),不投资只投劳的一种管理形式。各基层单位根据工程量参照施工定额,定出完成任务所需的工日,把具体工作任务、所需管理工日、质量要求落实到每个管理职工身上,促使职工积极参与工程管理,保证各项管理任务的完成。

(2)班坝责任制。长期以来,黄河各基层河务部门在体制上属于“修、防、管、营”四位一体的建管模式。在基建和防洪任务较重的情况下,从思想认识到工作安排,很难从根本上解决重建轻管的问题。因此，河道整治工程管理存在着管理人员不固定、责任不落实、管理水平低、安全无保障等问题。随着工程管理正规化、规范化建设及工程管理达标活动和河道目标管理上等级活动的深入开展，河道整治工程管理在黄河普遍实行班坝责任制。班坝责任制，一是明确管理人员管理班坝的数量（坝、道、段），二是明确管理的目标和要求。管理人员与水管单位或分段（河务段）签订责任承包书。

管理人员的主要任务是：负责埽面、坦面、根石、排水沟的日常维修和养护；搞好坝顶、坝基顺水，及时填垫水沟浪窝；每年汛前、汛后两次探测根石、护脚石，保持根石坡度、宽度符合工程标准；整理备防石垛，保持坝面整洁、无乱石杂物；搞好绿化美化；管理好各种工程标志，保证坝牌、标桩、测量标志齐全、醒目；负责河势工程观测，整理水情资料和根石断面图，及时分析预测险情。要求达到"五知""四会"，即知工程沿革和现状、知坝岸着溜情况、知抢险用料情况、知根石状况、知险工备料情况，会整修、会抢险、会探摸根石、会观测河势。为加强险工、控导工程的管理和班坝责任制的组织实施，水管单位由1名副局长负责，工务科由1名副科长和1~3名专职干部负责，河务段由1名段长负责。组织实施班坝责任制，不但管理人员责任明确、任务具体，而且把职工的经济利益同任务完成的好坏结合起来，因此出现了两个面貌变化：一是管理职工的精神面貌发生了变化，二是工程面貌发生了变化。

（3）以百分考核为基础的工资（奖金和施工补助）浮动制。为了改变过去"吃大锅饭"的平均主义分配办法，调动管理职工的积极性，各基层单位在实行管理工日制、班坝责任制的基础上，建立了以百分考核为主要内容的部分工资浮动制。多数单位只把奖金和施工补助加以浮动，也有部分单位从每人每月的基本工资中抽出一小部分（一般为基本工资的3%~5%），连同奖金和全额施工补助捆在一起进行浮动。

二、整修加固

河道整治工程是抗洪的前沿阵地，加强经常性的维修养护是保持工程稳定和提高工程抗洪强度的主要管理措施，包括坝基土方补残，埽面整修和绿化美化，坝身坦石整修，根石（护脚石）排整加固，堤身裂缝修补，排水沟整修，獾狐洞穴检查处理，备防石垛整理，汛前、汛后根石探测等。汛期坚持冒雨顺水查险，观测河势流向和工情变化，填报管理日志、大事记，实行险情汇报制度。工程管理长期坚持以防洪保安全为中心、以提高工程抗洪强度为重点，强化工程经常性维修养护，使险工、控导（护滩）工程在历次抗洪斗争中发挥了控导主流、稳定河势、护滩护堤的重要作用。

第六节　涵闸工程管理及养护

一、涵闸工程常出现的问题及原因

任何一座涵闸工程，不论其规模大小还是结构繁简，均有其一定的任务。为使涵闸工程达到预定的目的和要求，除正确的规划设计和良好的施工质量外，其建成后的正确运用和科学管理养护至关重要，绝不允许忽视此项工作。通过对工程观测资料的整理和经常系统的工程检查,可以随时了解涵闸工程出现的问题,分析原因,采取相应的措施,从而能够防微杜渐,减少或避免发生工程事故及其他破坏现象,达到延长寿命、发挥其最大效益的目的。

(一)常出现的问题

水闸工程由于设计、施工和管理方面的原因,在实际运用中常出现以下几种问题:

(1)不均匀沉陷。黄河下游两岸引黄闸是建筑在冲积层软基上的,由于地基的土层分布不均,层次复杂,受荷后引起工程的不均匀沉陷,通常会使混凝土块体之间的接缝止水发生破坏,严重的会使混凝土产生裂缝。

(2)混凝土工程的裂缝。有少数工程由于建筑物的布置未能适应沉陷的要求而引起裂缝,这些裂缝的产生降低了工程的整体性,有些裂缝发生在铺盖、闸底板、洞身或消力池中,形成冒水、冒沙的危险。

(3)止水设施失效。混凝土建筑物块体之间伸缩缝的止水设施,由于施工质量不良、材料不好等,以致止水设施破坏,降低了建筑物的防渗效果,给工程管理带来较繁重的维修任务。

(4)混凝土的渗水。由于混凝土振捣不实,在运用期间发现混凝土体有渗水现象。有的闸底板由于渗水的原因,使混凝土体中的游离钙质析出,降低了混凝土强度。

(5)闸门振动。闸门振动是经常碰到的问题。

(6)闸门漏水。闸门水封由于设计不妥、施工质量不好、安装不牢固或漂浮物卡塞等原因而漏水。

(7)下游消能破坏。由于运用不当,造成下游防冲槽、海漫、护坡受集中水流、折冲水流冲刷,蛰陷、断裂、塌坡以致破坏。

(8)由于河道淤积,防洪保证水位不断提高,造成大部分涵闸满足不了防洪要求。

(二)出现问题的原因

1. 设计方面的原因

(1)工程布置不当。如因消能和防冲设施布置不当,建筑物下游发生危害性的水流,引起下游冲刷现象,使工程遭受破坏或发生严重事故;或工程在布置时未采取适当(分块或分节)的分缝措施,在工程建成后的运用过程中,建筑物产生裂缝;或荷载布置不当,产生不均匀沉陷,造成整体性破坏等。

(2)防渗设施与实际情况不匹配。设计时对渗透水流的危害性估计不足,对地基的渗透性能未能很好地了解,因而在设计地下防渗排水系统时,凭经验估算,采用的防渗措施过简,与实际情况不符,使建筑物下部产生较大的渗透压力,或因渗流末端出逸比降大,引起地基土渗透变形。此外,地下不透水部分接头处的止水采取简单措施,起不到应有的止水作用,也是造成工程发生事故的原因。

(3)工程观测设计不全面。在工程运用期间,由于缺少必要的观测设备,不能及时发现不正常现象,也常因此导致工程失事。

2. 施工方面的原因

(1)在混凝土工程施工中,为操作方便,对水灰比控制不严;砂石没有进行严格的筛分和冲洗;浇筑时振捣不实;混凝土养护不好等,造成施工质量差,发生裂缝、渗水、蜂窝等现象，影响工程强度。

(2)钢筋未按照设计要求加工制作和布筋，受力钢筋在混凝土浇捣时下沉或被压弯，不仅减小了混凝土的有效厚度，而且削弱了钢筋的应有作用，往往在很大程度上降低了钢筋混凝土的设计标准和抗弯强度。

(3)对防渗、反滤工程施工质量重视不够。如截短防渗板桩，板桩间缝隙过大，铺盖土料选择或压实不符合要求，止水设施铺设不平、黏结不牢，填料不实，搭接不严等，以及反滤料级配不当、铺设时任意踩踏、层次混杂，都会降低工程防渗、反滤效能，给工程运用带来严重后果。

3. 管理方面的原因

(1)闸门运用不按规定程序操作，人为地使水流集中，往往使下游的消能、防冲设施和下游渠道遭受冲刷，甚至造成严重事故。

(2)没有进行经常性的养护和检修，使一些本来可以避免和补救的缺陷不断地发展和扩大，以致造成工程事故，影响建筑物的使用和安全。

(3)因观测和资料整理分析不经常化，不能及时了解工程动态、发现不正常现象，对闸门盲目运用，致使工程受到损坏。

二、管理制度

涵闸的管理范围为涵闸上游防冲槽至下游防冲槽后100 m，渠道坡脚两侧各25 m，工程外侧7~10 m。以上工程用地范围，应予以划定或征购，并办理、完善有关征地手续，竖立永久性标志，任何单位和个人不得侵占。已划定或征购过的土地，被侵占的应由涵闸管理单位限期收回。

落实涵闸虹吸工程管理岗位责任制度，每年汛前、汛后进行工程普查，黄河水利委员会(简称黄委会)负责审查汇总，以确保汛期做到启闭灵活，安全运用。分、泄洪涵闸的维修养护经费由国家负担。引黄涵闸的维修养护由各管理单位自己负责，其维修养护经费从其收取的水费中列支。黄委会1987年1月颁发了《黄河下游工程管理考核标准》，这是开展工程管理达标活动的基本标准和依据。自1987年开展工程管理达标活动以来，各涵闸管理单位在经费十分紧缺的情况下，克服困难，坚持搞好工程的维修养护，做出了显著成绩。

通过涵闸闸门及启闭机设备管理等级评定，检验了涵闸的设备运行状况，进一步提高了涵闸管理水平，促进了涵闸管理正规化、规范化建设，有力地推动了涵闸工程管理工作的开展，但也暴露出分洪闸和排水闸因岁修经费严重不足，必要的维修养护不及时，造成工程老化、失修等问题。

黄委会在2002年以黄建管〔2002〕9号文颁布了《黄河下游水闸安全鉴定规定(试行)》，规定涵闸工程投入运用后每隔15~20年，需进行一次安全鉴定。引黄涵闸的安全鉴定工作由管理单位报请省级河务局组织实施，分泄洪闸的安全鉴定工作由黄委会组织实施。目前，黄河下游引黄水闸、分泄洪闸按照始建年代，绝大部分需要进行安全鉴定，但仅有潘庄引黄闸、赫庄排灌闸进行了安全鉴定。下一步应抓紧编制黄河下游水闸安全鉴定规划年度实施计划，尽快组织实施，给水闸的养护修理提供依据。

三、控制运用

黄河涵闸控制运用,分为引水兴利与分洪分凌。涵闸控制运用又称涵闸工程调度管理,按照工程的设计指标和所承担的任务制定相应的控制运用操作规程,有计划地启闭闸门,以达到调节水位、控制流量、发挥工程效益的目的。黄河的涵闸分为引黄闸、分泄洪闸和排灌闸三类。

涵闸的控制运用,不得超过工程设计中规定的设计防洪水位、最高运用水位、最大水位差及相应的上下游水位、最大过闸流量及相应的单宽流量、下游渠道的安全水位和流量、灌溉引水允许最大含沙量等各项指标。当花园口水文站测报超过5 000 m^3/s 流量时,所有涵闸停止引水;确需引水的,需进行技术论证,报经上级主管部门批准后实施。涵闸的控制运用必须做到以下几点:①确保工程安全;②符合局部服从全局、兴利服从防洪的原则,统筹兼顾;③综合利用水资源;④按照批准的运用计划、供水计划和上级的调度指令等有关规定合理运用;⑤与上、下游和相邻有关工程密切配合运用。由于黄河河床逐年淤积抬高,当涵闸防洪水位超过原工程设计防洪水位时,应于汛前采取围堵、加固等有效度汛措施。

在冰冻期,涵闸的运用应符合下列要求:

(1)启闭闸门前,必须采取措施,消除闸门周边运转部位的冻结。

(2)冰冻期间,应保持闸上水位平稳,以利上游形成冰盖。

(3)解冻期间一般不宜引水,当必须引水时,应将闸门提出水面或小开度引水。

闸门操作运用的基本要求如下:

(1)做好启闭前的准备工作,检查管理范围内有无影响闸门正常启闭的水上漂浮物、人、畜等,并做妥善处理。检查闸门启闭设备状态,有无卡阻现象;检查电源、机电设备是否符合启闭要求等。

(2)过闸流量必须与下游水位相适应,使水跃发生在消力池内,可根据实测的闸下水位-安全流量关系图进行操作。过闸水流应平稳,避免发生折冲水流、集中水流、回流、旋涡等不良流态。关闸或减小过闸流量时,应避免下游河道水位降落过快,避免闸门停留在发生振动的位置。闸门应同时分级均匀启闭,不能同时启闭时,应由中间向两边依次对称开启,由两边向中间依次对称关闭。应避免洞内长时间处于明流、满流交替状态。

(3)应由熟练业务的人员进行闸门启闭机的操作和监护,固定岗位,明确职责,做到准确及时,保证工程和操作人员安全。闸门启闭过程中如发现沉重、停滞、杂声等异常情况,应及时停车检查,加以处理。当闸门开启接近最大开度或关闭接近闸底时,应减小启闭机运行速度,注意及时停车,严禁无电操作启闭机。遇有闸门关闭不严现象时,应查明原因并进行处理。

(4)闸门操作应有专门记录,并妥善保存。记录内容包括启闭依据,操作时间、人员、启闭过程及历时,上、下游水位及流量、流态,操作前后设备状况,操作过程中出现的不正常现象及采取的措施等。

涵闸工程管理单位应按年度或分阶段制定控制运用方案,并报上级主管部门审批。制定汛期控制运用计划、防御大洪水预案和各类险情抢护方案,报相应人民政府防汛抗旱指挥部黄河防汛办公室备案,并接受其监督。

分泄洪闸根据花园口洪水预报确定需要分洪时,各闸的爆破人员必须立即上堤,待花园口报峰、省防汛抗旱指挥部确定运用方案后,首先在围堤破口处削弱围堤断面,接到分洪命令时迅速进行全面破除,闸门启闭时机和开度(或泄流指标)必须严格按照上级防指下达的命令执行,保证完成。

在涵闸控制运用中,广大技术人员不断革新技术,改进设备,提高管理水平。1999年,豆腐窝分洪闸安装了闸门自动启闭设备,率先实现了涵闸闸门的自动启闭。2000年,引黄济津前位山引黄闸安装了涵闸远程监控设施,在黄委会办公室就可以对位山引黄闸进行远程监视和闸门远程启闭控制。随后,山东局引黄涵闸远程监控工作发展迅速,2002年,曹店等9座涵闸实现了远程监控;2003年,邢家渡等30座涵闸实现了远程监控,对李家岸、大王庙两座试点涵闸进行了安全监测设计,对涵闸的沉陷、位移、底板扬压力、渗流和绕渗进行了自动监测;2004年,山东局完成两座试点涵闸自动监测的施工工作。

四、养护修理

(一)环境与设施管理

水闸的维修养护应本着"经常养护、随时维修,养重于修、修重于抢"的原则进行。加强经常养护和定期检修,保持工程完整,安全运用。

水闸管理范围内环境和工程设施的保护,遵守以下规定:

(1)严禁在水闸管理范围内进行爆破、取土、埋葬、建窑、倾倒和排放有毒或污染的物质等危害工程安全的活动。

(2)按有关规定对管理范围内建筑的生产、生活设施进行安全监督。

(3)禁止超重车辆和无铺垫的铁轮车、履带车通过公路桥。禁止机动车辆在没有硬化的堤顶上雨雪天行车。

(4)妥善保护机电设备、水文、通信、观测设施,防止人为破坏。

(5)严禁在堤身及挡土墙后填土区上堆置超重物料。

(6)离地面较高的建筑物,应装置避雷设备,并定期检查,保证其完好有效。

(7)工程周围和管理单位驻地应绿化美化、整洁卫生,各种标志标牌应齐全、标准、美观大方。

(二)土工建筑物的养护修理

(1)堤(坝)出现雨淋沟、浪窝、塌陷,以及岸、翼墙后填土区发生跌塘、下陷时,应随时夯实修补。

(2)堤(坝)发生渗漏、管涌现象时,应按照"上截下排"的原则及时进行处理。

(3)堤(坝)发生裂缝时,应针对裂缝特征按照下列规定处理:

①干缩裂缝、冰冻裂缝和深度小于0.5 m、宽度小于5 mm的纵向裂缝,一般可采取封闭缝口处理。

②深度不大的表层裂缝,可采用开挖回填处理。

③非滑动性的内部深层裂缝,宜采用灌浆处理;对自表层延伸至堤(坝)深部的裂缝,宜采用上部开挖回填与下部灌浆相结合的方法处理。裂缝灌浆宜采用重力灌浆或低压灌

浆,并不宜在雨季或高水位下进行。当裂缝出现滑动迹象时,应严禁灌浆。

(4)堤(坝)出现滑坡迹象时,应针对原因按“上部减载、下部压重”和“迎水坡防渗、背水坡导渗”等原则进行处理。

(5)堤(坝)遭受白蚁、害兽危害时,应采用毒杀、诱杀、捕杀等办法防治;蚁穴、兽洞可采用灌浆或开挖回填等方法处理。

(6)河床冲刷坑已危及防冲槽或河坡稳定时,应立即抢护。一般可采用抛石或沉排等方法处理;不影响工程安全的冲刷坑可不做处理。

(7)河床和涵洞淤积影响工程效益时,应及时采用人工开挖、机械疏浚或利用泄水结合机具松土冲淤等方法清除。

(三)土石建筑物的养护修理

(1)干砌石和浆砌石表面应平整严密、嵌接牢固,如发现塌陷、隆起、错动等情况,应重新翻砌整修。若灰浆勾缝脱落或开裂,应冲洗干净后重新勾缝。

(2)浆砌石岸墙、挡土墙出现倾斜或滑动迹象时,可采用降低墙后填土高度等办法处理。

(3)应经常对抛石防冲槽和闸前两侧裹头护根石进行探摸,发现蛰陷、走失等情况时,应及时填补、修整。

(4)工程本身的排水孔、排水管及周围的排水系统要保持畅通,如有堵塞或破坏,应及时修复或补设。

(四)混凝土建筑物的养护修理

(1)应定期清除消力池、门槽范围内的杂物。

(2)经常露出水面的底部钢筋混凝土构件,应采取适当措施,防止其遭腐蚀和受冻。

(3)钢筋的混凝土保护层受到侵蚀损坏时,应根据侵蚀情况分别采取涂料封闭、砂浆抹面或喷浆等措施处理,并应严格掌握修补质量。

(4)钢筋混凝土结构脱壳、剥落和机械损坏时,可根据损坏情况,分别采取砂浆抹补、喷浆或喷混凝土等措施进行修补,并应严格掌握修补质量。

(5)混凝土建筑物出现裂缝后,应加强观测,查明裂缝性质、成因及其危害程度,据以确定修补措施。混凝土的细微表层裂缝、浅层裂缝及缝宽水上区小于0.20 mm、水位变动区小于0.25 mm、水下区小于0.30 mm时,可不予处理或采用涂料封闭;缝宽大于规定时,应分别采取表面涂抹、表面黏补、凿槽嵌补、喷浆或灌浆等措施进行修补。

裂缝应在基本稳定后修补,并宜在低温季节开度较大时进行。不稳定裂缝应采用柔性材料修补。

(6)混凝土结构的渗漏,应结合表面缺陷或裂缝进行处理,并根据渗漏部位、渗漏量大小等情况,分别采取砂浆抹面或灌浆等措施。

(7)伸缩缝填料如有流失,应及时填补。止水设施损坏,可用柔性化材料灌浆或重新埋设止水予以修复。

(五)闸门的养护修理

(1)闸门表面附着的水生物、泥沙、污垢、杂物等应定期予以清除,闸门的连接件固件应保持牢固,运转部位的加油设施应保持完好、畅通,并定期加油。

(2)金属闸门防腐可采取涂刷涂料和喷涂金属层等措施,并按相应规范的要求进行。金属闸门的钢木结构,应定期油漆,防锈防腐,一般可2~4年油漆一次,水下部分油漆周期可适当缩短。

(3)钢筋网或钢筋混凝土闸门表面应选用合适的涂料保护,其保护层剥落、脱落,漏筋、漏网等,应用高标号水泥砂浆或环氧砂浆修补。

(4)闸门滚轮、吊耳、支承、支铰、门槽、门框、护面及底坎等部位,必须保证完整和牢固,其中活动部分要定期清洗,加油润滑。若金属闸门发生门叶变形,杆件弯曲或断裂、焊缝开裂、铆钉或螺栓松动等现象,应立即修复、更换或补强。部件和止水设备损坏或缺少时,应予以修理和补齐。

(5)检修闸门及其附属起吊、运转设备,应妥善保护,保持完整,随时使用。

(六)启闭机、机电设备的养护修理

1.一般要求

(1)启闭机和动力设备,应严格按照有关规定和规程进行维护和保养。

(2)启闭制动器要保持灵活、准确、可靠。传动部分、钢丝绳、螺杆等构件,应防止松动、变形、断丝,并经常涂油润滑防锈。为防风沙,启闭机械可设防护罩,丝杆可用油布包裹,妥善保护。电源电气线路、机电动力设备、各种仪表和集控装置,以及照明、通信等设施,均应保持运用灵活、准确有效、安全可靠。

(3)启闭设备和动力设备在不工作期间,应至少每月进行一次运转试验,检查其是否正常。

(4)避雷针(线、带)及引下线如锈蚀量超过截面面积的30%时,应予以更换;若导电部件的焊接点或螺栓接头脱焊、松动,应予补焊或旋紧;接地装置的接地电阻值应不大于10 Ω,当超过规定值20%时,应增设补充接地极;防雷设施的构架上严禁架设低压线、广播线及通信线。

2.启闭机养护

启闭机是水工建筑物的主要机械,往往由于使用不当和养护不及时,机件受到破坏。在黄河涵闸中,有人工、手摇两种活动式启闭机,一般还有启闭机架和行走轨道。启闭机各部分的养护内容如下:

(1)动力部分。电动机外壳要保持清洁、无灰尘污物,以利散热,并注意防潮;接线盒压线螺栓要拧紧;轴承润滑油脂脏了要及时更换,保持填满轴承空腔的1/2~2/3;主要操作设备如闸刀、电磁开关、限位开关及补偿器等,应保持清洁、干净、触点良好。

(2)传动部分。要求传动装置要有充足的润滑油料,特别是沿黄风沙大,沙土易侵入机体,磨损严重,要增加检修次数,勤清洗,勤上油;润滑油质量要选用合格的,有水分、油块、杂质的不宜使用。应根据机器零件特性选用,一般是零件的接触压力大、转速慢、周围环境温度较高时,选用浓度大的润滑油;反之,选用浓度较小的润滑油。在注新油之前,应清洗加油设施,如油孔、油道、油槽,对联轴器更要注意保护。传动装置上的零件破坏,要及时更换,最主要的是严防在缺油情况下进行。

(3)制动部分。对于启闭机运行时刹车制动的要求是动作灵活、制动准确,因此应常保持制动轮与制动瓦的清洁。棘爪、棘轮制动器应经常清洗,擦去油污,固定要牢靠。对涡轮、蜗杆传动机构制动器应按要求加油保养,工作一定时间后,要清洗换油一次。同时闸门锁定装置必须灵活可靠,防止锈蚀,锁链绳孔要防止污物堵塞。

(4)悬吊装置。启闭机与闸门的连接是依靠悬吊装置,包括钢丝绳、链条、拉杆、螺盖各部分。黄河工程上常用的是钢丝绳、螺杆。钢丝绳容易锈蚀,而且受黄河沙土侵蚀,应定期除尘,涂抹油脂保养,对于不在卷筒或滑轮转动部分,可用布条、油纸等缠裹,为了除尘,钢丝绳卷筒罩壳应封盖严密。钢丝绳悬吊装置两端接头要牢固,各滑轮之间部分松紧不合适时,要及时调整。螺杆式启闭机丝杆应定期擦洗上油,运用中要慎重操作,防止压弯及偏扭,人力启闭的摇把随机放置,不得乱放乱砸。

(5)电气部分。按照电业部门的规程进行操作和保养,特别是高压线路、变电设备、进出线等要定期检修,对不合乎标准或损坏的元件、器具要及时更换,保证安全生产。

采用发电机组作动力的,其保养要按照机械的性能、出厂产品的说明书进行。其他如闸门开度指示器的调整,移动式启闭机的自动挂钩、道轨等,都必须进行定期的清理、维修和养护,使其动作灵活、操作平稳可靠。

五、水闸工程抢修

(1)水闸工程在紧急防汛期或突然发生如下险情时,应立即进行抢修(护):上游铺盖断裂或其永久缝止水失效;上游翼墙变位、渗漏或其永久缝止水失效;闸体位移异常;护坦变位或有隆起迹象;下游翼墙变位;闸下消能设施被冲坏;闸门事故(不能开启或关闭);上、下游护坡破损;上、下游堤岸出险;穿堤闸涵事故等。

(2)经检查或根据实测扬压力、渗水量及水色分析判定,软基上的水闸上游铺盖断裂或其永久缝止水失效,将危及水闸安全,应立即抢护:①尽可能降低闸前水位,疏通护坦和消力池的排水孔并做好反滤;②在上游铺盖截渗处理,可采取大面积防渗土工布并压重、抛土袋及新土。

(3)上游翼墙变位、渗漏或其永久缝止水失效,采取如下措施:①墙后减载,做好排水并防止地表水下渗;②尽可能嵌填止水材料,修复永久缝止水(如有可能,应抢筑围堰,处理止水);③贴墙敷设防渗土工布并叠压土袋;④抛石支撑翼墙等。

(4)发现闸体位移异常,经验算分析确认水闸抗滑稳定或闸基渗流存在问题时,应立即抢护:①尽可能降低闸前水位,疏通护坦和消力池的排水孔并做好反滤;②应在水闸上压载阻滑;③可在闸室打入阻滑桩;④在下游打坝,抬高下游水位,保闸度汛。

(5)护坦变位或有隆起迹象时,分析诱发原因并采取适宜措施,同时可采取如下措施:①尽可能降低闸前水位,疏通护坦和消力池的排水孔并做好反滤;②抛填块石、石笼镇压。

(6)下游翼墙变位,应采取如下措施:①墙后减载、做好排水并防止地表水下渗;②抛石支撑翼墙等。

(7)闸下消能设施冲坏,应采取如下措施:①当允许关闸时,宜关闸抢护(砌护或抛填块石、石笼等);②当不能关闸时,在抛填块石、石笼的同时,可在海漫末端或下游抛筑潜坝。

(8)闸门事故,应按具体情况处理。

泄洪闸门不能开启的应急措施如下:①启闭系统故障,抢修不成功时,改用其他起吊机械或人工绞盘开启;②污物卡阻闸前或闸门槽,设法清除;③闸门吊耳、绳套或启闭机具与闸门连接处故障,及时抢修,必要时由潜水工作业,如原有机具不便连接,可改用其他方式,以吊起闸门泄流为原则;④埋件损坏(特别是主轨),设法抢修,抢修无效时,放弃该孔闸门泄流,并采取措施防止险情扩大。

由于闸门变形、埋件损坏、杂物卡阻等使闸门不能关闭,经抢修及清理仍不能奏效时,采取封堵闸孔的办法:①框架沙土袋封堵闸孔,即将钢木叠梁、型钢及钢筋网、钢筋混凝土预制管穿钢管等沉在门前、卡在闸墩或八字墙,再抛填砂石、土袋及土料闭气;②抢筑围堰封闭闸孔;③如水泥薄壳闸门脆性破坏,相当于闸门不能关闭,可用前法封堵闸孔(也有用沉船、抛汽车代替框架的)。

(9)上、下游护坡破损,应采用如下措施抢护:①局部松动,抛砂石袋压盖;②局部塌陷,抛石压盖,冲刷严重时,应抛石笼压盖;③垫层、土体已被淘刷,先抛填垫层,再抛压砂石袋、块石或石笼等。

(10)上、下游堤岸出险,应采取相应的措施抢护:①水下部位塌坑,可抛投土袋等材料填坑,抛投散料封闭;②堤岸风浪淘刷严重,应按"提高堤岸抗冲力、削减风浪冲刷"的原则采取土工织物、土袋防浪及柴排消浪等措施;③堤岸发生崩塌时,在"缓流挑流、护脚固基、减载加帮"的原则下,可采用抛石(石笼、土袋)护脚、抛柴石枕护岸等方法抢护。

(11)穿堤(坝)闸涵事故,应按具体情况处理。

建筑物与堤(坝)接合部出现集中渗漏(接触冲刷),应按上堵下排的原则处理:①可采用上游沉放加筋防渗土工布并压重、抛土袋及新土等措施防渗;②下游反滤导渗(如开沟导渗、贴坡反滤、反滤围井等),以渗清水为原则,同时回填洞顶及出口的陷坑;③如险情严重,应在其下游河道(渠)打坝(必要时加修侧堤),抬高下游水位,缓解险情;④可在上游抢筑围堰保住闸涵。

穿堤(坝)涵洞(管)裂缝、断裂或接头错位,水流向堤(坝)渗漏,应立即关闭闸门或封闭闸孔,同时回填洞顶及出口等部位的陷坑。

穿堤(坝)闸涵下游出现管涌(流土),应在其下游河道(渠)打坝(可筑多道),抬高下游水位,缓解险情。

第三章　生态防护工程建设与维护

在水利工程管理中,生态防护措施是必不可少的重要组成部分。历史上虽然未曾明确提出生态防护的概念,但对生态防护措施也是相当重视的。宋代为巩固堤防,有植树及保护“河上榆柳”的文字规定;明代刘天和总结堤岸植树经验提出的“卧柳、低柳、编柳、深柳、漫柳、高柳”的植柳六法,提高了堤防防护林种植技术。

治黄以来,生态防护措施不断完善,除堤防和坝前柳树防浪外,堤坡植草和生态防护技术也逐步发展起来,为保障防洪工程安全起到了不可替代的作用,而且为改善沿黄生态环境(如防风固沙、调节温湿度、涵养水源、防止水土流失、绿化美化环境、净化空气等)起到积极的作用。生态防护措施主要包括防浪林带、草皮护坡、护堤地林带、行道林、适生林带等。

防浪林带是指黄河防洪大堤临河侧种植的林木带。防浪林带不仅能有效地缓解大洪水时风浪对坝坡的冲刷作用,降低风浪淘刷险情风险,而且具有缓溜落淤的作用,可以抬高坝脚地面,减缓滩地“横比降”,减少“横河”“斜河”“顺坝行洪”的发生。防浪林带种植宽度为黄河堤防堤脚以外 50 m(高村以上)或 30 m(高村以下),树种一般选取柳树,临堤侧种植高柳,临河侧种植丛柳,高柳(乔木)株距、行距各为 2 m,丛柳(灌木)株距、行距各为 1 m,均采用梅花形种植。

草皮护坡是指黄河防洪大堤堤肩,临背河堤坡,河道整治工程坝顶、坝肩、坝坡等地种植的草类植被,植草株距、行距为 10 cm,采用梅花形种植。

护堤地林带是指黄河防洪大堤护堤种植的林木带,可有效抑制黄河沿岸的风沙污染,改善黄河沿岸的生态环境,具有很好的生态效益。一般在护坝坡脚外 30 m 宽护堤(坝)地上,种植乔木,株距、行距均为 2 m。

行道林是指黄河防洪大堤堤顶道路两侧种植的林木带,一般种植乔木,株距 2 m,行距 3 m。

经过多年的建设,按照“临河防浪、背河取材、乔灌结合”的原则,合理种植的黄河下游防护林带已经成为构建以“防洪保障线、抢险交通线和生态景观线”为标志的标准化堤防体系的重要组成部分。

第一节　基本情况

一、堤防工程地质概况

堤防工程地质情况决定着生态防护措施的整体防护效果。黄河下游由冲积平原和鲁中丘陵组成,海拔在 100 m 以下。黄河南岸邙山至东坝头堤段的堤身填以沙壤土,堤基多为粉土、细沙壤土,有的地段夹有薄层黏土、沙壤土。王旺庄至垦利堤段的堤身多为沙壤土、粉土，堤基多为沙壤土、薄层壤土、盐渍土。北岸中曹坡至北坝头堤段的堤身多为沙壤土，堤基为沙壤土与中厚层壤土。北坝头至张庄堤段的堤身为沙壤土、壤土各半，堤基夹有薄层黏土与壤土互层。陶城铺至山堤段的堤身为壤土及少量盐渍土，堤基为沙壤土、壤土互层。北镇到四段堤段的堤身为壤土及盐渍土，堤基为沙壤土夹薄层黏土、盐渍土的透镜体互层，在靠近地面处黏性土常有裂缝。

二、自然灾害概况

黄河流域处于干旱半干旱地区，自然灾害严重影响着生物的生存。黄河下游河南、山东两省已发生过的灾害有暴雨、洪水、涝渍、滑坡、崩塌、河道淤塞、堤防溃决、河道变迁、寒潮、暴风雪、龙卷风、冰雹、冰凌、冻融、干热风、干旱、土地沙漠化、土地盐碱化、蝗虫、农林病虫害等30余种，其中对河道工程植树种草有直接影响的灾害主要是龙卷风、冰凌、干旱、土地盐碱化、农林病虫害等5种。龙卷风摧枝拔林，冰凌冲折临河树株，干旱使树木草皮生长缓慢，土地盐碱化使树木不能生存，农林病虫害使树木病死。这些自然灾害虽然对植树绿化有影响，但出现频率较低。

三、堤防植树概况

（一）堤防植树起源

黄河堤防植树有着悠久的历史。北宋开宝五年（公元972年）赵匡胤下诏："应缘黄、汴、清、御等河州县，除淮旧制种艺桑枣外，委长吏课民别树榆柳及土地所宜之木"（《宋史·河渠志》）。咸平三年（公元1000年），宋真宗"又申严盗伐河上榆柳之禁"。王嗣宗"寻以秘书丞通判澶州，并河东西，植树万株，以固堤防"，并严令不得私自砍伐（《宋史·王嗣宗传》）。明代刘天和总结堤岸植柳经验，制定可植柳六法，除植柳外，还因地制宜地在堤前"密栽芦苇和菱草"，防浪护堤（《问水集·植柳六法》）。至清代已明确规定"堤内外十丈"都属于官地，培柳成林，既可护堤，还可就地取材，提供修防料物。

（二）植树发展

1947年黄河归故后，当地群众在党和政府的领导下，在沿河两岸开展植树造林活动。1948年10月1日，渤海行署和山东局联合发布训令：为保护堤身、巩固堤根，应于内外堤脚两丈以内广植树木，禁止耕种稼禾，以期保证大堤稳固。1949年公布的《渤海区黄河大堤植树暂行办法》中规定：植树种类以柳为标准，植树范围，无论平工险工，一律在大堤堤脚下两丈以内。

中华人民共和国成立后，总结历史经验，提出"临河防浪、背河取材"的植树原则，将植树种草绿化堤防列入工程计划，每年春、冬两季开展植树活动。1958年根据"临河防浪、背河取材"的原则，对绿化堤防、发展河产实行统一规划，规定凡设防的堤线，堤身一律暂不种树，除堤顶中心酌留4~5 m交通道外，普遍植草。1965年规定：临黄堤及北金堤在临河堤坡栽植白蜡条、紫穗槐、杞柳等灌木；险工的坝基、后戗、南北金堤的背河堤坡等地，可以根据具体条件栽植一部分苹果树；所有堤线的背河坡，除上述植苹果的堤段外，可植榆、杨、椿等一般树株或其他经济林木，如桃、杏等；在临河柳荫地内，从距外沿1 m开始，栽植丛柳、低柳各1行，高柳2行。在水利电力部的倡导下，1970年3月，山东局在鄄城县召开了山东黄河绿化工作会议。会议决定:黄河大堤(包括南北金堤、大清河堤、东平湖堤、河口防洪堤)临背河柳荫地、临背堤肩、背河堤坡和临河防洪水位以上堤坡种植乔木;林河柳荫地和临河防洪水位以上堤坡也可乔灌结合,适当种植条料;临河堤坡(包括戗坡)全部种植葛笆草(或铁板牙草),废堤废坝、空闲地带除留作育苗的部分外,其他一律种树。1976 年,黄委会《关于临黄堤绿化的意见》中提出:为了便于防汛抢险,避免洪水期间倒树出险和腐根造成隐患,临河堤坡一律不植树,均种葛笆草护堤,临背河原有乔灌木,应结合复堤逐步清除。临河柳荫地可植丛柳,缓溜护堤,使其成为内高外低的三级防浪林。背河柳荫地以发展速生用材林为主。堤肩可植行道林,选植根少且浅的杨树、泡桐等。

1979—1985 年堤防植树均按照"临河堤坡设防水位以下不植树;背河堤坡已经淤背的全部可以植树,没有淤背的在计划淤背的高程以上可以植树,临河柳荫地植一行丛柳,其余为高柳,背河柳荫地因地制宜,种植经济用材林;临背堤肩以下 0.5 m 各植两行行道林,但不准侵占堤顶,堤顶两旁(除行车道外)及临背堤坡种植葛笆草,逐步清除杂草;淤背区主要发展用材林和苗圃"。对济南市郊区(北店子至公路大桥)铁路、公路大桥、主要涵闸及城镇附近重点堤段,要求高标准绿化,已经做出了成效。但随着大堤的加高,植林成活率降低。浇水次数多,效益差,多年平均国家投入与收入基本相当。1972—1985 年,河南、山东两局绿化投资约 1 100 万元(不包括基建投资),收入为 769 万元,收入占支出的 70%(不包括群众分成部分)。更重要的是堤身植树对堤身有破坏作用,也不利于防汛查险抢险。经多次开挖,基本上是树有多高,根有多深,有的根从背河扎到临河。经过多方征求意见,并慎重研究,下决心改堤身植树为植草,堤坡、堤肩草皮化。

中华人民共和国成立以来,在沿河各级政府的领导和支持下,黄河下游两岸堤防统一规划,逐步进行植树造林和采伐更新,不仅绿化了堤防,营造了黄河防护林带,改善了自然环境,而且为治黄工程和防汛抢险提供了大量的木材和梢料。

(三)植树管理

为了改变"年年植树不见树,岁岁造林不见林"的局面,各单位对植树绿化工作也进行了改革,试行了多种形式的承包。中牟县黄河河务局实行"三定三包"(定树种、定株数、定规格,包栽、包浇、包管),先预付 20%~30%的工资,次年 3 月验收结账,按成活棵数计资,一次结清。规定成活率达 90%以上者,发全工资;达不到 90%者,按成活比例扣一定的工资。沁阳县河务局的承包责任制采取 3 种方式:一是对外承包,签订合同,秋后验收结账,成活率达到 90%的,按实植数目付款,低于 90%的,少一棵扣一棵树的成本钱;二是河务局买苗栽植,由护堤员承包管理,秋后验收,按合同结账;三是县局植树县局管,由护堤员负责浇水。

四、堤防植草情况

草皮是黄河防洪工程(堤、坝、涵闸)的生态防护措施之一,它具有护坡防冲,保持水土、绿化美化工程的功能,在维护工程完成、保持其应有的抗冲强度、改善生态环境等方面起着重要作用。中华人民共和国成立前,黄河堤防杂草丛生,护堤作用差,易出现水沟浪窝和隐患。1950 年河南第一次黄河大复堤时,濮阳县修防段开始种植葛笆草。先在桑庄试种，植草超过 5 km。葛笆草根浅枝蔓，节生根，叶旺盛，就地爬，棵不高，每平方米 4 丛，可以覆盖严实，护堤很好。群众说：“堤上种了葛笆草，不怕雨冲浪来扫。”濮阳县修防段的植草经验在全河普遍推广，对大堤起到了很好的保护作用。但葛笆草属暖地性草种，喜光照，在背阴坡面处繁殖能力较差，对杂草、害草的拒斥力较弱。多年来，山东黄河防洪工程以种植葛笆草为主，由于管理粗放，不能适时更新复壮，草皮退化、老化日趋严重，覆盖率逐年降低。从葛笆草的生长情况来看，一般朝阳堤坡生长较好，背阳堤坡生长较差；涵闸、虹吸工程周围及险工覆盖率较高，控导工程覆盖率较低。部分草皮长势不旺，有的已枯死，且由于高秆杂草丛生，生态防护作用减小，排水又不够完善，所以每年雨季出现水沟浪窝较多，工程遭到严重损坏。据统计，山东黄河各类防洪工程每年土方流失一般为 20 万~30 万 m^3，降雨集中的 1990 年和 1991 年均达到 50 万 m^3，严重影响工程的完整和抗洪能力。如 1990 年 7 月 6—10 日，济南地区降雨超过 100 mm，天桥区北岸大堤，桩号 133+920—134+440，长 520 m，共流失土方 560 m^3，其中临河堤坡葛笆草覆盖率 80%左右，出现水沟浪窝 18 条，流失土方仅 58 m^3，占本堤段土方流失总量的 10%；而背河堤坡 1990 年春整修后没能及时植草，自生的杂草覆盖率约 30%，出现水沟浪窝 144 条，土方流失 502 m^3，占土方流失总量的 90%。

植葛笆草护堤始于 20 世纪 50 年代第一次大复堤时期。20 世纪 80 年代以来，台前修防段进行了葛笆草更新复壮的研究，中牟修防段引进龙须草探索植草防护的新出路。黄委会、河南局在水利部水管司的支持下，开展了“龙须草生物防护作用”课题研究，取得了一定的试验成果。在防冲方面还试种了部分葛笆草排水沟，并与其他排水沟做了投资、维护和排水效果的对比试验，对拓宽生态防护技术的应用进行了有益的尝试。此外，其他一些县河务局还分别引进了铁板牙草、羊胡草进行试种，均取得了一定的效果。

为了改变草皮草种单一的状况，充分发挥生态防护工程的作用，达到经济、高效的目的，近几年，部分县河务局除加强葛笆草的复壮管理外，引进、选育了龙须草、本特草、地毯草等优良草种，在部分堤段试种成功。

五、生态防护工程存在的问题

(1)植树绿化总体规划设计方面考虑欠妥，致使部分堤段因未考虑近期大堤加培、修补后戗等基建工程和其他因素的影响，造成部分树株提前更新或清除，浪费了人力、物力、财力，也干扰了植树绿化工作的正常开展。

(2)部分单位只顾追求年度植树数量，忽视了种植质量和黄河工程宜林地特殊地理环境的影响，大量的管理工作跟不上，造成树株特别是幼树死亡或生长不良，成活率没有保障。

(3)堤身草皮普遍存在老化现象。现有草皮大多是第三次修堤后栽植的，葛笆草占绝大多数，已经生长了数十年，到了更新复壮的时期，老化现象严重，很多堤段已被杂草所“吞噬”。

(4)防护林日常管理缺乏必要经费。由于上级主管部门下拨到基层管理单位的植树绿化投资大多是一次性的，且有数量指标要求，日后管理费缺乏，形成“重植轻营”的现象。树株浇水费用大多只够当年新植树的费用，往年的老树、幼树因缺乏投资而不能及时浇水,只有靠天恩赐,而施肥、防病、除虫费用更是缺乏,以致严重影响了树木的生长和存活率。

(5)树木专管人员缺乏。其原因主要有两个方面:一是由于治黄专业人员数量不足,还要肩负日常的防汛、基建、岁修、管理等任务,树木管理的投工投劳有限;二是群众护堤队伍不够稳定。

(6)树木缺乏科学管理。表现在对树木修剪不讲科学,盲目砍伐。更有甚者,为获取树木枝条而掠夺性修剪。这样既不利于树木的正常生长,又减少了防汛用料的来源。另外,由于部分宜林地土壤肥力差,粉砂质土比例大,造成树木生长不良,成为"老小树",影响其效益的发挥。

(7)沿黄部分群众法律意识淡薄,维护林木的自觉性差,损坏、盗窃、盗伐树木的现象时有发生且屡禁不止。另外,对特殊堤段如村台附近、道口周围的树株缺乏行之有效的管理措施,牛羊啃食、人为破坏现象严重。

(8)其他因素。如自然灾害的影响,对树木生长也构成了一定的威胁和破坏。

第二节　生态防洪措施的应用

黄河堤身植树由来已久,树种主要以柳树为主,还有榆树、杨树、桐树、柏树等。堤身植树的利弊几十年来一直是一个有争论的问题。一种意见认为,堤身植树是防洪生态工程措施之一,对防风固沙、防冲固堤、缓溜落淤、维护工程完整、提供抢险料物、改善与调节区域气候、保证黄河防洪安全作用重大;同时,堤身植树可取得经济收入,对稳定护堤队伍非常有益。另一种意见认为,堤身植树投资大,经济效益差;堤身植树影响防汛查险抢险,若遇大风雨,树身摇动,会对堤身造成破坏,特别是树根腐烂,削弱堤身强度。为了对堤身树株种植产生的防洪和经济效益做出科学的评价,必须对堤身树木的生长规律和危害进行实事求是的分析研究。

一、植物措施与防洪的关系

(一)植物措施对防洪的积极作用

生态措施作为一种重要的防洪工程措施,其主要作用如下:

(1)防水土流失。植物措施能有效改善工程植被覆盖,阻挡或减缓降雨对地面的直接冲击,同时截留部分降水,缓解降雨对地面的冲刷和侵蚀,防止水土流失和坍塌等自然灾害。另外,植物还可通过植物根系等固结土壤等工程基质,增加工程的稳定性,防止水土流失。

(2)防风。当呈层流状态的气流(大风)穿过林带时,受制于林木摇摆的高大树冠的阻挡、摩擦,迫使层流状态的气流分散,产生众多的气流微团,发生剧烈的掺混现象,使气流状态由层流转变成了湍流,进而通过强烈的内部滑动摩擦阻力,彼此抵消气流的能量,使风能迅速降低或归于平静,从而达到了防风的作用。

(3)削浪。当波浪通过防浪林时,可通过以下方式消能削浪:①波浪与林木主干、枝叶摩擦直接消耗了波能而削浪。②因被林木主干、枝叶等阻挡,波浪发生由层流到湍流的转变,从而消耗波能。③波浪通过防浪林,因产生波的干涉而消能削浪。④波浪遇到林木主干、枝叶,发生波的反射,导致原有波和反射波的叠加而消能削浪。

(4)减缓洪水流速。植物可通过增大地表糙率,减缓洪水流速、削弱洪水冲刷力,阻挡或缓解洪水对堤坝的冲击和淘刷,提高堤坝的抗洪能力。

(5)调温湿度。植物可通过光合作用和蒸腾作用,降低空气和地表温度,增加空气湿度,防止因温湿度大幅变化而影响工程性能。

(6)水分平衡。降雨时,增加土壤入渗,减少地表径流量,涵养水分;天气干燥时,促进土壤水分蒸发,降低土壤含水量,增加空气温度。如此反复,保持大气—植物—土壤间的水分平衡,改善生态环境。

另外,植物措施还有绿化工程、美化环境、净化空气等作用。

(二)堤身植树对防洪工程的危害

1. 削弱堤身抗洪能力

从黄河大堤解剖的树株来看,7 年生树株根在地表以下一般埋深 2~3 m,最深的可到 6 m 以下,最长的根曲线长 17 m,水平长 13 m。根直径在 1 cm 以上的最多可达 75 条,树根扩散范围最大的为 124 m^2。如按树株间距 3~4 m,树根在堤身内一定部位将相互交错。由于树根在堤内埋藏深、数量多、扩展范围大,树株更新时不可能全部挖除。每次复堤都要在堤身内留下大量的树根,并且会使后种植的树根和以前留在堤内的树根串在一起,经过几次复堤,这些树根大都在洪水位以下,这将削弱大堤的抗洪能力。树根腐烂后产生的孔洞在大堤挡水时,水很快渗入堤身,使浸润线位置提高。水进入孔洞后,由于水的浸泡,孔洞附近的土粒松散,产生不均匀破坏,造成堤身内部裂缝。如裂缝进一步向背水坡发展,水就有可能由背水坡流出。水在裂缝、孔洞内流动阻力小、流速大,易将土体内的土粒带走,最后形成横贯堤身的通道而将堤身冲毁。由于树根孔洞破坏了原来堤内土的结构,所以无论孔洞在临河坡还是背河坡内,经渗水浸泡,都会使土体的容重增大、摩擦力减小、抗剪强度降低,因土体失去稳定而发生滑坡,造成大险情。

2. 树根破坏涵闸、虹吸管黏土防渗层和止水设置,威胁工程安全

树株种在涵闸和虹吸管附近,大量的树根可穿透涵闸和虹吸管的止水设置,造成渗水通道。从 1986 年 8 月 20 日济阳大柳树店虹吸开挖的实际情况看,在粉砂土层内,8 年生的杨树根可扎至 5 m 深的虹吸管底部。

3. 影响堤坡草皮生长,降低堤坡防冲能力

由于树枝、树叶遮挡阳光,树根吸取大量的水分和养料,抑制草皮的生长,往往造成树下或附近成片的草皮长势不好甚至不长草,使草皮护坡防风浪和雨水冲刷的能力大大降低。

4. 可引起大的水沟浪窝

1983 年中牟黄河修防段由于暴雨袭击,超过 30 km 的黄河大堤遭到严重冲刷,出现水沟浪窝 873 个,冲走土方 22 426 m^3。中牟黄河修防段在总结堤坝工程遭受暴雨破坏的经验教训时认为,除筑底土质、施工质量差等因素外,也有因植树不当造成大堤破坏的因素。如在 56+700 处大水沟里有一个柳树根,直径 22 mm,长 23.6 m,这个柳树根从背河堤肩直伸到临河前戗堤下,水沟基本上沿着树根走向。据沁河 69+500 处榆树解剖知,一

条树根将大堤从坡面到树根底下胀裂一条宽 3 cm、深 80 cm、长 2 m 的裂缝,如遇暴雨定会被冲刷成大的水沟。由此可见,堤身植树,影响堤身坚固,不利于防洪安全。

5. 不利于抢险堵漏

洪水漫滩后,工程防护的重点是坚守大堤,防止堤防决口造成重大灾害。目前,普遍采用的查找漏洞、抢堵漏洞的方法都不允许堤身有树株,否则探洞杆因障碍物多移动不便,抛袋堵漏、软帘覆盖等方法难达到严密堵覆闭气的效果。

(三)堤身树根的生长规律

据黄河 1965—1986 年解剖柳树、榆树、杨树、桐树、柏树等实例,树龄在 17~31 年不等。在黄河大堤堤身上的树根有如下特点。

1. 树根为了吸取水分,向含水量大的方向发展

如 31 年生柳树种在临河堤坡,树根向临河险工下面生长,甚至扎深到枯水位以下。20 年生榆树所在堤段多年靠水,主根为吸取雨水顺堤向堤顶生长。

2. 土质越松软,树根长得越粗、越长

在沙壤土中,树根生长顺利;遇有淤块或坚硬的土层,树根就萎缩或分叉后改变方向,向松软土内生长。

3. 复一次堤,树生一次根

如 17 年生柳树根分 2 层,31 年生柳树根分 3 层,27 年生榆树根分 2 层,层与层之间基本相差 1 m。这是由于新复堤土层含水量大,树为了吸取水分而形成的。

4. 树根长期吸收不到水分就萎缩、干枯、腐朽

如 17 年生柳树,由于上层树根吸收不到水分,根系已腐朽。

二、植物措施建设的基本原则

(一)功能适配原则

植物措施建设是为实现主体工程功能服务的。因此,选用植物措施首先要考虑目标植物与立地条件、植物特性与主体工程功能需求的适配问题,尽量提高其适配度,以取得良好的效果。另外,植物措施还应照顾到主体工程的特殊要求。如埋设于地面以下的管线工程及地上的供电通信工程对植被类型的特殊要求。

根据植物在防洪工程中的功能应用,可将其分为:①耐旱型。对降雨或人工管护要求较低,适用于一般挖填边坡、废弃土石存放地等保水、蓄水作用低的区块,或者受阳光直射、蒸发量大的区块。②耐水湿型。适宜生长在潮湿环境中,根系不怕水泡,适用于一般近河(湖、库)岸、地下水位高或者可能遭受间歇性水淹的区块。③耐瘠薄型。对土壤肥力要求较低,经过种植后还能在一定程度上改善土壤肥力,适用于荒地或受扰动后的施工区(表层土受到破坏或深层生土被翻到表层)和立地土壤中有机质少、肥力瘠薄的区块。④耐盐碱型。根系较浅,有一定抗盐碱能力,适用于土壤盐碱含量较高的地块。⑤耐沙化(石漠化)型。一般也具有抗旱、耐贫瘠的特点,根系较深,能在沙化或者石漠化区域成活,适用于风沙区和石漠化地区中地表土壤土质含量低、以沙或石为主的地块。⑥抗风型。能抵抗较大风力的乔木,适用于近海、开阔地。

（二）保护优先原则

建设项目通过选线、选址及工程总体布置等的方案比选，在建设过程中尽量避让天然林、人工片林、自然保护区、草原保护区及湿地等自然植被，减少征占、压埋植被覆盖的范围，并对具有特殊功能的植被采取相应的局部保护措施加以保护。充分保留和利用现状树木、地被、草本及其他植物，尤其是对大树、珍贵树种的原地利用。优先选用乡土树种，科学合理引进外地树种，把握好乡土植物和惯用植物品种的使用，并根据所在地区的地带性气候、土壤特征等自然条件，宜林则林、宜草则草，使立地条件与植物的生态特性相协调，根据不同的立地条件类型合理安排养护方式，以取得良好的效果。需要特别强调的是，植物物种选择还应当考虑项目所在地生态安全、防治措施布局与区域生态系统协调问题，避免外来物种对原生物种产生不利影响。

（三）景观协调原则

植物措施的建设应与土地整治措施、边坡防护措施和项目区周边的景观设计等内容相互结合，统一进行布设，保持协调；应结合主体工程功能要求、植物生长习性和立地条件，统筹生态学、景观学、园林美化诸因素，予以整体规划，形成稳定的植物群落，以持续、高效发挥作用。如在交通要道、城区和项目管理区等地以观赏型植物措施内容为主，在偏远区域则以防护型内容为主。此外，还应兼顾植物花果季相变化、形色声味多维效果、植物层间搭配及速生、中生、慢生树种搭配等因素，从而实现景观多维度协调。

（四）安全性原则

在确保开挖破损面、堆弃面、占压破损面及各类陡峭边坡安全稳定的前提下，尽可能采取植物防护措施以恢复自然景观；在对植被生长有影响的渣场（如渣料中含有植物生长的有害物）或高陡裸露岩石边坡等特殊场地，应在采取特殊防护措施后再恢复植被。

三、植物措施建设的设计

植物生长过程是一个长期、持续、动态变化的过程，植物配置是否科学是决定这个过程稳定程度的重要因素。植物措施设计就是要在综合考虑植物习性、种类、景观效果、生态安全及远、中、近期效益的基础上，遵循生态演替机制和规律，设计出科学合理的植被建设和生态修复方案。

（1）在分析植物措施类型和范围的基础上进行植物措施的设计。根据主体工程可行性研究资料确定不同分区植物措施的类型、标准、面积和要求，同时对主体工程在建设过程中提出保护植被的相关建议。

（2）分析植物措施与恢复中可能存在的限制因子。根据项目建设特点及气候、地形和地质特点，分析、预测植被恢复与建设中可能出现的限制因子及需要采取的特殊措施。

（3）植物措施分区与主体工程设计分区应相互结合。根据项目主体工程建设的要求，分析植物措施与项目的特殊要求，并比较论证提出可行的绿化方案，以确定植被恢复与绿化的标准，比选论证植被恢复与项目区周边绿化总体布局方案。

（4）按照植被恢复与绿化的立地类型进行各分区植物措施典型设计。如树种选择、土地整治方式、造林种草方法及对植被的管理等，做出典型设计，并进行相应的工程量计算和投资估算。

第三节　防浪林种植与管理

黄河洪水漫滩后，风浪对大堤的冲击和冲刷是很严重的，特别是易形成顺堤行洪的堤段，堤身的安全受到严重威胁。目前，一般采取修筑防护坝和挂柳等措施防浪防冲，这些措施无疑能发挥出巨大的作用，然而修筑防洪坝不但投资高、工程量大，而且坝基一般较长，相对阻水，给滩区排洪增加了困难；临时挂柳比较被动，不能彻底解决防浪问题。因此，营造以防浪林为主的生态防浪工程便以其显著的防浪防冲效果、培育抢险物料等方面具有不可替代的优势，成了确保黄河防洪安全的重要举措，具有重大的防洪效益、经济效益及生态效益。但是，防浪林是具有生命的生态工程，其施工和管理受制于多种因素，难度较大，必须认真对待、科学管理。否则，便会造成“年年种树不见树”的恶果。

一、防浪林带宽度计算

防浪林消浪作用的主要影响因素有林外缘波高、林宽、密度、水面处的树木平均直径。

一般来讲，林带越宽，防风浪效果越强，但黄河下游滩区人均耕地面积仅 0.14 hm^2 左右，且分布不均，粮食产量较低，生活水平普遍低于滩外，若占用大量土地种柳，群众生活必然会受到影响。为尽量少占土地，又能最大限度地满足防浪需要，黄委会规定高村以上防浪林宽度取 50 m，高村以下取 30 m。

黄河下游防浪林优选树种主要是柳树，常规的是旱柳和垂柳。旱柳高 20 m，垂柳高 10~20 m。柳树适应性强，喜水湿，亦较耐寒，繁殖容易，生长迅速。柳树有较强的木质结构，树皮细胞中强性水合物较多，遇水可选择性吸收利用，促进生根。柳树枝上顶芽顶端优势明显，侧生长相对较弱，要长成宽大树冠，需要经常进行头木作业、抹芽或适度修枝。柳树根系发达，具有强大的须根系，在正常生长条件下，树冠垂直投影面积就是根系分布面积。柳树本身弹性纤维量大，木纤维和韧皮纤维发达。据研究分析，可变系数为 0.6，5 级风力与 1 m 浪高对 1 年生柳树进行冲击，枝条不受影响。柳树枝条、叶片具有不同弹性和开张角度，对风浪能起到明显的分散和消力作用。

二、防浪林种植

（一）要做好组织工作

防浪林建设工程受季节的限制，工期短，时间紧，为保证栽植树木的成活率，按时保质保量完成任务，必须有严密的组织管理机构和质量保证措施。在施工中应成立以下 7 个分工协作的工作组。

（1）苗材供应组。负责采购苗种，把好等级、大小、品种质量关。

（2）规划组。负责丈量尺寸、放线、号树坑，使所植树木达到间距相等、横竖成行、整齐划一的标准。

（3）施工组。负责种植、浇水等施工任务。

（4）后勤组。负责车辆调度、食宿安排、财物供应等。

（5）协调组。负责协调各村及当地群众的关系，争取人力、物力支持，排除各种干扰。

(6)安全组。负责树苗、工具、料物、机械设备的安全保卫工作。

(7)管护组。负责树木栽植后的浇水、护墒、看护,处理毁林、盗窃案件等。

为使各小组各司其职,各尽其责,确保各工序环环相扣、不出差错,对防浪林的种植和管护要制定严格的规章制度和奖惩措施,职责落实到人。为确保工程施工质量,按照防浪林建设的施工程序,建立自身的质量保证体系,绘制质量保证体系网络图,严格按照"三检制"的要求,不论是土地平整,还是树苗进场、树坑开挖、树木种植,都要严格按照"班组初检、质检组长复检和县局终检"的办法层层把关,使防浪林建设工程达到优良标准。

(二)要做好格局规划

防浪林的作用是防浪护堤。因此,应形成高、中、低的阶梯格局,即沿临河堤脚一般种植经济价值高、成材快的三倍体毛白杨,中间种植高杆柳,剩余位置全植丛柳。规划人员采用百米绳丈量挂线,然后撒石灰粉号坑,使树木栽植后形成横顺通直、整齐划一的布局。

(三)要掌握技术要领

防浪林种植要掌握"四大、三埋、两踩、一提"技术要领,确保成活率。

1."四大"

(1)挖大坑。为使树苗便于扎根,树坑一定要大。三倍体毛白杨和高杆柳树坑要达到0.6 m×0.6 m×0.6 m的标准;丛柳种植更传统的扦插法为坑埋法,挖坑标准为0.3 m×0.3 m×0.5 m,堤口挖坑标准为0.8 m×0.8 m×0.8 m。

(2)栽大苗。苗种采购验收时必须做到:①选用一年生,根系发达的壮苗、大苗、无虫害苗。②当天树苗当天栽,不栽隔夜苗种,保证树种根系湿润。③树苗的高度、直径采用卡尺和尺杆丈量控制。高干柳高度为1.50 m,小头直径6~10 cm;丛柳长度为0.60 m,小头直径为3~10 cm;三倍体毛白杨胸径必须在2 cm以上。④验收不合格的树苗不准进场。

(3)浇大水。树苗必须严把浇水保墒关,做到栽前洇水、栽后复大水,坚持一个"透"字,保证树坑洇水透、墒情足。

(4)封大堆。对栽下的树木进行复灌,待坑内水全部洇完即可填土封坑。封坑时把树苗四周封成高于地面20 cm的锥形土堆,同时踩实,确保坑内土壤湿润,防风抗倒。

2."三埋"

植树填土分3层,即挖坑时要将挖出的表层土1/3、中土1/3、底层土1/3,分开堆放。在栽植前先将表层土填于坑底,然后将树苗放于坑内,使中层土还原,底层土用于封口。

3."两踩"

中层土填过后进行人工踩实,封堆后再进行一次人工踩实,可使根部周围土质密实,保墒抗倒。

4."一提"

"一提"主要是指有根系三倍体毛白杨树,待中层土填入后,在踩实前先将树苗轻微上提,使弯乱的树根舒展,便于扎根。

通过种植实践证明,上述种植管理措施是提高树木成活率的一种行之有效的方法。

三、防浪林管理

由于气候干旱、虫害、人为损坏等因素的影响,往往是植树容易保活难,所以就必须

“植”“管”并重,尤其要在“管”上下功夫。为保证防浪林建设成功,使所植树苗健康成长,在管护上根据新栽树苗柔弱细小、抗干旱和抗病虫害能力差、抗人为损坏能力低的特点,紧紧围绕存活率这个中心,进行防浪林的管护工作。主要采取三个结合,即国家组织管理与集体组织管理相结合、管理与经济利益相结合、科学管理与宣传教育相结合。

(一)国家组织管理与集体组织管理相结合

由于防浪林种植量大、面广、战线长,仅凭专管单位组织的以派出所、水政骨干人员为成员的专业护林队进行看护,人手明显不够,难以应付。为了搞好林木看护,专业护林队与由沿河各村治保主任牵头组织的群众护林队相互配合,进行树木看护。为提高群众护林队的积极性和责任感,本着“谁看护谁受益”的原则,与各村群众护林队签订看护及树木成材后的分成协议,分成比例为6∶4,即国6民4。这样做能极大地提高其积极性和责任心,能减轻专业护林队的负担,而且能降低管护难度,同时为保证树木安全成活奠定基础。

(二)管理与经济利益相结合

专业护林队作为管护的骨干力量,他们工作业绩的好坏关系到防浪林建设的成败。为增强其积极性和责任心,管理单位和专业护林队签订《树木管护协议》,明确规定专业护林队的职责、任务及奖惩办法,做到责、权、利相互依托(具体协议内容要根据各地实际情况具体制订)。

(三)科学管理与宣传教育相结合

要求专业护林队成员都成为树木的“保护神”和科学管理的“多面手”。既从“看”上下功夫,又从“管”上动脑子,不仅使树木栽能活、活能存、长能茂,而且能使树木增强抗病防灾的能力。因此,首先必须加强科学管理,掌握树木的生长规律、病虫害及其防治方法等知识,时刻密切关注树木的生长情况。在天气干旱少雨时,能根据天气变化、墒情大小及时组织人力、机械开沟浇水,培土保墒;根据病虫害发生、发展情况,认真钻研树木的防病治虫技术。为解决防治病虫害的疑难问题,护林队员和地方林业部门要加强联系,向林业专家咨询、请教,翻阅有关专业书籍,掌握科学的林木病虫害防治及管护方法,做到对症下药,消灭病虫害。从实践经验看,三倍体毛白杨作为一个树木新品种,具有生长快、材质好、经济价值高的优点,但也有幼树抗病虫害及防风抗折能力差、对水肥条件要求高、不易管理等缺点。三倍体毛白杨易发的病虫害有溃疡病、黑斑病、桑天牛、潜叶蛾、杨小舟蛾、杨扇舟蛾等。针对溃疡病、黑斑病,主要通过施肥、浇水增加营养、水分,使其健壮,即可避免此病的发生。桑天牛的主要危害是其成虫产卵于一两年生树干上及较大树的树叶上(其主要食物是构树、桑树叶),幼虫顺主干从上往下钻芯,致使树木折断和死亡。桑天牛的主要防治方法:清除构树、桑树,断其食源,对病树虫眼插毒签,注射1605、氧化乐果50倍或者100倍溶液。潜叶蛾、杨小舟蛾、杨扇舟蛾害虫(均为食叶害虫,幼虫吃叶,成虫变蛾,蛾再生卵,卵变幼虫,年生2代)的主要防治方法:人工喷洒灭幼脲药液(该药为生物药液,毒性小、药效长、效果好);另外,也可采用“飞防”,即飞机喷洒药液,这种方法对防浪林这种面大、线长、数量多的林木除虫效果最好,也省时、省工、省钱,每年最好喷洒一次。对林区内的高秆害草,采用草甘膦和人工铲除的方法进行清除,以避免树木被缠死或燃草烧树现象的发生。

在加强科学管理的同时，社会教育也不可忽视。利用电视、广播、宣传车、散发传单、张贴标语等各种媒体和形式进行宣传教育，使广大群众从思想上认识到防浪林对保护堤防安全的重要性和必要性，晓之以理、动之以情，增强群众爱护树木、保护树木的自觉性，形成一个国管、民管、人人管的良好社会氛围。

第四节　黄河防洪工程绿化

常见的黄河防洪工程主要有水库、水电站、引水工程、灌溉工程、改河工程和大型防洪工程等，归纳起来可分为两类：一类是以蓄水、发电为主的水库枢纽工程；另一类是以渠系（引水、灌溉、改河、防洪）为特征的河渠工程。其绿化的目的是防冲保土、涵养水源和保护水工建筑物，并与周边生态改善、环境美化及旅游休闲等要求相适应。

一、水库枢纽工程绿化

水库枢纽工程绿化的主要目的是合理利用水土资源，保护岸坡免遭冲刷侵蚀，防止水库泥沙淤积和减少库面水分的无效蒸发，因此以防护性植物措施工程为主。具体来说，又可分为以下七类工程绿化。

（一）废弃地整治绿化

各类废弃地整治绿化是水库枢纽工程的重点。通过整治、利用良好的水源条件营建有较高效益的绿色工程，如果园、经济林和用材林等，也可结合实际防护需要营造不同类型的防护林，或结合水上旅游，通过园林式绿化以开发旅游产业。

（二）坝头及溢洪道周边绿化

坝头及溢洪道周边绿化宜密切结合水上旅游的规划，将点、线、面绿化相结合，防护性绿化和园林美化相结合，通过乔、灌、草、花、草坪等相结合配置，充分利用坝头及溢洪道周边的山形地势，建设风景观赏点和创造美丽宜人的良好环境。

（三）水库库岸及其周边绿化

水库库岸及其周边绿化，包括水库防浪灌木林以及库岸高水位线以上的岸坡防风防蚀林。库岸为疏松母质、岸坡在30°以下的库岸类型应作为防护的重点。若库岸为陡峭基岩，不宜布置防浪灌木林，应根据具体条件在陡岸边一定距离布设防风防蚀林或攀缘植物，以增加绿化面积。采用紧密结构或疏透结构的林带结构。

防浪灌木林一般从略低于水库正常水位线以下的岸坡位置开始布设，以耐水湿的灌木树种为主，如灌木柳和沙棘等，布设宽度应根据水面起浪高度确定。

防风防蚀林除防风防蚀和控制蒸发外，应与周边水上旅游规划相结合，构成环库绿化美化景观。林带的宽度应根据水库库岸的面积大小和岸坡的土壤侵蚀状况等确定，可分段设计，形成不同的宽度，从几米到数十米不等。距水面较近的选择旱柳、垂柳等耐水湿的树种；距水面较远、水分条件较差时，可根据立地条件选择较耐旱的树种。

（四）坝前低湿地造林

对于水分条件较好的坝前低湿地和低洼滩地，可营造速生丰产林。若具备坑塘蓄水的条件，可整治成养鱼塘、种藕塘等池塘工程，同时其布局应与坑塘岸边的整治内容统一协调。

（五）护岸林带

沿河岸、渠系两岸、防洪堤、沟岸布置护岸林带，防止洪水冲刷河（沟）岸、岸边农田、堤防、渠道边坡。根据水分和土壤等立地条件，选择布置耐洪涝、耐盐碱、喜阴湿、根系发达的乔灌木林带。主要树种有：杨、柳、落叶松、池杉等乔木，芦苇等灌木。

（六）回水线上游沟道拦泥挂淤林的营造

在回水线上游沟道营造拦泥挂淤林，并与沟道拦泥工程如土柳谷坊、石柳谷坊等相结合。如果超出征占地范围，应结合当地流域综合治理进行造林绿化。

（七）水库管理区绿化

水库管理区绿化同生活区绿化，属于园林绿化的范畴。

二、渠系（含防洪、改河）工程

渠系（含防洪、改河）工程绿化的主要目的是保护渠系建筑物，防止冲淘和坍塌。此类工程多属水分条件较好或为水湿条件，因此应选择耐水湿的树种。如北方的杨、柳等树种，南方的落羽松、池杉等树种。在布设上要考虑与农田防护林、周边道路防护林及取土坑地的利用等绿化内容相结合。在洪水位以上的渠道边坡部分，有条件的可考虑植草皮或种植灌木，渠道外坡一般种植灌木，坡脚种植乔木。

三、典型园林绿化形式及技术

黄河防洪工程绿化，在考虑水土保持防护作用的前提下，有许多植物措施的内容与园林绿化的内容相互交叉或重叠。园林绿化内容中，园林化植树对于工业场地和生活区的美化功能是十分重要的。由于乔木和灌木的寿命长，并具有独特的观赏价值，可谓园林绿化的骨架。因此，主要将园林绿化植树的典型配置形式如孤植、对植、丛植、群植、带植、风景林和绿篱等予以重点说明。防洪工程绿化，应根据工程类型、防护要求等选择绿化树种。

（一）孤植

孤植就是单株配置，有时也可 2~3 株（同一树种）紧密配置。孤植树是观赏的主景，应体现其树木的个体美，选择树种应考虑体形特别巨大、轮廓富于变化、姿态优美、花繁实累、色彩鲜明、具有浓郁的芳香味等，如雪松、罗汉松、白皮松、白玉兰、广玉兰、元宝枫、毛白杨、碧桃、紫叶李、银杏、国槐、香樟等。

孤植树要注意树形、高度、姿态等与环境空间的大小、特征相协调，并保持适当的视距，如配置在大草坪和空地中心，地势开阔的水边、高地和庭院中，山石旁或道路与小河的弯曲转折处等。孤植形式应以草坪、花卉、水面、蓝天等色彩为背景，形成丰富的层次，以增强其观赏效果。

（二）对植

对植是指两株或两丛树，按照一定的轴线关系左右对称或均衡的配置方法。用于建筑物、道路、广场的出入口或桥头，起遮阴和装饰作用，在构图上形成配景或夹景，很少做主景。对植有规则式和自然式之分。

1. 规则式对植

规则式对植一般采用同一树种、同一规格，按全体景物的中轴线对称配置(见图 3-1)。如大门进出口两侧或桥头两侧等地多用规则式对植。对植可以是一对或多对，两边呼应，以强调主景，对植树种要求形态美观整齐、树冠大小和高度一致，通常采用常绿树种，如雪松、桧柏、云杉等。

图 3-1　规则式对植
(树种形态相同的树)

2. 自然式对植

自然式对植是采用 2 株(或丛)不同的树木，采用非对称种植，即树木高低、大小和姿态有所差异，但左右保持均衡，如左侧为一株大树，右侧可为两棵小树。

自然式对植在体形上大小不同，种植位置不对称等距，这种形式是以主体景物的中轴线为支点取得均衡，表现树木的自然变化，使形成的景观比较生动活泼(见图 3-2)。

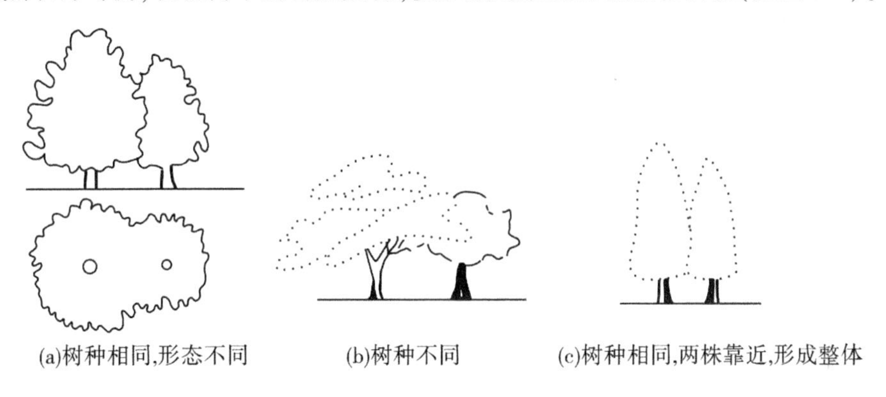

图 3-2　自然式对植

(三)丛植、群植、带植

丛植是由两株以上至十几株乔灌木树种自然结合在一起的配置形式。单一树种配置的树丛称为单纯树丛，多个树种配置的树丛称为混交树丛。

在树种的选择和搭配上要求比较细致，以反映树木组成的群体美的综合形象为主。

当以遮阴为主时，由高大的乔木树种组成，树下配置自然山石、坐椅等供人休息。以观赏为主时，乔木和灌木混交，中心多配置具有独特观赏价值的树种。丛植配置树种不宜过多，形态差异也不应过分悬殊，以便使组成的混交树丛能形成统一的整体。一般来说，3～4 株配置的树丛可选用 1～2 个树种，随着树丛规模的扩大，选用树种相应增加，但在任何情况下，应有一个基本树丛构成的主体部分，其他树丛则成为附属部分。在大小、形态、多少、高低、色彩变化的组合过程中，始终要注意规则式树丛的对称完整性、自然式树丛的构图均衡性(见图 3-3)。

丛植可作为园林主景或作为建筑物和雕塑的配景或背景，也可起到分隔景物的功能。从树丛构成的色彩季相上看，由常绿树种组成的树丛，效果严肃，缺乏变化，称为稳定树丛；由落叶树种组成的树丛，色彩季相变化明显，但易形成偏枯偏荣的现象，称为不稳定树丛；由常绿和落叶树种组成的树丛则介于两者之间，具有各自的优点，被广泛采用。

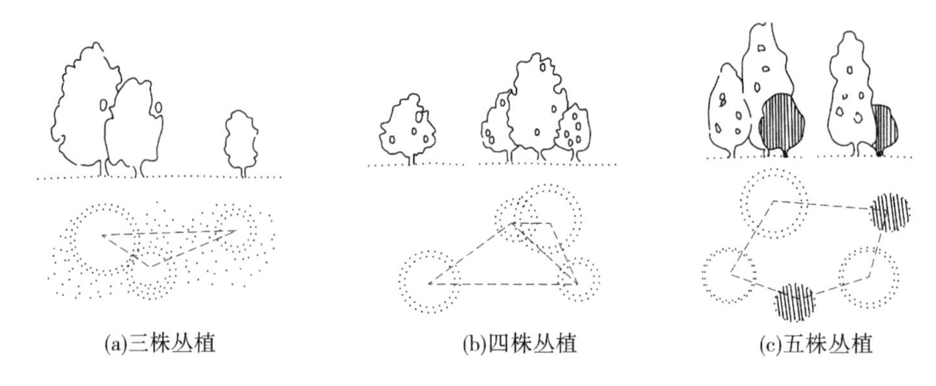

图 3-3　丛植示意图

丛植树木的株数主要有 2 株、3 株、4 株和 5 株之分，若为 5 株以上的丛植，则称为群植。群植按一定的构图配置，重点表现群体美，可作为主景或背景。如将 20～30 株或更多的乔、灌木栽植在一处，组成一种封闭式的群体，以突出群体美。再如群植中间树木树冠与林缘部分的树木，应分别表现为树冠美与林缘美。

群植主要布置在有足够视距的开阔地段，或在道路交叉角上。也可作为荫蔽、景界林进行栽植，群植的配置应具有长期的稳定性。群植配置切忌树种太多，以免造成杂乱无章之感。

带植是带状布设的树群，要求林冠有高低之分，林缘线有曲折变化。带植主要起到划分园林空间和隔景的作用，也可作为河流与园林道路的配景。

（四）风景林

风景林也称林植或树林，是由乔灌木树种成片或大块配置的森林景观，一般可分为密林（郁闭度 0.7 以上）和疏林（郁闭度 0.4～0.6），又可分为纯林和混交林，主要用于大面积风景区。

风景林配置上应注意景物、地形、园林小品、道路等的协调配合，近景和远景的呼应，色彩、季相、形态等的配合。结合游览休闲活动的风景林，其疏密配合应恰当，疏林下或林中空地，可结合布置草地或园林小品等，适当配置林间小路，使其构成优美环境。

风景林树种的组成及其色彩、形态的配合应与四周景物、地形变化，包括近景、远景等内容综合考虑，以充分发挥森林美化风景的功能。

（五）绿篱

绿篱是由耐修剪的灌木或小乔木，以相等距离的株距、行距，单行或双行排列组成的规则绿带。绿篱具有保护某一景物、规范游人行走路线、分隔景区、屏障视线和形成园林图纹线的作用，亦可作为衬托花境、花坛、雕塑等的背景。由枝叶紧密的灌木栽植的围篱或围墙具有隔离空间、吸尘防尘和降低噪声的重要作用。

绿篱按高度可分为绿墙（高度>160 cm）、高绿篱（高度 120～160 cm）、中绿篱（高度 50～120 cm）、矮绿篱（高度<50 cm）。按功能和观赏价值可分为：①常绿绿篱，由常绿树种组成，如桧柏、侧柏、塔柏、大叶黄杨、小叶黄杨、女贞、月桂等；②花篱，由观花树种组成，如桂花、栀子、金丝桃、迎春、木槿等；③观果篱，由观果价值高的树种组成，如枸杞、忍冬、花椒等；④刺篱，由带刺树种组成，如黄刺玫、胡颓子、山楂、花椒等；⑤编篱，由绿篱树种编

制而成,如杞柳、紫穗槐等;⑥蔓篱,由攀缘植物与木篱、木栅结合形成。

建造绿篱应选用萌蘖力和再生力强、分枝多、耐修剪、叶片小而稠密、易繁殖和生长速度较缓慢的树种。

另外,攀缘植物的配置种植(又称垂直绿化)在城镇以及生产建设项目的公路边坡、排土场石质陡坡等地也广泛应用,常见的攀缘植物有常春藤、爬山虎和络石等。

四、草坪种植技术

园林中的草坪亦称“草地”或“草皮”,是由多年生的一种或多种草本植物均匀密植形成的成片绿地。它具有防尘吸尘、保水保土、美化环境、调节气温的功能。草坪在绿化重点区,常常占有较大的面积和重要的位置,与周边的绿化一起构成开朗的园林环境。生产建设项目中坡地草坪可利用地形起伏变化的特征建造出空间立体景观,也可与护坡工程措施结合构成绿色坡面(坡度一般小于30°)。平地草坪也应具有一定的排水坡度,不能产生积水,如运动场草坪排水坡度在0.01左右,游憩草坪排水坡度为0.02~0.05。

(一)草坪植物选择

草坪植物大部分为多年生禾本科植物(也有少量莎草科植物),具有耐践踏、植株矮小、枝叶紧密、抗旱抗病虫害性强、观赏期长和具有发达的水平根茎或匍匐茎等特点。常选用的草坪植物有细叶早熟禾、野牛草、硬羊茅、细叶剪股颖、狗芽根、白颖苔草、偃麦草等。

(二)草坪种植技术

根据不同草种的特点,分别采取展草皮、种草鞭和播草籽等不同的种植方式。

(三)草坪种植管理

草坪种植管理主要包括以下几个方面。

(1)精细整地:种植草坪对土壤条件要求较高,土地需要非常平整,每亩(1亩=1/15 hm^2,余同)的高度差要在3~5 cm,以便禾草成坪后起草打卷。在播种后到出苗这段时间里,表土既要防止因水分过度消耗而干燥,又要防止田间渍水,因此必须建立良好的排灌系统。

(2)土壤改良:草坪需要疏松、肥沃、排水良好的土壤。因此,在草坪建设前应对土壤进行改良,可以采用翻耕、施肥、施腐殖质等方法提高土壤质量。

(3)施肥与施药:合理的施肥可以提供草坪生长所需的养分,保证草坪的均匀生长。施肥要密切关注草坪的生长状态,根据需要进行追肥,但也要注意避免过量施肥,以免造成土壤污染。同时,要防治草坪上的虫害和病害,选择合适的农药进行喷洒。

(4)适时浇灌:保持适度的水分对于草坪生长至关重要。过干或过湿都会对草坪的健康造成不良影响。要根据气候情况和草坪的生长需求,科学合理地进行浇水。

(5)草坪修剪:修剪是保持草坪整洁美观的重要环节。要定期修剪草坪,控制草坪高度在适宜范围内,避免过长或过短。

(6)防范草坪病虫害:草坪的生长环境容易滋生各种病虫害,因此要做好病虫害的防范工作。可以通过物理防治、生物防治或者合理使用农药等方法防范草坪病虫害。

(7)定期修补:在草坪使用过程中,难免会由人为或自然原因造成草坪地面的破损。及时发现并进行修补可以保持草坪的均匀性和美观性。添补更新草皮时,要做到:添补的草皮宜就近选用;更新草皮宜选择适合当地生长条件的品种,并尽量选择低茎蔓延的爬根草，不得选用茎高叶疏的草；补植草皮时宜带土成块移植，移植时间以春、秋两季为宜；移植时，宜扒松坡面土层，洒水铺植，贴紧拍实，定期洒水，确保成活。若堤防、堤岸防护工程边坡土质为沙土，宜先在坡面铺一层腐殖土，再铺草皮。

（8）清除杂草：当草皮护坡中有大量的茅草、艾蒿等高秆杂草或灌木时，宜采用人工挖除或化学药剂除杂草的方法进行清除；使用化学药剂时，应防止污染水源。

第五节　生态护岸

河岸侵蚀既是河流横向演变的重要方式，也是威胁防洪和人民生命财产安全、造成重大生态灾难的风险因素。其基本过程是：①坡面土壤表层被雨水溅蚀、动物踩踏或机械耕作后疏松和破坏。②疏松土壤被坡面径流冲刷和搬运。③滑坡或崩塌导致的块体运动。其最终结果是引起河岸面貌、结构破坏和性能丧失。为保持或延长河岸的生命周期，对河岸进行防护就成了必不可少的措施，其中尤以生态护岸综合效果最佳而成为当前发展趋势。

一、生态护岸的概念

生态护岸指的是利用植物或者植物与土木工程相结合，对河道坡面进行防护的一种新型护岸形式（见图 3-4）。生态护岸集防洪效应、生态效应、景观效应和自净效应于一体，代表着护岸技术的发展方向。特别是在人们对水环境要求越来越高、追求人与自然和谐相处的历史条件下，生态护岸更是备受重视，得到越来越广泛的应用，并已成为河流综合整治的主流方法之一。

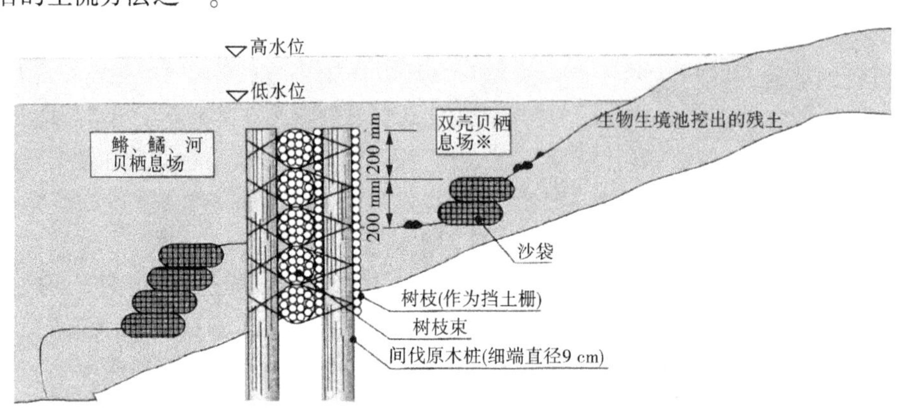

图 3-4　生态护岸范例

国外生态护岸起步较早，20 世纪 60 年代开始进行河岸的生态化改造。1965 年，德国对莱茵河利用芦苇、柳树进行生态护岸。20 世纪 80 年代，瑞士将生态护岸法进一步发展并提出多自然型河道生态修复技术，即拆除原有硬化护岸，用草皮、树木、岩石等替代。欧洲许多国家在进行护岸工程设计时，非常注意沿岸的景观与生态系统，尽最大可能地采用天然状态下的河海岸形式，避免以建筑物的形式去破坏自然生态系统的平衡。日本于 20 世纪 90 年代提出并实施了创造多自然型河川计划，提出自然型、半自然型、多自然型三类生态护岸形式。

20 世纪 90 年代初,我国河道堤防管理部门开始注意到生态护坡技术及其应用,随之开展了相应的探索与实践,提出生态护坡的概念。进入 21 世纪,随着我国经济快速发展,生态与环境恶化日益加重,特别是严重的水污染引发了新的治水理念变革,一些能减少水污染、与自然环境和景观相适应的新型护坡技术先后被试验、引进,并结合国内实际进行了改进和创新,最终迎来了近几年的迅速、长足发展,被广泛应用于江河湖泊和城市水系治理。

目前,国内外常见的生态护岸形式大致有三类:①固土植被护岸,它利用根系发达植物的固土功能,保护岸坡,防止水土流失。②固土植被与工程措施相结合,一般通过土工材料、生态混凝土浇筑网格等填土方式,增强护坡的抗冲刷能力。③利用生态型材料进行生态护岸,如水泥生态种植、土壤固化剂、植被型生态混凝土、骨架内植草、面坡箱状石笼护岸等方法。

当前我国主要推广的生态护坡形式有植被护坡、水力喷播植草护坡、土工材料复合种植基护坡、植被型生态混凝土护坡和水泥生态种植基护坡等。

要准确理解生态护坡,需要注意以下几点:

(1)生态护坡最重要的特征是恢复河流天然属性。应尽量选择天然材料,如天然石材、草皮等,尽量少用水泥和人工合成材料。天然材料自然耐久性好,与河流不相排斥,即使发生化学反应时间也很漫长,而人工合成材料却难以做到这一点。天然材料的另一特性就是容易在河道中形成新的自然平衡,较快恢复河道天然景观。

(2)生态护坡并非与传统护坡完全对立。生态护坡以环保材料为主(多数为天然材料),对环境污染小,较少改变河道生物栖息环境,与周围景观相协调,更具有自然生机,具有一定的开放性,能保护生物的多样性。传统护坡主要指砌石护坡和预制混凝土块,随着时间久远和大自然的自我修复,与自然界在新的条件下建立起新的平衡后,也与天然土坡一样,可以生长植被,也具备生态护坡的特征。只要认识到这一点,就不会把传统护坡与生态护坡完全对立。

(3)生态护坡不等于景观护坡,景观护坡受水位线限制。观察水库或湖泊,可以发现其水面线与岸坡植被之间有一条明显的水平分隔带,它是由水面线涨落造成的,植被一般在水面线之上。河道边坡同样如此,植被生长受水位、季节、温度和雨量的影响,在河道边坡上呈水平分布。但即使是天然土坡,在一定的高程下也无法布置植被护坡,尤其是在大江大河。由此可知,景观护坡(植被护坡)只是生态护坡中的一种,修建景观护坡必须首先考虑水位影响。

(4)生态护坡不是解决河道污染的有效手段,其自然净化河道的能力有限。人们最初设计生态护坡的目的之一是净化河道,但这一构想几乎无法实现。河流水体污染主要来自城市排污、农田化肥农药、大气酸雨。20 世纪 50 年代以来,发达国家都面临过水环境污染,没有哪一个国家主要依靠生态措施来减缓或消除水污染。建设生态护坡不能夸大其自净能力,更不能寄希望它来治理污水。

二、生态护岸的基本要求

(一)满足岸坡防护要求

护岸主要作用是防御洪水,其他功能都服务于防洪。作为护岸工程的一种结构形式,生态护岸首先应该满足岸坡防护的防洪功能和要求，这也是最基本的要求，不能被削弱。生态护岸作为永久河岸防护工程，在国外已有较广泛的应用，主要有生物（植被、复合植被等）护坡、网笼、笼石挡土墙、土工格室、土工网、网笼垫块护坡等形式。采用生态护岸工程，与传统的浆砌石、预制混凝土板等硬结构护岸相比，有结构简单、适应不均匀沉降性能好、施工更简便等优点。1995 年，美国新泽西州拉里妇河长 800 英尺[1]的河岸采用了生态护岸，在 1999 年 9 月美国东北部遭遇弗洛伊德飓风袭击过程中，拉里妇河洪水达到近 200 年来的最高水位，这次暴风雨是对拉里妇河生态护岸工程的一次检验。结果表明，采用生态工程加固的河岸几乎完好无损，发挥了设计要求的功能。实践证明，生态护岸能够满足一定的防洪标准和岸坡防护要求。

（二）满足生态环境的要求

随着人类物质文明的进步和城市化的发展，环境问题日益引起人们的重视，并已成为世界性的问题，护岸形式的选择还需要满足生态环境的要求，不能导致生态环境的破坏。尤其在城市和风景区等沿河区域的护岸工程，不仅要保证岸坡的稳定和安全，而且要满足生态环境的要求，生态护岸已成为较好的选择，也是未来河道治理的发展方向。一方面，护岸原材料的选择要考虑是否会对环境造成负面影响，如无规划的乱采石料或砍伐树木都将造成环境的破坏；另一方面，护岸工程形式要向绿化、美化环境方向发展。

河道护岸是否符合生态的要求，是否能够提供动植物生长繁殖的场所，是否具有自我修复能力，是设计者应该着重考虑的事情。生态护岸应该是通过使用植物或植物与土工材料的结合，具备一定的结构强度，能减轻坡面及坡脚的不稳定性和侵蚀，同时能够实现多种生物的共生与繁殖，具有自我修复能力和净化功能、可自由呼吸的水工结构。

（三）适应我国自然条件和经济社会发展

生态护岸建设应适应我国自然条件和经济社会发展，发达国家修建生态护坡的一些做法值得借鉴，但要进一步消化吸收，不能照搬。

三、生态护岸的应用原则

（一）应遵循河床演变的规律，因势利导

生态护岸作为河道整治的一种方法，应该遵循河床演变的规律。河床演变是水沙和边界条件相互作用的产物。水沙条件作为河床演变的动力因子，对河岸及河床边界有着重要的影响。而由于河岸及河床边界条件的变化，河流流路也相应发生变化，从而形成不同的河势。由于水沙及河势条件的改变，原有的洲滩、险工可能产生新的变化，可能对防洪、航运以及其他河流功能产生不利影响，需要对危险地段的岸坡进行防护。对不同河势条件的河段进行防护时，应特别注重因势利导。对有利的河势条件应及时进行守护，稳定河岸及河滩；对不利的河势条件，可控制关键部位，促使水流朝有利方向发展，顺应河势，因势利导。

（二）选择护岸形式及材料时应遵循“3E′s”原则，尽量减少硬化河道护坡

所谓“3E′s”是指护岸形式及材料的有效性（Effectiveness of alternation approaches）、环

---

[1] 1 英尺＝0.304 8 m。

境因素(Environmental considerations)、经济因素(Economic factors)。也就是说,护岸工程结构形式及材料的选择需要多方位考虑,不能顾此失彼,有效性、环境因素、经济因素三方面都要兼顾。实际护岸工程材料的选取应是这三种原则的和谐统一。当然,有效性是护岸形式和材料选择的首要原则。对不同河流,同一河流的不同河段,同一河段的不同位置,可根据实际情况,通过改进施工工艺,采用容易获取、价格低廉而功能相当的原材料及措施,降低成本以便推广应用。

硬化河道护坡对防洪来说是立了大功的,但基于其对生态的破坏性,应尽量减少使用。比如:河岸凹凸不平、边坡土质抗冲刷能力强、数十年未发生崩岸的河段,河流岸滩较宽、边坡平缓、植被生长良好的河段,土堤迎水面边坡在特大洪水年份也未发生浪坎、跌窝等险情的河段等,应尽量减少使用硬化河道护坡。

根据以往的工程经验,在沟道狭窄、冲刷严重区采用石笼结构、土工网复合植被技术、网格反滤生物工程、植被型生态混凝土、水泥生态种植基、多孔质护岸、多自然护岸等生态护岸方法治理。另外,也有采用自然土质岸坡、自然缓坡、植树、植草等生态工程护堤,防止水土流失,也为水生植物的生长、水生动物的繁育、两栖动物的栖息繁衍活动创造了条件。对比工程成本及经济效益分析来看,目前多采用工艺较为成熟的防腐高强钢丝网石笼结构对河道岸坡进行生态治理。

(三)生态护岸与非生态护岸联合运用

生态护岸有其优点,但也存在不足。例如植被可以作为控制河岸侵蚀从而稳定河岸的补给物,但它常常不能防止由于地下水渗流引起的河岸崩退,同时植被生长还受当地气候、土壤特性、盐分等因素的影响,而且在河势变化剧烈的河段如弯道顶冲段,以及出于对水下岸坡的防护,生态护岸的应用受到一定限制,需要和其他非生态护岸联合运用。

四、生态护岸应用策略

(一)从政策上支持

长期的防洪护岸工程建设,人们已习惯于建设传统护岸。对于新技术和创新成果的推广,必然会遇到这样那样的阻力。因此,必须要有一定的政策支持,才能确保新一代护坡技术的广泛使用。

(二)既重视具体设计,又重视宏观视野

生态护岸设计看似简单,但要做出符合中国经济社会发展和时代要求的优秀方案,必须要将工程师、艺术家、经济师和环境保护部门的思维融于一体。在具体设计中应对我国发展中应遵循的模式、能源消耗、矿产总量和污染排放处置等都要有一定的了解。

(三)重视科技创新

生态护岸是一种相对低技术含量的水利工程,如果大量引进采用国外产品,经济上极不合算。我国是一个治水历史悠久的国家,都江堰、灵渠、大运河等一批古代杰出水利工程都证明中国人具有无比的智慧。因此,我们要重视科技创新,充分调动水利科技工作者的积极性,开发出具有自主知识产权的新一代护坡产品。

(四)材料的创新是关键

生态护岸建设需要大量建材,其成本占工程总费用的比例大。因此,一定要重视护岸

原材料、半成品生产的技术创新,加快开采、加工、运输各环节配套升级,制定既开放竞争,又保证规模生产的产业政策,将护岸工程技术发展的切入点定在半成品生产创新上。

五、生态护岸形式举例

(一)绿化混凝土

设计低水位(1.70 m)至河底(-0.5 m)之间,不做护砌,为自然河岸;设计低水位(1.70 m)至设计常水位(2.50 m)之间,采用干砌块石护坡;水位变动区(2.50~3.20 m),采用绿化混凝土护坡,坡面上种植水葱等水生植物,起到消浪防冲作用;高程 3.20 m 以上河坡,种植绿化,固土护岸。

(二)生态石笼

生态石笼工艺,又叫生态双绞格网工艺,是将抗腐蚀、耐磨损、高强度的低碳高镀锌钢丝,外表涂塑料高分子优化树脂膜(PVC),用六角网捻网机编织成不同规格的矩形笼子,笼子内充填石头的结构。通过人为因素和自然因素,石块之间缝隙不断被泥土充填,植物根系深深扎入石块之间的泥土中,从而使工程措施和植被措施相结合,形成一个柔性整体护面。与传统的浆(灌)砌块石、混凝土等防护结构相比,它既能满足山体、岸滩稳定的防护要求,又有利于水体与土体间水源的循环,同时达到绿化环境的效果,可保持、改善原有的生态平衡。

(三)生态袋

生态袋是由聚丙烯人造纤维材料针刺而成的,这种特殊配置的聚丙烯材料可以抵抗紫外线的侵蚀,不受土壤中化学物质的影响,不会发生变质或腐烂,不可降解并可抵抗虫害的侵蚀,聚丙烯的 pH 值稳定在 2~13。工程生态袋之间采用 STD 连接口连接。STD 连接口 100%由聚丙烯支撑,性能稳定。工程生态袋为永久植被提供一种理想的种植块,透水不透土,植物可以从里面长出来,也可以由表面向袋内扎根。

(四)钢筋混凝土框架内填土植被护岸

钢筋混凝土框架内填土植被护岸是在坡面上现浇钢筋混凝土框架或将预制件铺设于坡面形成框架,在框架内回填客土并使客土固定于框架内,然后在框架内采用液压喷播植草,将混有种子、肥料、土壤改良剂等的混合料均匀喷洒,达到护坡绿化的目的(见图 3-5)。该法适用于各类边坡。但因造价高昂,多用在浅层稳定性差且难以绿化的高陡岩坡和贫瘠土质边坡。

(五)预应力锚索框架地梁植被护坡

在坡比不小于 1∶0.5(高度不受限制)、稳定性极差,且无法用锚杆将钢筋混凝土框架地梁固定于坡面的高陡岩石边坡,可采用预应力锚索加固边坡,同时将钢筋混凝土框架地梁固定在坡面,然后在框架内植草护坡(见图 3-6)。

(六)预应力锚索植被护坡

预应力锚索植被护坡适用于浅层稳定性好而深层易失稳的高陡岩土边坡(见图 3-7)。与预应力锚索框架地梁植被护坡相似,不使用框架,只用地梁即可。

(七)厚层基材喷射植被护坡技术

厚层基材喷射植被护坡技术是采用混凝土喷射机把基材与植物种子的混合物按照设

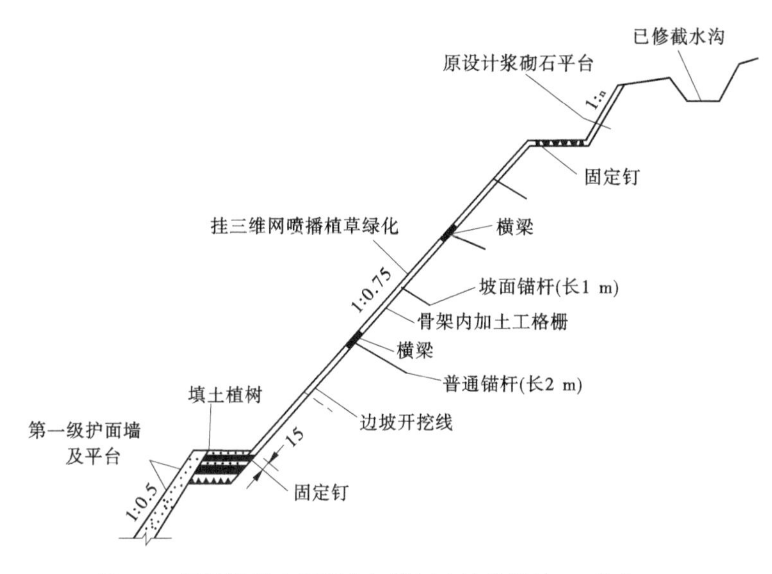

图 3-5　钢筋混凝土框架内加筋固土植草护坡　(单位：cm)

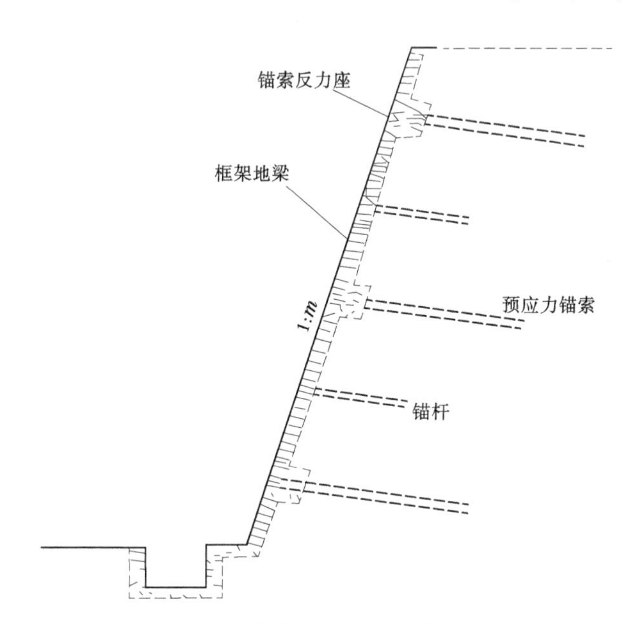

图 3-6　预应力锚索框架地梁植被护坡示意图

计厚度均匀喷射到需防护坡面的护坡技术，其基本构造包括锚杆、网和基材混合物(见图 3-8)。该技术适用于无法供给植物生长所需的水分和养分的坡面。

(八)岩面垂直绿化技术

岩面垂直绿化是通过对坡度较陡、不适合采用其他绿化方式的裸岩，在岩体的坑洼部分种植攀缘植物的容器苗，实现岩体、挡墙绿化和生态修复的技术措施。该方法是常用的只在岩体或挡墙下部种植攀缘植物模式的延伸，结合工程措施可以在岩体的中部或上部种植攀缘植物，以达到更好的绿化美化效果。

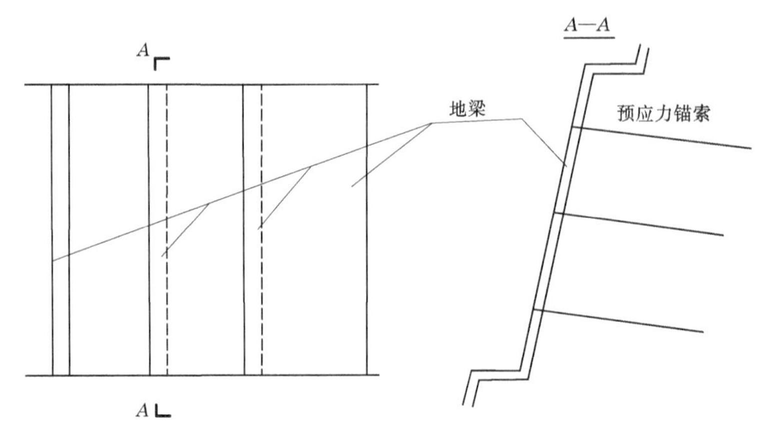

图 3-7　预应力锚索植被护坡示意图

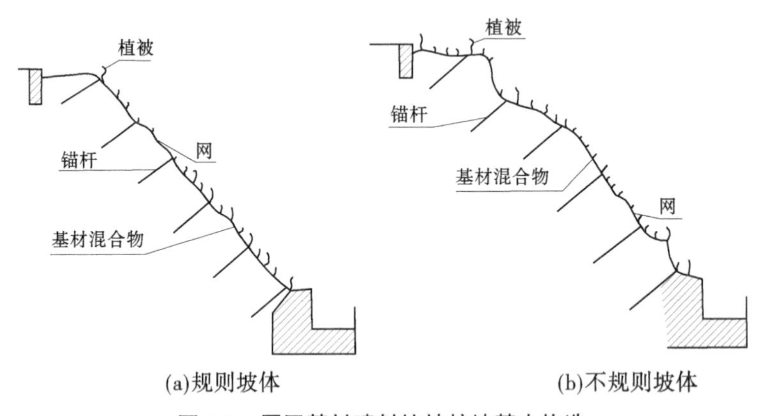

图 3-8　厚层基材喷射植被护坡基本构造

第六节　生态堤防工程建设

一、生态堤防建设的提出

自古及今，堤防建设一直是人们进行防洪以及利用水资源的主要方式，但是在传统的堤防建设过程中，由于人们对于环境认识不科学、不全面，往往基于关注供水、防洪、航运、灌溉、发电等堤防使用功效，过分依赖加固岸堤、疏通河道、裁弯取直等方式进行治理，而很少去考虑河流生态系统自身的要求，其结果是河流在满足社会发展的同时造成了严重的河流生态问题（如洪涝、决堤等），给人类社会的生存和发展带来严重的影响，造成了巨大的经济损失和生态破坏。

近年来，随着科学技术的进步、社会经济的发展及环境保护意识的逐渐增强，人们对传统堤防工程对河流生态系统的负面影响有了越来越深的认识，越来越重视堤防工程可持续发展和利用、经济-社会-环境协调发展，并提出了河流利用、生态效益、环境保护、景观建设一体化模式，生态堤防工程建设渐渐进入人们的视线并得以迅速推进，并取得了初步的成果。生态堤防建设自20世纪90年代驶入快车道,目前仍处于快速蓬勃发展阶段。生态水利工程建设发展历程简图见图3-9。

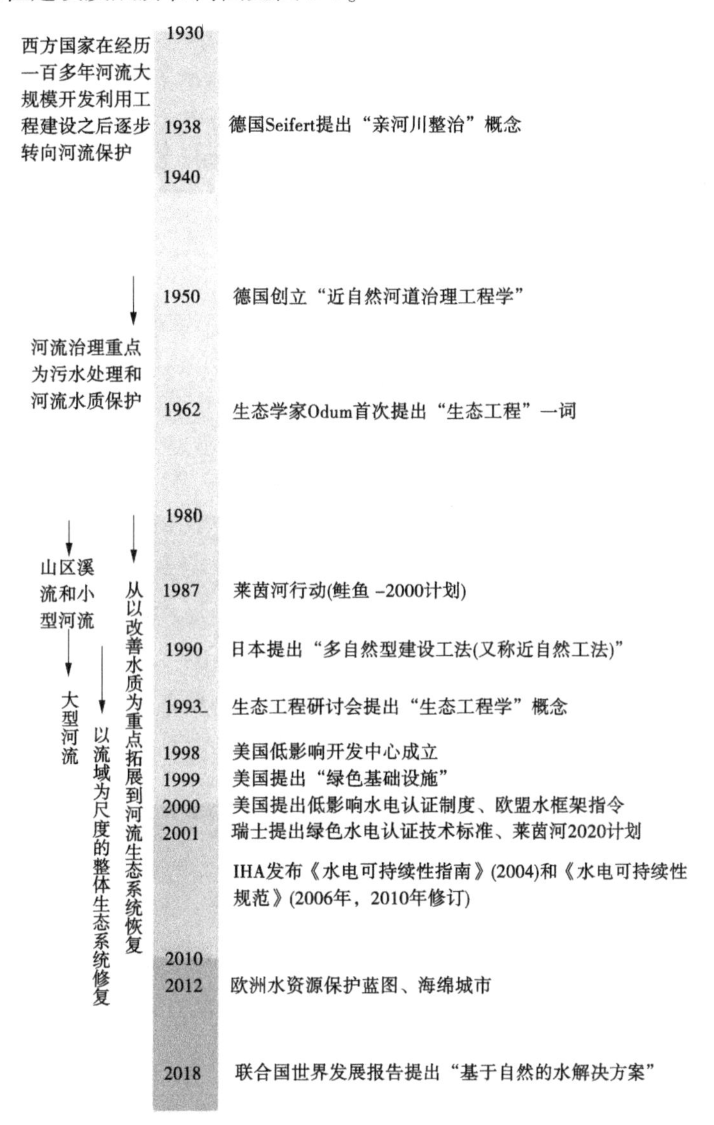

图3-9　生态水利工程建设发展历程简图

从20世纪早期开始,发达国家科技界和工程界就开始关注水利工程对于河流生态系统产生的负面影响,提出了如何进行补偿的问题,在此基础上产生了河流生态恢复的理论与工程实践。例如:1938年,德国的Seifert首先提出“亲河川整治”概念。20世纪50年代,德国正式创立“近自然河道治理工程学”,提出河道的整治要符合植物化和生命化的原理。20世纪八九十年代,开始在莱茵河、伊萨河等治理中进行生态治理实践,其中伊萨河自然化修复是德国实施的一项世界级生态水利工程案例。2000年12月22日,欧盟正式颁布《欧洲议会与欧盟理事会关于建立欧共体水政策领域行动框架的2000/60/EC号指令》。此后,美国提出了“自然河道设计方法”,澳大利亚提出了“绿植被技术”,日本、韩国等国提出“敢与自然亲近的治河工程”理念。与之相对应，一些发达国家在河道整治工程和堤防工程设计、施工规范中增加了有关河流生态建设的内容，或者颁布了专门的河流生态工程设计导则（如德国的《防洪堤》、英国的《河流恢复技术手册》、美国的《防洪墙、堤防和土石坝景观植被和管理导则》），推动了生态堤防的实践。

近年来，我国部分地区在进行防洪建设和河流整治工程中，已经采取了一些新技术和新材料，尝试河流的生态建设，比如采用生态型护坡技术，堤防绿化措施等。但是由于对很多问题的认识比较片面、模糊或高度不够，缺乏系统的理论和应用技术指导，在设计和施工中缺乏标准和依据，迫切需要有关技术规范和技术导则的支持，使河流整治工程建设更具科学性和规范化。

二、生态堤防建设的内涵

生态堤防建设是指恢复河流堤岸的自然面貌或打造具有自然河岸水土循环能力的河流堤岸。在生态堤防建设过程中，施工人员必须遵循自然规律，在河流现实状况的基础上，努力扩大水域及植被面积，设置生物的生长区域，改善河流生物的生态环境，设置水边景观设施，尽最大可能恢复河流的原生状态。因此，生态堤防建设是融现代水利工程学、景观生态学、环境科学、生物科学、美学等学科于一体的系统工程。

生态堤防在生态方面的主要作用表现在：①成为通道，具有调节水量、滞洪补枯的作用。堤防是水陆生态系统内部及相互之间生态流流动的通道，丰水期水向堤中渗透储存，减少洪灾；枯水期储水反渗入河或蒸发，起着滞洪补枯、调节气候的作用。②过滤的作用，提高河流的自净能力。生态河堤采用种植水生植物，从水中吸取无机盐类营养物，利于水质净化。③能形成水生态特有的景观。堤防有自己特有的生物和环境特征，是各种生态物种的栖息地。④改善人类生活、生产环境，推动社会经济高质量发展。

生态堤防建设概念是基于人们对传统堤防工程建设的反思与审视而提出的，是对传统堤防工程建设的扬弃、纠偏和发展。在传统的堤防建设过程中，为了过分追求社会效益及经济效益，人们的目光过多关注堤防疏通水流、泄洪排水的功能，根本没有注意生态问题，这样就导致了河流功能弱化，生态环境恶化，生态系统被严重破坏等问题的出现。目前，地方建设中存在的生态问题主要有以下几个方面。

（一）规则堤防体形对岸坡生态环境的破坏

在堤防建设过程中，建设人员常常过分追求堤防的保护作用。因此，在设计与施工的过程中，为了使堤防的保护面积最大化，在堤线的布置上通常紧贴岸坡的坡顶，堤防的体形以及岸坡也被设计和建设成整齐的直立面或者斜面，河床、浅滩也常常被整理得相对平整，这样就使得整个河道变得非常窄、非常规则，失去了原有天然河道的开放性，使得许多生物失去了栖息生存环境，给整个生态环境造成了非常大的伤害。

（二）规则河道对生态环境的破坏

在堤防建设过程中，为了工程建设的顺利，建设人员常常将河道裁弯取直，将堤线按照单一的平直状态设置，使原来蜿蜒曲折、河汊纵横、宽窄不一、深浅各异的天然河道变成了河流形态直线化、河道横断面几何规则化、河床材料硬质化、河道面貌整齐划一的人工河道，河道内原有深潭、浅滩不复存在，从而改变了河道的自然状况，导致河道水流流态的非连续化(包括筑坝导致顺水流方向的河流非连续化、筑堤引起侧向的水流连通性的破坏),破坏了生物的生长环境,给整个河道的生态环境造成了相当严重的破坏。

(三)堤防建设过程对生态环境的破坏

在整个堤防建设过程中,各种建设材料及建设工具都会对生态环境造成破坏。在整个建设过程中,沟渠的开挖、整理、施工,料场的进料、加工与出料,都会对环境造成一定的破坏。在堤防建设施工结束后,各种建设废料、建筑垃圾,因建筑而铺设的道路都很难恢复到堤防建设前的状态,堤防工程的岸坡不能及时进行防护处理,从而导致岸坡因冲刷而失去稳定性。因堤防建设而拆除的残存的石渣等废物不能及时清理干净,经常会被雨水冲刷进河道,从而造成河道淤积,影响水流的畅通。堤防建设结束后,建设人员常常不进行环境修复就匆匆撤离,这样就会导致建设现场水土暴露,沟壑纵横,遍地碎石残渣,造成严重的水土流失,使生态环境失去平衡。

(四)护岸措施对生态环境的破坏

在传统的护岸措施中,最常采用的方法是利用混凝土、干砌石或者浆砌石对岸坡进行“硬保护”,忽视生态防护措施的研究和应用,常常导致整个岸坡被全部硬化。从生态系统上来讲,护岸是整个水陆生态系统内各生物链进行沟通和流动的通道,是生物与环境之间进行物质和能量交换的通道。一旦岸坡被硬化,植物无法生长,动物无法觅食、栖息、求偶、产卵,最终被迫迁徙他处,这样就会给整个河道生态系统造成严重的影响。

三、生态堤防设计的基本原则

在目前的生态堤防设计中,主要考虑以下几方面原则。

(一)安全原则

河道堤防的建设最重要的作用就是防洪度汛,因而生态堤防的防洪安全是其设计时最先考虑的原则。只有在保证安全的前提下,谈生态堤防才是有意义的。

安全原则主要指的是在设计工作中要以河流治理为基础,兼顾生态堤防的安全性要求,确保在雨天的时候不出现洪涝、决堤等现象。

(二)生态原则

生态堤防与传统堤防最大的区别在于生态堤岸考虑到了堤防的边缘效应,由水生生态系统到陆地生态系统过渡的连续性。传统堤防破坏了这种水陆生态系统的连续性,使沿河湿地大量消失、混凝土河道切断了水土之间的联系和相互作用,单调的水流状况不利于水生动植物的繁衍。而生态堤防则立足生态学原理和规律,融入生态理念,尽量使用天然材料,兼顾上下游、左右岸的生态联系,尽量保护或修复河流及两岸原有生态环境,特别是要满足水生、两栖生物繁衍生息的需要,保持和发展生物多样性。

(三)自然原则

河道堤防设计,要体现尊重自然、保护自然、人与自然和谐的理念,在满足传统堤防工程防洪功能的前提下,应尽量维持河道原有的天然岸线、河道走势、自然形态及自然景观,采用与周围自然景观协调的结构形式,避免对河道景观的破坏,保护景观多样性。

(四)亲水原则

在满足防洪安全的前提下,结合当地人文资源、文化习俗和文娱生活需求,因地制宜地设置包括能沿河畔行走、跑步、就座、躺卧、休憩、触水等在内的亲水性设施和场所，提供更多直接欣赏水景、接近水面的机会，让人们通过视觉、听觉、触觉、嗅觉等全方位地享受水文化之美，满足人们亲水、触水的精神需求。

（五）整体原则

生态堤防设计着眼于整体，对上下游、左右岸及河底至堤岸多层次统筹考虑，尽显回归自然，将河道堤防与周围环境有机地融为一体，突出特色美，体现意境美，延伸河流水生态系统的空间，营造人水和谐的生态空间。

四、生态堤防工程建设的对策和措施

随着人们环境意识的不断提高，堤防建设中的生态问题越来越受到人们的关注，要想切实解决这个问题，必须倡导生态建设理念，将生态建设理念融入从设计到施工再到后期处理的整个堤防建设过程中。

（一）注重河流自然演变规律探究，崇尚生态优先

科学辩证地看待水利工程已经成为国际社会的普遍共识。一方面，水利工程仍然是许多国家、地区兴水利除水害必不可少的手段，是保证经济社会发展的重要基础；另一方面，水利工程技术进步的长足发展，也大幅增加了人类开发和改造自然的广度和强度。当前，愈演愈烈的水资源短缺、水生态损害、水环境恶化等问题，在不断敦促我们加深对河流自然演变规律的认识。西方发达国家生态水利工程建设的发展历程，清晰地反映了人们对水循环机制、生态系统中物种共生与物质循环再生原理以及水与经济社会、生物、生态环境关系的认识不断深化和升华；生态水利工程相关理论研究与实践探索良性互动频繁，推动着水利工程逐渐从控制、征服自然转向开发利用与改善水质、修复生境的统筹兼顾，直至追求水利工程与生态环境的完美融合，符合生态优先、保护自然的本质要求。

西方发达国家越来越重视水利工程与生态系统之间的相互影响，保护和利用河流的自我修复能力，统筹解决水灾害、水资源、水生态和水环境问题。对于新建工程，普遍将生态环境作为工程立项审批的控制性要素，并从工程规划设计、建设施工和运行管理等各个环节，严格要求降低或消除对生态环境的负面影响。对于已建工程，许多国家已重新审视工程规划布局、功能设计、运行调度等情况，按照生态优先、保护第一的原则，分类采取生态化改造（如加设鱼道）、限制部分功能（如发电）、调整调度方案、清退拆除等措施予以改造升级。

由前文可知，堤防建设必须大力倡导生态建设理念，坚持“自然节约、循环利用”的原则，将环境因素纳入整个建设过程中，努力创建“绿色、环保、健康”的生态堤防。

（二）注重综合措施运用，构建生态友好型工程体系

1. 重视规划整体统筹

在宏观战略方面，注重从经济-社会-自然复合生态系统的角度，平衡人口、资源、环境各要素，优化国土空间开发格局，进而确定水资源开发利用和河流生态修复与保护的总体部署。在中观布局方面，以流域为单元通盘考虑系统内的防洪、供水、修复与保护等工程布局，注重干支流、上下游、左右岸的工程功能协调，充分发挥工程体系的整体效益。在微观方法方面，充分利用河流自然地形地貌，科学选址，尽量降低对生态环境的干扰，特别关注特种鱼类等敏感指示物种的保护。

2. 努力打造符合河道特点的堤线和堤型

在布置堤线时,要认真分析整个河道的生态状况,尽最大可能保留或恢复其自然分布状态,即原来是直线的保持其直线状态,原来是蜿蜒状的保持其蜿蜒状。保证河道的堤防走向符合河道的生态分布,切不可为了追求美观、实用改变河道的走向,甚至采取裁弯取直的方法,这样就会破坏河道的原始生态环境。在堤防建设过程中,要尽最大可能保留、恢复河道中的弯道、浅滩或者湿地。为了确保行洪时有足够的断面以及维持堤身的稳定,确保堤身与岸坡的自然状态与植被不被破坏,建设人员要尽最大可能设计出使堤线远离岸坡坡顶的建设方案,并严格按照建设方案进行建设。在堤型的选择过程中,建设人员必须认真分析河流的整体状况,认真研究其地形地貌特征以及周边环境,恰当设计建设方案。在堤型的选择过程中,除要满足工程渗透稳定、滑动稳定等安全要求和工程建设质量外,还要认真考虑生态环境因素,采用有利于生态保护的土堤堤型,为生物正常的生长创造条件。在建设过程中,要避免为了增大保护面积而让堤线过分靠近岸坡坡顶的建设方式,这样不但会导致河道天然形态的改变,而且给岸坡的稳定性增加了安全隐患。在堤防建设材料的选择上,应结合生态保护或恢复技术要求,优先选择当地原生建设材料,尽量避免过多使用钢筋混凝土与石材等硬化材料,只有这样才有可能维护生态环境的稳定性,给生物创造一个正常生长的空间。

3. 设计建设近自然化工程

注重生态要素之间的相互联系,维持和改善河流的纵向、横向和侧向连通性。堤线等工程布置要为河道留足行洪空间,确保河道泄洪能力不降低。河流断面设计,应按照自然河道纵、横断面的多样性变化特征,尽量避免河床的平坦化,采用非规则断面,浅滩与深潭相间。采取对河流自然形态和天然水流形态改变相对较小的工程结构,如带鱼道的水坝、缓坡或多段式跌水替代滚水堰、自然型护岸等,避免采用裁弯取直、倒梯形断面。为生物营造适宜的栖息环境,如河床上设置深潭-浅滩、岸边设置沼泽湿地、修建半空砌石护岸、种植林草带等。采用生态友好型的工程材料,如当地产的木材、竹笼、石块等,工程开挖的表土回覆等,避免全部采用混凝土等硬质不透水材料。

4. 选取最低扰动的施工组织安排

重视水利工程施工期对生态环境造成的影响,强调施工期对生物栖息地进行保护和恢复。工期选择避开动植物发育期、鱼类洄游期、鸟虫繁衍期等,施工设备选取振动轻、噪声小的机械,保护好施工场地、便道等周围的植被,同时不断督促提高施工人员的保护意识。对特殊区域的物种,在施工期要采取相应的辅助保护措施。尽可能保持岸坡的原来形态,尽量不破坏岸坡的原生植被,局部不稳定的岸坡可局部采用工程措施加以处理,避开大面积削坡;采料场料场区应进行植被恢复,与周围景观相一致。

(三)注重运行管理,充分发挥水利工程的生态效益

1. 普遍开展工程生态调度

随着人们不断深化对水利工程与下游生态环境之间关系的认识,国内外越来越重视水利工程的生态调度,以保障下游的生态水量需求。对于下游具有特有鱼类等敏感生物的河流,通常以这些敏感生物的需求为水量调度原则,模拟这些敏感生物生存、洄游或繁衍所需的流量、水温、洪水脉冲等水文情势。对于下游没有敏感生物的河流,也要保证最

基本的下泄水量，以免河道干涸造成生态危机。

2. 更加重视洪水风险管理

河流防洪压力随着人口与经济的不断集聚而增大，以美国为代表的发达国家越来越重视洪泛区的风险管理，统筹考虑洪泛区的土地利用、经济社会发展、灾害应急与救济等情况，按照风险等级分类实施税费、保险等相关政策，将传统上单纯依靠水利工程防洪的理念逐渐向适度承担风险转变，大幅削减了本该修建的水利工程数量，取得了很好的生态效益。同时，利用河道、湿地等适当蓄滞洪水，洪水资源的生态价值越来越得到认可。

3. 充分利用监测评估反馈

现代化的遥感、地理信息系统等技术在监测工程生态影响方面的应用越来越广泛，针对河流自然状况、绿色水电、低影响开发等的评估体系也在逐步建立，这些监测评估结果为生态水利工程建设与运行提供了科学全面的反馈信息，很多国家已经成功运用这些反馈信息，在评价河流自然状态、调整工程调度运行、发展绿色水电市场、积累河流修复资金等方面取得了较好的成效。

(四)注重科技创新，持续驱动生态水利工程建设发展

1. 重视相关基础科学研究

几十年的生态水利工程建设发展历程中，先后提出了“近自然河道治理工程学”“多自然型建设工法”“绿色基础设施”等理论，充分揭示了实践产生理论、理论指导实践的矛盾运动规律，今后理论与实践之间的相互作用仍将继续驱动生态水利工程建设发展。日本专门成立了自然共生研究中心，对河流物理环境与生物之间的关系进行深入研究，为指导河流整治与修复提供了理论指导。美国在维克斯堡水道试验站搭建了密西西比河水系模型，复演和预演洪水情景，为优化水利工程体系奠定了科学基础。

2. 重视生态水利工程技术创新

技术创新是推动生态水利工程建设发展的重要动力之一，主要体现在生态友好型材料与施工技术研发两方面。近年来，格宾石笼、生态袋、预制混凝土框格、木桩、生态毯等生态护岸材料的应用越来越普遍，另外可供植物生长的环保混凝土等新型材料逐步在工程中应用。同时，在不同区域气候条件下的林草搭配、湿地设计与建造及其水质净化等方面，相关技术也在不断向前推进。

(五)注重利益相关方合理诉求，不断调整人水关系

1. 注重回应利益相关方的合理诉求

在水利工程规划设计、建设施工及运行管理阶段，都设置相应的公众参与环节，全面收集利益相关方的有关诉求，吸收、采纳合理的意见和建议，对不合理的或暂时无法接受的也作出解释说明，寻求各方利益的最大公约数。

2. 注重满足社会公众的亲水需求

通常采取林草、木材、石块等柔性材料，结合缓坡、台地等近水设计，拉近人与水的关系；通过美化河流景观、搭建亲水平台、建设湿地公园等途径，满足人们日益强烈的滨水游憩需求。

第七节　河流廊道

一、河流廊道的概念

河流廊道是指沿河流分布而不同于周围基质的植被带，它包括河道本身，以及河道两侧的河漫滩、堤坝和部分高地。狭义上讲，河流廊道是指河流与两岸水陆交错区的植被带，以及洪水频繁侵扰的洪泛区所组成的带状空间。广义上讲，河流廊道除狭义河流廊道外，还包括与河流连接的湖泊、水库、池塘、湿地、河汊、蓄滞洪区以及河口地带。河流廊道示意图见图 3-10。

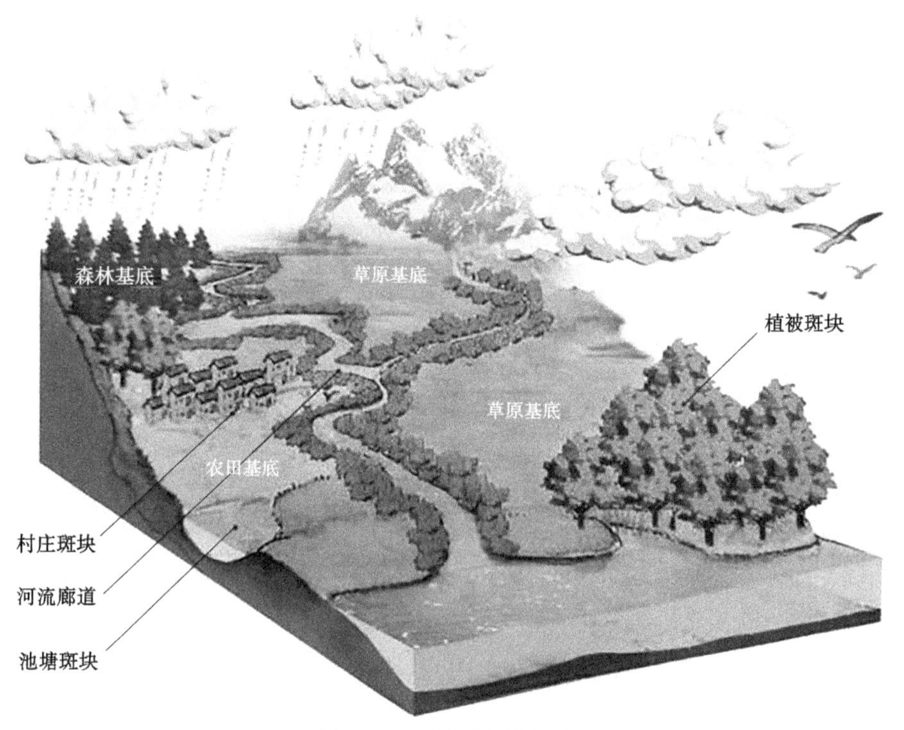

图 3-10　河流廊道示意图

国外对河流廊道的研究开始于 20 世纪 50 年代，最初的研究集中在河流廊道的定义范围和廊道功能等方面。Wistendahl 等对河流廊道的定义为：沿河流分布而不同于周围基质的植被带。R. T. T. Forman 认为河流廊道的功能特征包括水流、矿质养分流和物种流，可为长远规划问题提供指导性原则。随着一些欧美国家对污染河流的综合治理，对河流廊道的研究也进一步加深。J. V. Ward 和 F. Malard 在把河流廊道作为一个整体研究时，发现景观生态学具有很大的潜力，能够将河流廊道的结构、功能和动态有机地结合起来。河流廊道是指由河流影响的、相互联系的陆地和水单元构成的地球表面（水生生境、泛滥平原和河岸带）。W. E. Dramstad、J. D. Olson 和 R. T. T. Forman 在研究河流廊道的宽度和连接度时，发现宽度和连接度对廊道的五大主要功能（生境、通道、过滤、源和汇）起着基本控制的作用。R. C. Petersen 在一项关于河流廊道的研究中，列出的河岸、河道和环境状况清单包括的 16 个特征,定义了两种生境中河岸带的结构、河道形态和生态条件。该清单基于这样一个观点,在非点源污染和农业占优势的景观中,小河流的环境状况应通过评价河岸带和河渠道的自然条件而评价。假定这一自然结构的干扰是河流生物结构和功能降低的主要原因。这一假定由一个案例研究所支持,其在 15 个意大利河流点位,用扩展的生物指数和香农多样性指数测量,RCE 与水底大型无脊椎动物群落呈正相关关系。美国地质勘探局、美国农业部等机构发现,河道渠化后的负面生态影响愈加明显,渠化的最初效益(如控制洪水、改善灌溉、更多的放牧面积)已经被工程的代价抵消了:①蜿蜒的河流变成了深深的沟渠,生物学利用价值变小了;②降低了周边的地下水位,大量的洪水平原湿地消失了;③为了保持不变的水面,残留的湿地退化了;④改变了水流的季节性变化格局,这对鱼及在此居留的野生动物和迁徙的水禽至关重要。国外对于河流廊道的研究已经达到了相对成熟的阶段,不仅对格局、尺度等方面有比较深入的研究,在过程、功能等方面也进行了很多有价值的探索。

国内对河流廊道的研究开展得比较晚,国内学者于近年对河流廊道的河岸带部分进行了比较多的研究,且多集中于尺度和功能方面,而过程等方面则较为欠缺。

人们提出河流廊道的概念,旨在保护和管理河流及其周边的生物多样性、水资源、土地利用和人类活动等方面的关系。它将河流与周围环境、自然过程、人类活动联系在一起,把河流系统视为一个综合的自然生态系统,从而保护河流功能的完整性和可持续性。

二、河流廊道的构成

河流廊道由河道、河滩地、漫流高地、堤坝等部分构成。其中,河道是一年中大部分时间有水的河槽;河滩地是河道两侧周期性被淹没的区域;漫流高地是河滩地与周围陆地景观之间的过渡区域;堤坝是堤和坝的总称,也泛指防水拦水的建筑物和构筑物。相关研究表明,河流廊道还需要包括河流两侧一定宽度的绿带,以保证廊道生态功能的有效性。河流廊道的构成见图 3-11。

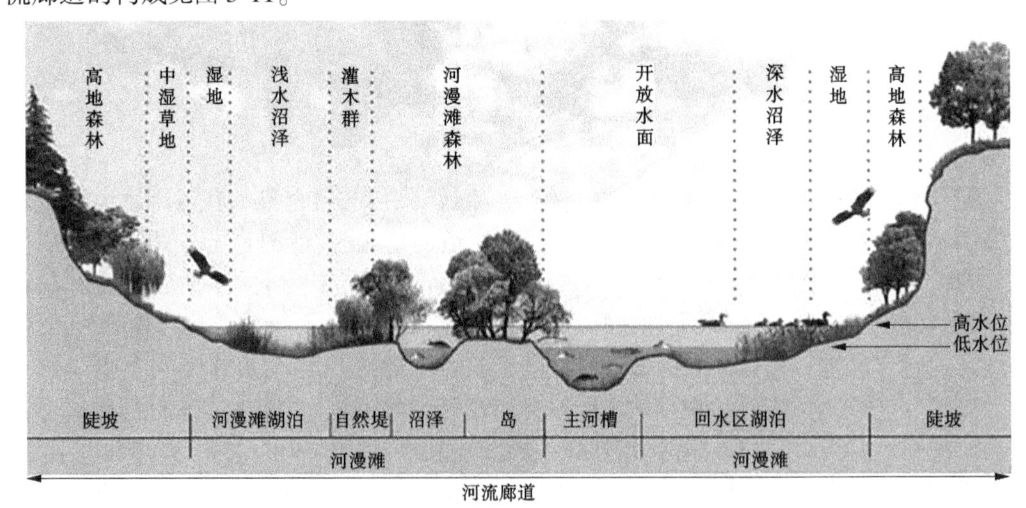

图 3-11 河流廊道的构成

三、河流廊道的结构

河流廊道的结构属性主要包括以下几项。

(一)长度和宽度

长度可以确定廊道同基质接触的程度,宽度可以确定廊道对基质的干扰和对动植物阻隔的程度。宽度包括廊道平面宽度、宽度变化、狭窄条带数量、不同生物栖息地等,对物种沿廊道或穿越廊道的迁移、环境梯度、种群成分、边缘效应以及相邻系统干扰的响应等具有重要意义。相对而言,窄带作用不很明显,但也同样具有意义。

(二)连通性

连通性指廊道如何连接或在空间上怎样连续地量度,包括沿河流纵向连续、洪水漫溢的侧向连通以及向下渗透的垂向连续等,可简单地用廊道单位长度上间断点的数量表示。连通性为营养物质和能量的输移、动物运动以及植物种子的传播提供了良好条件。廊道有无断开是确定通道和屏障功能效率的重要依据。

(三)曲度

曲度表示廊道的弯曲程度,用河流廊道的实际长度和参照长度(如从初始位置到某一特定位置的直线距离)表示,取值为1~2。值接近于1时,描述对象为一直线;值趋近于2时,线的弯曲程度相当复杂,几乎布满整个平面。廊道越直,距离越短,生物在景观中两点间的移动速度就越快,而经由蜿蜒廊道穿越景观则需要很长时间。

(四)周长面积比

周长面积比用于判定廊道形状。

(五)密度

密度反映廊道的疏密程度,以廊道的长度和廊道景观面积比表示。

四、河流廊道的基本功能

河流廊道的功能可归结为以下方面。

(一)栖息地功能

栖息地(见图3-12)是植物或动物在大自然特定区域中生活、成长、繁殖及其他生命周期的空间场所。栖息地提供所在生物必需的生活元素,包括空间、食物、水及庇护场所。栖息地又可分为边缘栖息地和内陆栖息地。边缘栖息地是不同生态系统之间的交错地带,具有变化和不确定性;内陆栖息地则相对稳定和安全,其系统也较为持久。边缘栖息地处在内陆栖息地外围,对外界干扰起到过滤作用。河流廊道的廊道在于它能够连接很多小型的栖息地,并且使野生动物族群数量增加。

(二)通道功能

河流廊道是输送多种类型能量和物质的通道。河流水体的重力能是可供人们开发利用的水能资源,重力能也是土地侵蚀、塑造河床和物质输送的驱动力。河流廊道是物种迁徙的通道,也是泥沙传输的通道。健康的河流廊道具有横向和纵向的通道功能。比如:鸟类及小型哺乳类动物可以通过植被群落的树冠层穿越廊道,有机碎屑等物质能经廊道由高处往低处输送,成为河流中的鱼类和无脊椎动物的食源。河流廊道通道功能示意图见图3-13。

图 3-12　栖息地

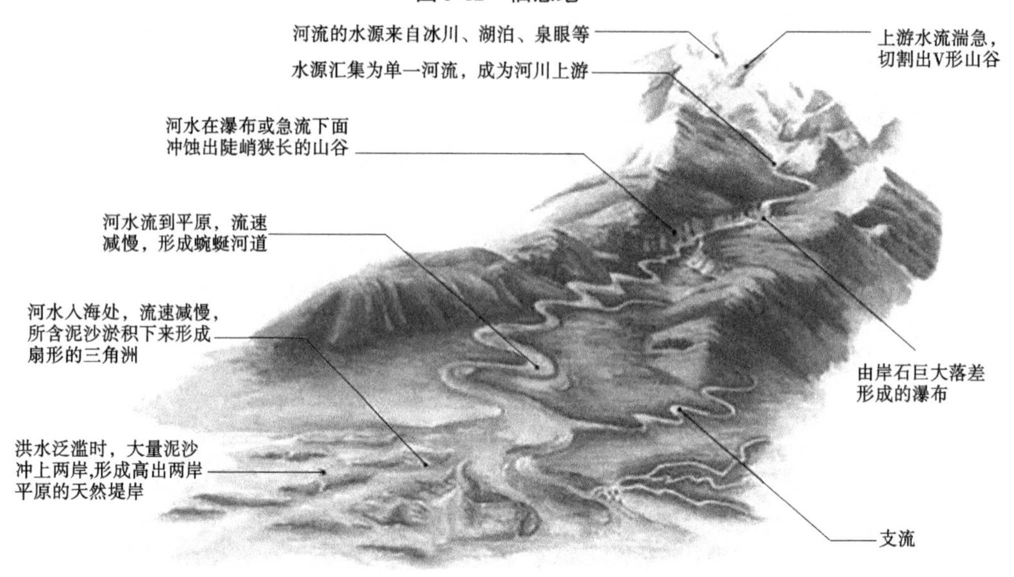

图 3-13　河流廊道通道功能示意图

(三)过滤与屏障功能

过滤是有选择的允许能量、物质和生物渗透或穿过的功能;屏障则是阻止能量、物质和生物渗透或穿过的功能。河流廊道通常兼具过滤与屏障的双重作用。廊道内生物对污染物的吸附降解以及泥沙传输的减缓作用,在生态容量的允许下,能有效过滤和阻隔污染物。

(四)源和汇功能

所谓“源”是指为周围环境提供能量、物质和生物的功能;“汇”则是吸收周围环境的能量、物质和生物的功能。对于河流廊道而言,地表水与地下水相互补给是典型的源和汇关系,如图 3-14 所示。

洪水期间,涨水时洪水向河漫滩两侧浸溢并渗透进入土壤转化为地下水,同时大量营养物质随着进入河漫滩,鱼类和其他生物进入河漫滩觅食、产卵和避难,这时河道具有

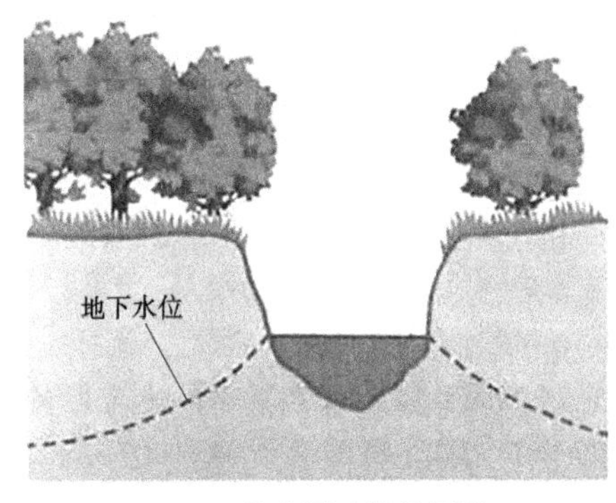

(a)具有源功能的河段

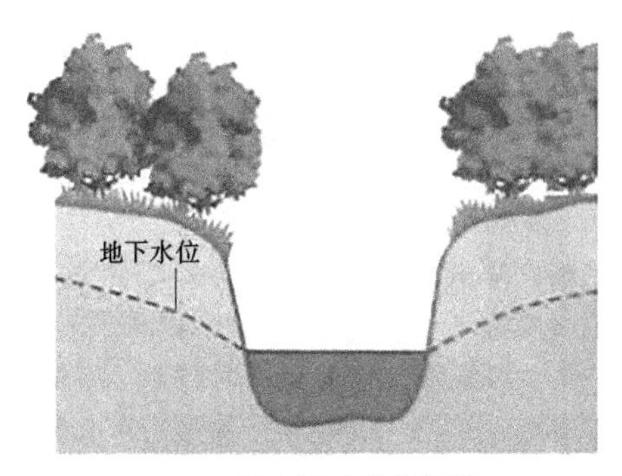

(b)具有汇功能的河段

图 3-14　河流廊道的源与汇

“源”的功能，周围河漫滩发挥“汇”的作用。随着洪水消退，河漫滩大量的残枝败叶等腐殖质随退水进入河道，鱼类等生物也回归主槽，同时土壤水可反渗进入水体并回归主槽，这时的河道具有“汇”的功能，而周围的河漫滩则具有“源”的功能。

(五)动态平衡功能

在没有人为干扰的情况下，河流廊道的架构、形态会随着周边自然条件的改变而发生变化，但这种变化是河流与其廊道之间相互作用的动态过程。

五、河流廊道生态修复

河流廊道生态修复是指通过人工干预的方式来恢复因人类活动的干扰而丧失或退化的自然生态，改善河流生态系统的结构与功能，提高生物群落的多样性。

通常意义上的河流廊道生态修复工程，包括水源补充以保障最小生态需水量、加强污染治理以净化进入河流的水质、尽可能恢复河流纵向和横向的连通性及形态的多样性、防止河床的硬质化。河流廊道生态修复技术与方法主要如下。

(一)稳定河道地形

城区内河道承担着防洪和排涝等基础性的功能，因此河道地形的稳定非常重要，包括护岸和河床的稳定。稳定化过程的建设要兼顾防洪和生态系统构建两方面的需求，避免河床和岸坡的硬质化及结构上的均质化，河床的稳定应尽可能维持河道的几何形状达到一个冲淤平衡的状态。

(二)降低入河污染物量

河流廊道生态修复的前提是要降低进入河流中污染物的量，这对于水质的改善至关重要，一般可通过加强汇水区域内污染防治措施及设置前置库或湿地净化区等措施来实现。

(三)重建河岸带生物群落，营造多样化的栖息地生境

营造漫滩地、积水洼地、池沼地，为水、陆生动植物提供多样化的栖息地环境。通过设计营造出丰富多变的河岸线，恢复沿河串接的池塘、湿地等生境空间，创造深潭和浅滩等不同深度的水体，营造复杂多变的生境。

(四)保护关键性的河流底质

一些特定的河流底质对于特色鱼类产卵及其他水栖生物的栖息地环境相当重要。因此，河流关键性底质的保护对于河流原有底栖物种的生存至关重要。

第八节　黄河流域生态修复与建设

一、黄河流域生态现状与问题

黄河作为中国的第二大河，发源于青海高原巴颜喀拉山北麓约古宗列盆地，蜿蜒东流，穿越黄土高原及黄淮海大平原，注入渤海。但由于受地理位置、气候环境及社会经济等因素影响，黄河流域一直是我国最典型的生态脆弱区，生态本底差，水资源十分短缺、供需矛盾突出，水土流失严重，资源环境承载能力弱。

近年来，国家不断加大生态环境保护力度，黄河流域生态环境质量得到不断改善。但是，黄河流域生态保护仍存在一些矛盾和问题，距离黄河流域生态空间高水平保护、高效能治理的要求还存在相当大的差距，仍然面临着严峻挑战。其综合表现在以下三方面。

（一）黄河流域最大的矛盾是水资源短缺

上中游大部分地区位于 400 mm 等降水量线以西，气候干旱少雨，多年平均降水量 446 mm，仅为长江流域的 40%；多年平均水资源总量 647 亿 m^3，不到长江的 7%；水资源开发利用率高达 80%，远超 40%的生态警戒线。由于黄河流域水少沙多，土壤质地特殊，植被较少，容易形成严重的水土流失现象，从而引发滑坡、泥石流等地质灾害。另外，黄河流域农业、矿产资源开发等产业发展需要大量水资源，导致水资源利用效率不高，同时经济社会用水还在不断增加，加剧了水资源供需失衡问题，而黄河流域水污染尤其是支流水污染问题导致水资源供需矛盾进一步尖锐化，水资源保障形势严峻。

（二）黄河流域最大的问题是生态脆弱

黄河流域生态脆弱区分布广、类型多，上游的高原冰川、草原草甸和三江源、祁连山，中游的黄土高原，下游的黄河三角洲等，都极易发生退化，恢复难度极大且过程缓慢。环境污染积重较深，水质总体差于全国平均水平。

（三）黄河流域最大的威胁是洪水

水沙关系不协调，下游泥沙淤积、河道摆动、“地上悬河”等老问题尚未彻底解决，下游滩区仍有近百万人受洪水威胁，气候变化和极端天气引发超标准洪水的风险依然存在。

二、黄河流域生态修复与建设的意义

黄河是中华民族的母亲河，孕育了古老而伟大的中华文明，保护黄河是事关中华民族伟大复兴的千秋大计，具有深远历史意义和重大战略意义。

保护好黄河流域生态环境，促进沿黄地区经济高质量发展，是协调黄河水沙关系、缓解水资源供需矛盾、保障黄河安澜的迫切需要；是践行绿水青山就是金山银山理念、防范和化解生态安全风险、建设美丽中国的现实需要。

黄河流域是我国重要的生态安全屏障，在气候变化与人为干扰的不断加强下，水资源供需矛盾突出，生态问题凸显，高效生态修复是推进黄河流域生态保护的重要举措。

三、黄河流域生态治理历程

纵观黄河流域生态治理修复历程，大体可分为水沙调控治水害、水源涵养治断流、系统修复维健康 3 个阶段（见图 3-15）。

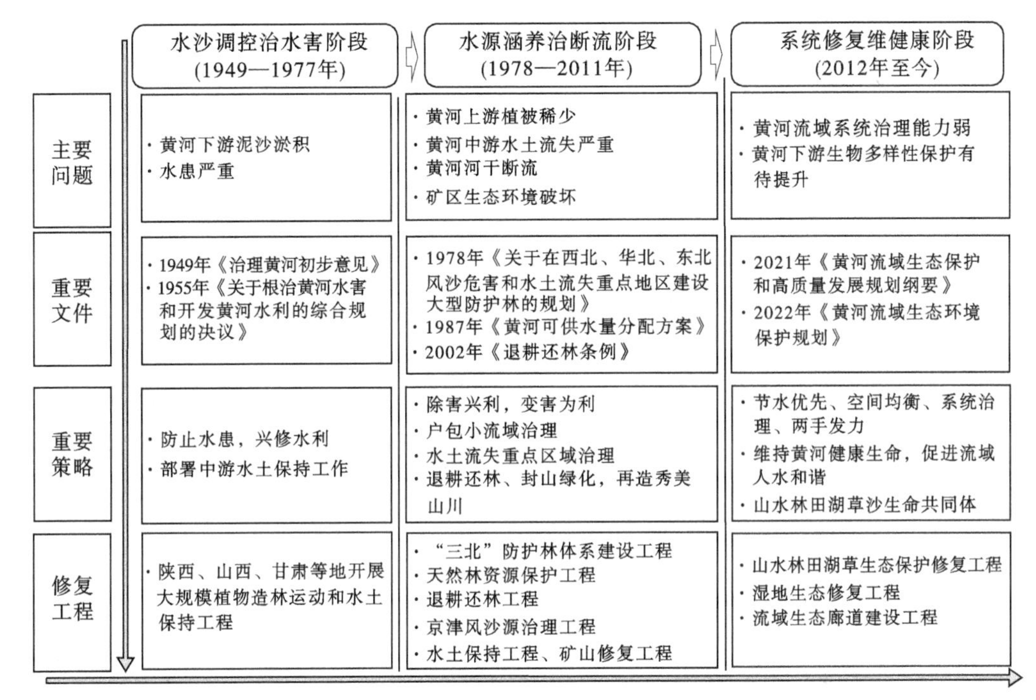

图 3-15　黄河流域生态修复治理历程

黄河流域通过 3 个阶段重点工程的生态治理，取得了良好的成效，但在流域系统性修复方面仍面临挑战。

四、黄河流域系统性修复框架与布局

基于生态修复系统性思维，黄河流域生态治理作为一项长期性、复杂性、艰巨性的系统工程，需要构建包含流域生态空间系统性、生态要素系统性、生态产品价值系统性、生态监管系统性 4 个方面的系统性修复框架（见图 3-16）。

黄河生态修复技术流程如图 3-17 所示。

从空间布局讲，建议实行“一带五区多点”黄河流域生态保护。“一带”是指以黄河干流和主要河湖为骨架，连通青藏高原、黄土高原、北方防沙带和黄河口海岸带的沿黄河生态带。“五区”是指以三江源、秦岭、祁连山、六盘山、若尔盖等重点生态功能区为主的水源涵养区，以内蒙古高原南缘、宁夏中部等为主的荒漠化防治区，以青海东部、陇中陇东、陕北、晋西北、宁夏南部黄土高原为主的水土保持区，以渭河、汾河、涑水河、乌梁素海为主的重点河湖水污染防治区，以黄河三角洲湿地为主的河口生态保护区。“多点”是指藏羚羊、雪豹、野牦牛、土著鱼类、鸟类等重要野生动物栖息地和珍稀植物分布区。黄河流域生态保护“一带五区”示意图见图 3-18。

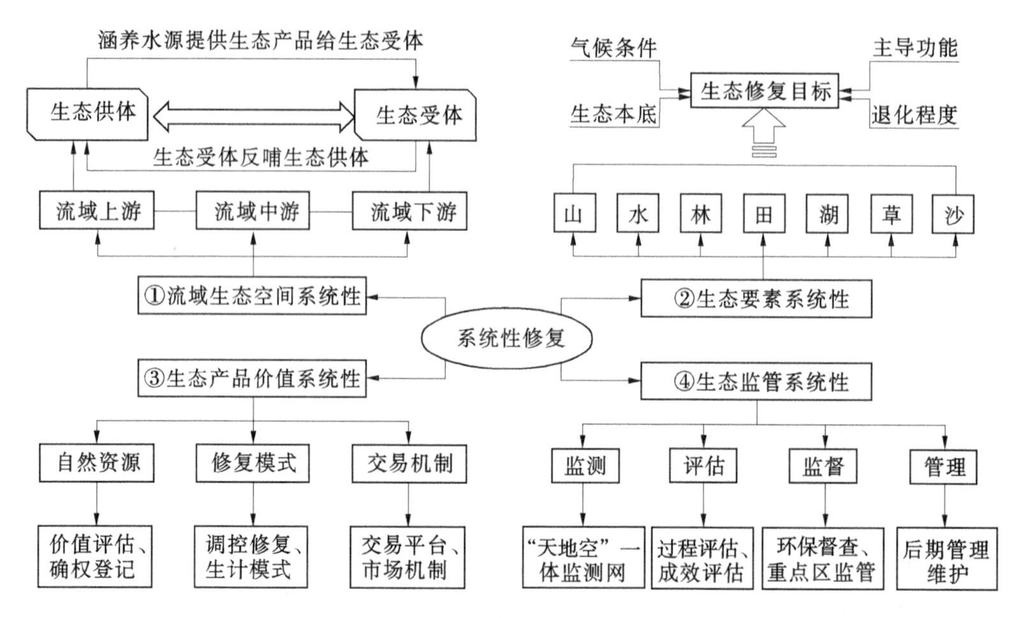

图 3-16　黄河流域系统性修复框架

五、黄河流域高水平保护的建议

黄河流域高水平保护的核心是推进黄河流域生态保护和修复治理。在系统性修复的大思路下,资金保障和公众参与是践行系统性生态修复的重要保证。在国家财政给予大力资金保障的同时鼓励社会资本注入,推动生态资产的价值转化,提高参与保护的积极性。

(1)根据黄河流域上中下游立地条件,开展系统修复治理、分区施策,整体提升流域生态服务供给能力。

(2)坚持山水林田湖草沙生命共同体,开展生态要素系统性治理,优化山水林田湖草沙配置。

(3)推动形成"自然资源-修复主体-修复模式-修复空间-价值链条"五个维度协同的生态修复下生态产品价值转换的复合系统。

(4)以恢复主导生态功能为目标,构建黄河流域生态修复全过程、系统性监管体系。

六、黄河流域生态保护与治理原则

(一)坚持生态优先、绿色发展

牢固树立绿水青山就是金山银山的理念,顺应自然、尊重规律,从过度干预、过度利用向自然修复、休养生息转变,改变黄河流域生态脆弱现状;优化国土空间开发格局,生态功能区重点保护好生态环境,不盲目追求经济总量;调整区域产业布局,把经济活动限定在资源环境可承受范围内;发展新兴产业,推动清洁生产,坚定走绿色、可持续的高质量发展之路。

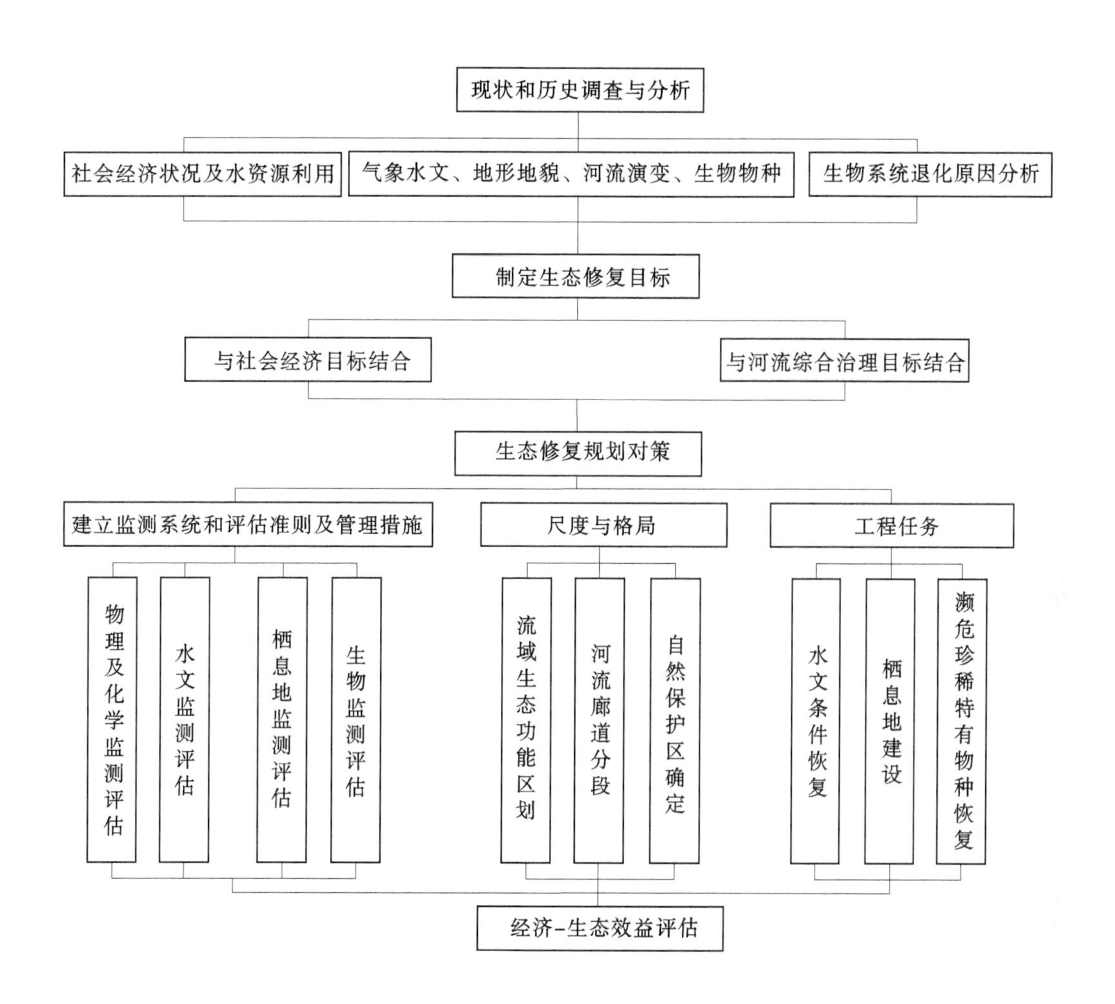

图 3-17　黄河生态修复技术流程

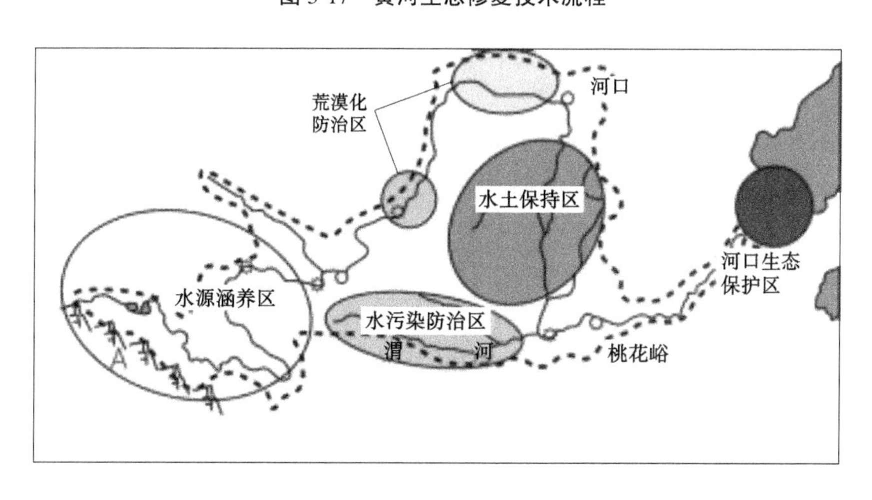

图 3-18　黄河流域生态保护"一带五区"示意图

（二）坚持量水而行、节水优先

把水资源作为最大的刚性约束，坚持以水定城、以水定地、以水定人、以水定产，合理规划人口、城市和产业发展；统筹优化生产、生活、生态用水结构，深化用水制度改革，用市场手段倒逼水资源节约、集约利用，推动用水方式由粗放低效向节约集约转变。

（三）坚持因地制宜、分类施策

黄河流域上中下游不同地区自然条件千差万别，生态建设重点各有不同，要提高政策和工程措施的针对性、有效性，分区分类推进保护和治理；从各地实际出发，宜粮则粮、宜农则农、宜工则工、宜商则商，做强粮食和能源基地，因地施策促进特色产业发展，培育经济增长极，打造开放通道枢纽，带动全流域高质量发展。

（四）坚持统筹谋划、协同推进

立足于全流域和生态系统的整体性，坚持共同抓好大保护，协同推进大治理，统筹谋划上中下游、干流支流、左右两岸的保护和治理，统筹推进堤防建设、河道整治、滩区治理、生态修复等重大工程，统筹水资源分配利用与产业布局、城市建设等。建立健全统分结合、协同联动的工作机制，上下齐心、沿黄各省（区）协力推进黄河保护和治理，守好改善生态环境生命线。

七、不同区段生态保护与治理重点

黄河是中华民族的母亲河。黄河流域是中华文明的重要发祥地，也是我国重要的生态屏障区域。黄河流域生态环境保护与高质量发展已上升为国家战略，但黄河上中下游地理地貌、气候、生态环境差异较大，黄河流域不同区段生态保护与治理的关键问题也迥然不同。因此，梳理黄河源区、上中下游以及河口湿地亟待保护与治理的关键问题，对于科学保护黄河流域生态环境、推动流域经济社会高质量发展具有极其重要的意义。结合科学研究文献和多次调研，我们提出了不同区域亟待保护与治理的生态环境关键问题，旨在为黄河流域生态环境保护与高质量发展提供政策决策的参考。

（一）黄河源区

黄河源区是指唐乃亥水文站以上的黄河流域，涉及青海、四川和甘肃三省的 6 个州、19 个县，约 13 万 km^2，年均径流量约为 198 亿 m^3（1956—2017 年），是全流域重要的产水区和水源涵养区，对黄河流域水资源多寡具有极其重要影响。随着黄河源区经济社会的不断发展、人类活动导致黄河源区湖泊湿地逐渐萎缩，植被覆盖度逐渐减少，冰川冻土逐渐退化，进而导致源区水源涵养能力逐渐下降。因此，黄河源区生态保护和治理重点是加强水源涵养能力建设。具体来说，就是要遵循自然规律、聚焦重点区域，通过自然恢复和实施重大生态保护修复工程，加快遏制生态退化趋势，恢复重要生态系统，强化水源涵养功能。

第一，加强对三江源的保护。要从系统工程和全局角度，整体施策、多措并举，全面保护三江源地区山水林田湖草沙生态要素，恢复生物多样性，实现生态良性循环发展。强化禁牧封育等措施，根据草原类型和退化原因，科学分类推进补播改良，鼠虫害、毒杂草等治理防治，实施黑土滩等退化草原综合治理，有效保护修复高寒草甸、草原等重要生态系统。加大对扎陵湖、鄂陵湖、约古宗列曲、玛多河湖泊群等河湖保护力度，维持天然状态，严格管控流经城镇河段岸线,全面禁止河湖周边采矿、采砂、渔猎等活动,科学确定旅游规模。系统梳理高原湿地分布状况,对中度及以上退化区域实施封禁保护,恢复退化湿地生态功能和周边植被,遏制沼泽湿地萎缩趋势。持续开展气候变化对冰川和高原冻土影响的研究评估,建立生态系统趋势性变化监测和风险预警体系。完善野生动植物保护和监测网络,扩大并改善物种栖息地,实施珍稀濒危野生动物保护繁育行动,强化濒危鱼类增殖放流,建立高原生物种质资源库,建立健全生物多样性观测网络,维护高寒高原地区生物多样性。建设好三江源国家公园。三江源碑及三江源区域见图 3-19。

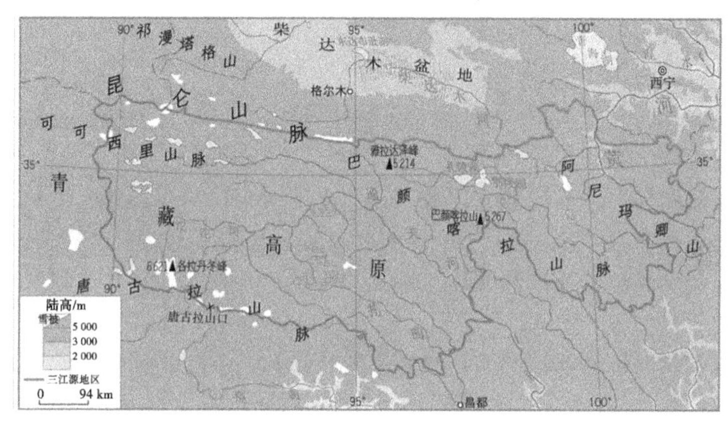

图 3-19　三江源碑及三江源区域

第二,保护重要水源补给地。上游青海玉树和果洛、四川阿坝和甘孜、甘肃甘南等地区河湖湿地资源丰富,是黄河水源主要补给地。严格保护国际重要湿地和国家重要湿地、国家级湿地自然保护区等重要湿地生态空间,加大甘南、若尔盖等主要湿地治理和修复力度,在提高现有森林资源质量的基础上,统筹推进封育造林和天然植被恢复,扩大森林植被有效覆盖率。对上游地区草原开展资源环境承载能力综合评价,推动以草定畜、定牧、定耕,加大退耕还林还草、退牧还草、草原有害生物防控等工程实施力度,积极开展草种改良,科学治理玛曲、碌曲、红原、若尔盖等地区退化草原。实施渭河等重点支流河源区生态修复工程,在湟水河、洮河等流域开展轮作休耕和草田轮作,大力发展有机农业,对已垦草原实施退耕还草。推动建设跨川甘两省的若尔盖国家公园,打造全球高海拔地带重要的湿地生态系统和生物栖息地。

第三,加强重点区域荒漠化治理。坚持依靠群众、动员群众,推广库布齐、毛乌素、八步沙林场等治沙经验,开展规模化防沙治沙,创新沙漠治理模式,筑牢北方防沙带。在适宜地区设立沙化土地封育保护区,科学固沙、治沙、防沙。持续推进沙漠防护林体系建设,深入实施退耕还林、退牧还草、“三北”防护林、盐碱地治理等重大工程,开展光伏治沙试点,因地制宜建设乔灌草相结合的防护林体系。发挥黄河干流生态屏障和祁连山、六盘山、贺兰山、阴山等山系阻沙作用,实施锁边防风固沙工程,强化主要沙地边缘地区生态屏障建设,大力治理流动沙丘。推动上游黄土高原水蚀风蚀交错、农牧交错地带水土流失综合治理。积极发展治沙先进技术和产业,扩大荒漠化防治国际交流合作。

第四,降低人为活动过度影响。正确处理生产生活和生态环境的关系,着力减少过度放牧、过度资源开发利用、过度旅游等人为活动对生态系统的影响和破坏。将具有重要生态功能的高山草甸、草原、湿地、森林生态系统纳入生态保护红线管控范围,强化保护和用途管制措施。采取设置生态管护公益岗位、开展新型技能培训等方式,引导保护地内的居民转产就业。在超载过牧地区开展减畜行动,研究制定高原牧区减畜补助政策。加强人工饲草地建设,控制散养放牧规模,加大对舍饲圈养的扶持力度,减轻草地利用强度。巩固游牧民定居工程成果,通过禁牧休牧、划区轮牧以及发展生态、休闲、观光牧业等手段,引导牧民调整生产生活方式。

(二)黄河上游

黄河上游(源区除外)从青海唐乃亥至内蒙古托克托县的河口镇距离约为1 909 km,约85万hm^2。由于黄河上游河道较长,摆动剧烈,形成了众多的滩地和沼泽湿地,主要分布在宁夏平原和内蒙古河套平原。黄河上游(源区除外)生态保护和治理重在保护河湖湿地水资源,重在治理土地盐碱化。建议宁夏平原和内蒙古河套平原尽快实施精准灌溉,避免土壤盐碱化继续发生。

(三)黄河中游

黄河中游指内蒙古托克托县河口镇到河南郑州桃花峪之间的河段,长约1 206 km,面积34.4万km^2,区间增加的水量占黄河水量的42.5%,增加沙量占全黄河沙量的92%,是黄河泥沙的主要来源。近期研究发现,黄土高原局部高密度植被出现退化现象,这是一个植被饱和的重要信号。因此,黄河中游生态保护和治理重在加强水土保持。具体来说,就是要突出抓好黄土高原水土保持,全面保护天然林,持续巩固退耕还林还草、退牧还草成果,加大水土流失综合治理力度,改善中游地区生态面貌。

第一,大力实施林草保护。遵循黄土高原地区植被地带分布规律,密切关注气候暖湿化等趋势及其影响,合理采取生态保护和修复措施。森林植被带以营造乔木林、乔灌草混交林为主,森林草原植被带以营造灌木林为主,草原植被带以种草、草原改良为主。加强水分平衡论证,因地制宜采取封山育林、人工造林、飞播造林等多种措施推进森林植被建设。在河套平原区、汾渭平原区、黄土高原土地沙化区、内蒙古高原湖泊萎缩退化区等重点区域实施山水林田湖草生态保护修复工程。加大对水源涵养林建设区的封山禁牧、轮封轮牧和封育保护力度,促进自然恢复。结合地貌、土壤、气候和技术条件,科学选育人工造林树种,提高成活率、改善林相结构,提高林分质量。对深山远山区、风沙区和支流发源地,在适宜区域实施飞播造林。适度发展经济林和林下经济,提高生态效益和农民收益。加强秦岭生态环境保护和修复,强化大熊猫、金丝猴、朱鹮等珍稀濒危物种栖息地保护和恢复,积极推进生态廊道建设,扩大野生动植物生存空间。

第二,增强水土保持能力。以减少入河入库泥沙为重点,积极推进黄土高原塬面保护、小流域综合治理、淤地坝建设、坡耕地综合整治等水土保持重点工程。在晋陕蒙丘陵沟壑区积极推动建设粗泥沙拦沙减沙设施。以陇东董志塬、晋西太德塬、陕北洛川塬、关中渭北台塬等塬区为重点,实施黄土高原固沟保塬项目。以陕甘晋宁青山地丘陵沟壑区等为重点,开展旱作梯田建设,加强雨水集蓄利用,推进小流域综合治理。加强对淤地坝建设的规范指导,推广新标准、新技术、新工艺,在重力侵蚀严重、水土流失剧烈区域大力建设高标准淤地坝。排查现有淤地坝风险隐患,加强病险淤地坝除险加固和老旧淤地坝提升改造,提高管护能力。建立跨区域淤地坝信息监测机制,实现对重要淤地坝的动态监控和安全风险预警。

第三,发展高效旱作农业。以改变传统农牧业生产方式、提升农业基础设施、普及蓄水保水技术等为重点,统筹水土保持与高效旱作农业发展。优化发展草食畜牧业、草产业和高附加值种植业,积极推广应用旱作农业新技术新模式。支持舍饲半舍饲养殖,合理开展人工种草,在条件适宜地区建设人工饲草料基地。优选旱作良种,因地制宜调整旱作种植结构。坚持用地养地结合,持续推进耕地轮作休耕制度,合理轮作倒茬。积极开展耕地田间整治和土壤有机培肥改良,加强田间集雨设施建设。在适宜地区实施坡耕地整治、老旧梯田改造和新建一批旱作梯田。大力推广农业蓄水保水技术,推动技术装备集成示范,进一步加大对旱作农业示范基地建设支持力度。

(四)黄河下游

黄河下游从郑州花园口至东营入海口,横贯华北平原,河道宽阔平坦,绝大部分河段仅靠堤防约束,成为海河流域与淮河流域的分水岭,全长 786 km,面积约 2.3 万 km^2。由于历史上黄河中游黄土高原水土流失严重,泥沙在下游宽阔平坦的河道不断淤积,导致下游河道逐年抬高,逐渐演变为世界著名的“地上悬河”,具有善淤、善徙、善决的特点,对下游人民生命财产与安全构成巨大威胁,以致有“三年一决口,十年一改道”的说法。黄河下游滩区面积达 3 818 km^2,既是黄河行洪、滞洪、沉沙的重要区域,也是百万群众赖以生存的场所,减轻河道摆荡、杜绝决口、维护长久安澜是黄河下游高质量发展的前提。因此,黄河下游生态保护和治理重在建设绿色生态走廊,加大湿地生态系统保护修复力度,促进黄河下游河道生态功能提升,开展滩区生态环境综合整治,促进生态保护与人口经济协调发展,其关键在于平衡水沙关系。“二级悬河”示意图见图 3-20。

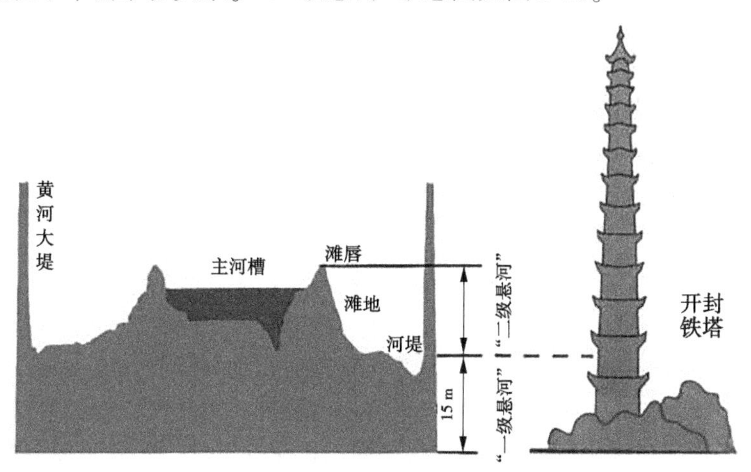

图 3-20 “二级悬河”示意图

第一,建设黄河下游绿色生态走廊。以稳定下游河势、规范黄河流路、保证滩区行洪能力为前提,统筹河道水域、岸线和滩区生态建设,保护河道自然岸线,完善河道两岸湿地生态系统,建设集防洪护岸、水源涵养、生物栖息等功能为一体的黄河下游绿色生态走廊。

加强黄河干流水量统一调度，保障河道基本生态流量和入海水量，确保河道不断流。加强下游黄河干流两岸生态防护林建设，在河海交汇适宜区域建设防护林带，因地制宜建设沿黄城市森林公园，发挥水土保持、防风固沙、宽河固堤等功能。统筹生态保护、自然景观和城市风貌建设，塑造以绿色为本底的沿黄城市风貌，建设人河城和谐统一的沿黄生态廊道。加大大汶河、东平湖等下游主要河湖生态保护修复力度。黄河下游生态系统结构示意图见图 3-21。

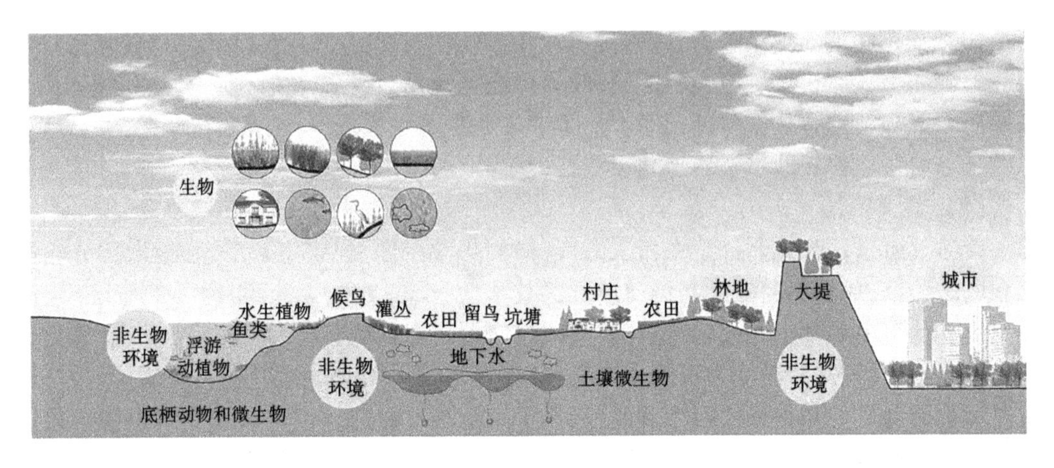

图 3-21　黄河下游生态系统结构示意图

第二，推进滩区生态综合整治。合理划分滩区类型，因滩施策、综合治理下游滩区，统筹做好高滩区防洪安全和土地利用。实施黄河下游贯孟堤扩建工程，推进温孟滩防护堤加固工程建设。实施好滩区居民迁建工程，积极引导社会资本参与滩区居民迁建。加强滩区水源和优质土地保护修复，依法合理利用滩区土地资源，实施滩区国土空间差别化用途管制，严格限制自发修建生产堤等无序活动，依法打击非法采土、盗挖河砂、私搭乱建等行为。对与永久基本农田、重大基础设施和重要生态空间等相冲突的用地空间进行适度调整，在不影响河道行洪前提下，加强滩区湿地生态保护修复，构建滩河林田草综合生态空间，加强滩区水生态空间管控，发挥滞洪沉沙功能，筑牢下游滩区生态屏障。

（五）黄河三角洲

黄河三角洲是由于黄河水挟带大量泥沙进入海口并不断淤积、造陆，从而在东营形成了丰富的滨海湿地资源，是我国暖温带最完整、最广阔、最年轻的湿地生态系统，是东北亚内陆、环西太平洋鸟类中转、繁殖、越冬的核心栖息场所，面积约为 27.24 万 hm^2。但随着区域经济的快速发展、城镇化的快速推进以及养殖业的蓬勃发展，导致自然湿地面积迅速减少、湿地生态系统功能明显退化。另外，近年入黄泥沙锐减导致入黄泥沙填海速率与海水侵蚀速率之间的平衡被打破，海水倒灌导致湿地萎缩的同时，也导致土壤盐渍化加剧。因此，黄河三角洲生态保护和治理重在加大黄河三角洲湿地生态系统保护修复力度，促进黄河入海口生态环境改善，开展滩区生态环境综合整治，促进生态保护与人口经济协调发展。黄河三角洲卫星图及实景见图 3-22。

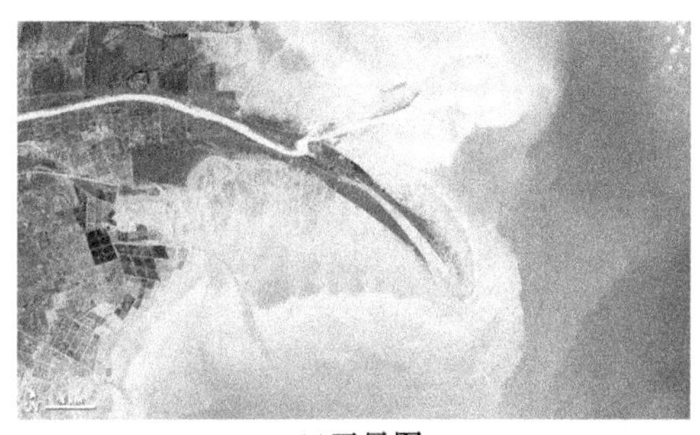

(a)卫星图

(b)实景

图 3-22 黄河三角洲卫星图及实景

重点工作是:研究编制黄河三角洲湿地保护修复规划,谋划建设黄河口国家公园。保障河口湿地生态流量,创造条件稳步推进退塘还河、退耕还湿、退田还滩,实施清水沟、刁口河流路生态补水等工程,连通河口水系,扩大自然湿地面积。加强黄土高原土壤流失的合理阈值、三门峡和小浪底水库合理调沙阈值、黄河三角洲淤积-冲刷平衡的合理泥沙阈值的基础科学研究,加强沿海防潮体系建设,防止土壤盐渍化和咸潮入侵,恢复黄河三角洲岸线自然延伸趋势。加强盐沼、滩涂和河口浅海湿地生物物种资源保护,探索利用非常规水源补给鸟类栖息地,支持黄河三角洲湿地与重要鸟类栖息地、湿地联合申遗。减少油田开采、围垦养殖、港口航运等经济活动对湿地生态系统的影响。

综上所述,黄河流域源头、上中下游和黄河三角洲生态环境保护的主要问题各有不同,因此未来黄河流域生态环境保护必须遵循因地制宜、分类施策,宜林则林、宜草则草、宜农则农、宜牧则牧的原则,尊重科学规律,循序渐进改善黄河流域生态环境,实现黄河流域经济社会的高质量发展。

第四章　涵闸渠道养护与闸门运行管理

第一节　灌排工程

一、灌排工程管理的基本任务

灌排工程是为工农业和生活供水以及防洪、排涝等服务的基础设施，也是灌排工程管理单位进行生产经营活动的基本条件。现有大量灌排工程老化失修，工程不配套，抗旱除涝标准较低，还有大量盐碱地、渍害低产田急需改良，且灌排工程经营管理水平低。

灌排工程管理的基本任务是：确保工程安全和正常运行，充分发挥工程综合效益；通过工程的检查观测，验证规划设计的正确性，开展科学研究，提高水利科学技术水平；进行扩建和改建，以满足工农业生产和国民经济发展的需要，逐步实现工程管理现代化。

灌排工程管理一般包括以下内容。

（一）控制运用

根据灌排工程的技术性能和特点，按照用（排）水计划，制订合理的工程调度运行计划，确保工程安全和最大效益的发挥，最大限度地满足各用（排）水部门的要求，并妥善处理防洪、灌溉、供水、排涝、防冻、防淤、治碱、发电、航运和养殖等情况下水位与流量之间的关系，保证综合利用与维护各行业的利益。积极采用现代管理科学和技术，优化调度方案，不断提高控制运用管理水平。

（二）养护和维修

灌排工程在运行过程中，由于设计、施工、意外变化和自然磨损等原因，会出现各种缺陷和损坏，必须及时进行养护和维修。养护和维修包括对各类工程设施的日常维护、定期检修，各种大中小型的整修、岁修，以及病害工程的治理等。

（三）检查和观测

对灌排工程进行全面、系统的检查和观测，是发现工程存在问题、分析变化成因、掌握工程安全状态、进行工程维修和技术改造的基础工作。工程检查包括日常巡查、定期检查和重点检查等，要建立完善的工程检查制度。观测主要是对一些重点建筑物、病险工程、科学试验项目的有关技术性能指标及工程状态的定期监视和测定，以摸索变化规律，检验设计和试验效果，并不断完善和改进观测技术手段，以保证观测资料的准确性、完整性和可靠性。

（四）完善配套和技术改造

由于种种原因，许多灌排工程未能全面达到规划设计的要求，存在工程不完整、不配套的问题，直接影响工程综合效益的发挥，因此要积极进行工程的完善配套建设，包括主体工程和配套附属工程，特别是渠系和田间工程以及管理设施等。

（五）防汛抢险

防汛抢险工作是确保工程安全的重要任务之一。防汛是指在汛期根据水情变化和工程状况，做好调度和加强工程及其下游的安全防范工作；抢险是在工程出现险情及发生事故时进行的紧急抢护和维修工作。防汛抢险应从最坏处设想，向最好处努力，认真贯彻“以防为主，防重于抢”的方针。

（六）安全保护和管理制度

《中华人民共和国水法》等有关水利法规是加强灌排工程安全保护的法律保障。为了确保工程安全，必须全面提高法治意识，做到以法管水、以法管护工程，要采取各种有效措施，加强工程的安全保护工作。其具体内容包括水利工程土地划界确权，明确管护责任；建立和完善水利法制体系，查处对水利工程破坏的违法行为等。对于工程管理单位，则要加强工程管理各项规章制度的建设，这是规范各项管理工作、建立正常的水管理程序、确保工程安全的基础。

二、灌溉工程规划设计

（一）灌溉排水系统

灌溉排水系统是由各级灌溉渠道、各级排水沟道、渠系建筑物和田间工程组成的灌排网络系统。灌溉渠道一般分为干、支、斗、农、毛渠五级，前四级为固定渠道，毛渠多为临时灌溉渠。地形复杂的大型灌区还可增设总干渠、分干分支渠、分斗渠等。小型灌区的渠系常采用干、斗、农三级，也有采用两级的。干渠称为输水渠道，支渠以下渠道称为配水渠道。排水沟道一般也分为干、支、斗、农、毛沟五级。田间工程包括斗渠以下灌排沟渠和建筑物，主要有控制建筑物、交叉建筑物、泄水建筑物、连接建筑物、量水建筑物和防渗、防冲、防淤建筑物等。

（二）灌排渠系布置的基本原则

（1）尽量做到使自流灌溉面积最大。渠道应根据水源条件布置在较高地带和分水岭上，以便控制较多的自流灌溉面积。

（2）经济合理。布置的渠线要短，附属建筑物要少，尽可能减少占用土地、拆迁民房。

（3）工程要安全。尽量避免深挖、高填和险工地段。

（4）要便于用水管理和工程管理。

（三）灌溉设计标准的指标

我国表示灌溉设计标准的指标有两种：一是灌溉设计保证率，二是抗旱天数。

灌溉保证率是指一个灌溉工程的灌溉用水量在多年期间能够得到保证的概率，以正常供水的年数占总年数的百分数表示。例如 $P=70\%$，表示一个灌区在长期运用中，平均100 年里有 70 年的灌溉用水量可以得到水源供水的保证，其余 30 年则供水不足，作物生长要受到影响。灌溉设计保证率是进行灌溉工程规划设计时所选定的灌溉保证率。选定时，不仅要考虑水源供水的可能性，同时要考虑作物的需水要求，在水源一定的条件下，灌溉设计保证率定得高，则灌溉用水量得到保证的年数多，灌区作物因缺水造成的损失小，但可发展的灌溉面积小，水资源利用程度低；定得低时则相反。在灌溉面积一定时，灌溉设计保证率越高,灌区作物因供水保证程度高而增产的可能性越大,但工程投资及年运行费用也越大;反之,虽可减少工程投资及年运行费用,但作物因供水不足而减产的概率会增加。因此,灌溉设计保证率定得过高或过低都是不经济的。选定时,应根据水源和灌区条件,全面考虑政治、经济、工程技术等各种因素,拟定几种方案,计算几种保证率的工程净效益,从中选择一个经济上合理、技术上可行的灌溉设计保证率,以便充分开发利用地区水土资源,获得最大的经济效益和社会效益。

抗旱天数是指在作物生长期间遇到连续干旱时,灌溉设施的供水能够保证灌区作物用水要求的天数。它反映了灌溉设施的抗旱能力。例如,某灌溉设施的供水能够满足连续 50 d 干旱所灌面积上的作物灌溉用水,则该灌溉设施的抗旱天数为 50 d。目前,我国各地采用的抗旱天数一般为 50~100 d,水源丰富和以水稻为主的南方各省,多采用 70~100 d;水源缺乏和以旱作物为主的北方各省,多采用 60~90 d。

(四)灌溉制度

灌溉制度是指根据作物需水特性和当地气候、土壤、农业技术及灌水技术等条件,为作物高产及节约用水而制定的适时适量的灌水方案。其主要内容包括灌水定额、灌溉定额、灌水时间和灌水次数。灌水定额是指单位面积上的一次灌水量;灌溉定额是播种前和全生育期内单位面积上的总灌水量,即各次灌水定额之和;灌水时间是指各次灌水的具体日期;灌水次数是指播种前和全生育期内灌水的总次数。

(五)农田排水的方式

农田排水的方式有水平排水和垂直排水两类。水平排水是在地面开挖沟道或在地下埋设管道进行排水。垂直排水也叫竖井排水,是用打井抽水的方法进行排水。水平排水又有明沟排水和暗管排水两种。明沟排水是在地面上开挖沟道进行排水。它具有适应性强、排水流量大、降低地下水水位效果好、容易开挖、施工方便、造价低廉等优点,是一种历史悠久、应用广泛的排水方式。明沟的断面能适应各种排水流量的要求,既适于排地下水,更适于排地面水;既适用于田间排水沟道,更适用于骨干排水沟道。但明沟排水有断面大、占地多、开挖工程量大、桥涵等交叉建筑物多、田间耕作不便、沟坡容易坍塌淤积、维修养护费工等缺点。暗管排水是在地面下适当的深度埋设管道或修建暗沟进行排水,是一种很有发展前途的排水方式。其主要优点是,排除地下水和过多的土壤水以及控制稻田渗漏水效果较好,增产显著,占地少,建筑物少,便于田间作业,便于机械化施工,管理养护省力等。其缺点是需要大量的管材,一次投资费用大,施工技术要求严格,清淤困难。利用竖井排水,地下水水位降得快、降得深,能有效地控制地下水水位和防治土壤盐碱化。

(六)灌溉水源的主要类型

农田水利工程使用的水源有河川径流、当地地表径流、地下径流及城市污水四种。目前大量利用的是河川径流及当地地表径流。

(七)灌溉对水源水质的要求

灌溉水质是指灌溉水的化学、物理性状,水中含有物的成分及数量。主要包括含沙量、含盐量、有害物质含量及水温等。

1.灌溉水中的泥沙

粒径小于 0.005 mm 的泥沙,常具有很大的肥力,可适量输入田间。但如引入过多,会减少土壤的透水性与透气性。料径为0.005～0.1 mm的泥沙，在土壤容易板结的地区，可少量输入田间，借以改良土壤结构，但不能增加肥力。粒径大于0.1 mm的泥沙，容易淤积渠道，有害农田。在渠系工程设计和管理运用中，应采取措施，防止引水时含沙量过大或不利于农田的泥沙入渠。

2. 灌溉水的含盐量

灌溉水中一般都含有一定的盐分，地下水的含盐量较高。如果灌溉水中含盐过多，就会使作物吸水吸肥困难，轻则影响作物正常生长，重则造成作物死亡，甚至引起土壤次生盐碱化。

3. 灌溉水的温度

灌溉水的温度对作物的生长影响很大。水温过低，会抑制作物生长；水温过高，会降低水中溶解氧的含量并提高水中有毒物质的毒性，妨碍和破坏作物正常生长。麦类作物根系生长的适宜水温为15～20 ℃；水稻生长的适宜水温为28～30 ℃，最低不应低于20 ℃，最高不应超过38 ℃；棉花生长的适宜温度为20～35 ℃；油菜生长的适宜温度为10～18 ℃；白菜生长的适宜温度为10～22 ℃。水温较低时，应采取适当措施提高水温。

4. 灌溉水中的有害物质及病菌

灌溉水中常含有某些重金属汞、镉、铬和非金属砷以及氰、氟的化合物等，其含量若超过一定数量，就会产生毒害作用，使作物直接中毒，或残留在作物体内，使人畜食用后产生慢性中毒。因此，对灌溉用水中的有害物质含量，应该严格限制。

（八）用水计划的执行与水量调配

1. 用水计划的执行

编制用水计划，只是实行计划用水的第一步，更重要的是执行用水计划。为此，还必须具备或创立一些基本条件，其中最主要的是要建立健全各级专业和群众性的管理组织以及搞好渠系工程配套，此外，在放水前还应做好以下各项准备工作：

（1）加强思想教育，提倡节约（集约）用水，建立各种用水制度，如涵闸启闭制度和水量交接制度等。

（2）将编制的用水计划及时报上级审批，并印发通知各受益单位，通过各种形式广泛宣传，发动群众贯彻执行。

（3）做好渠道和建筑物的检查、整修工作，发现问题及时妥善处理。

（4）做好各控制点的量水工作，如检查量水建筑是否完整，设备是否齐全、精确，特别要做好各级量水员的技术培训工作，使其掌握各种量水方法。

（5）做好田间灌水的准备工作，如修好田埂，筑好沟、畦等。

在用水过程中，管理人员要深入灌区及主要渠段进行调查研究，了解水源情况，检查工程状况和用水情况，掌握旱情变化和灌水进度等，发现问题及时处理。在一般情况下，对已定好的用水计划不得任意改动。如果放水时实际的气象、水源、灌溉面积等条件与计划出入较大，则应调整、修改用水计划，进行水量调配。通过水量调配工作，具体实现用水计划中的引水、输水、配水。所以，水量调配是执行用水计划的中心内容，尤其在水源减少或遇到降雨以及发生干旱情况下，更应做好水量调配工作，因时、因地制宜地贯彻执行用水计划。

每次用水结束后,应进行计划用水工作小结,以便及时发现问题和总结经验。全年用水结束后应进行全面总结,掌握用水计划执行情况,检查执行计划用水的成效,积累技术资料。

2. 水量调配的原则和措施

水量调配的原则是"水权集中、分级管理、统筹兼顾、综合利用、讲求效益",以发挥水资源的多种功能。具体办法是按照作物种植面积、计划灌水定额、各级渠道水的利用系数分配水量。

水量调配措施如下:

(1)正常情况下的渠系水量调配,采用按比例配水与设立调配渠相结合的方法。当渠首实际引入流量大于或小于计划流量时,各干、支渠可按照预先制定的配水比例表或图分配流量,也可在一条干、支渠上调整流量,而维持其他干、支渠按计划引水。

(2)平衡水量的方法。由于种种原因,用水不平衡的现象是经常发生的,应根据具体情况,采用下列措施,使不平衡的现象减少到最低限度。

个别渠道由于输水能力、输沙的限制,或由于非人力所能克服的原因造成缺引水量时,可由储备水量或抽调全渠机动水量适当补给。

上游站、渠、斗占用下游的水量,必须在次日全部偿还,不能等到轮期末平衡。

多数渠道用水不平衡时,应在一个轮期中间或末期调整配水比例,在本轮结束前达到平衡。若平衡差值过大,再以储备水平衡,或在下一轮期内继续进行平衡。

(3)特殊情况下的渠系水量调配措施如下:

①遇到大风、烈日可按下述办法处理:6 级以下大风,加强护渠,正常输水;6~8 级大风,可适当减水;8 级以上大风,应立即停水。旱情加重时可加大流量并提前灌水。

②遇到降雨、降温,土壤墒情、蒸发量急剧变化,可缩短灌水时间,减少灌水定额,停止放水或推迟放水时间。

③在灌水期间如遇灌溉面积增加或减少,而渠系和用水单位的引用水顺序不变时,可相应增减渠首引用水流量或增减用水时间。

④当流量减少到一定程度时,实行干、支渠轮灌。

为防止渠道淤积,应集中配水,在渠段内集中开闭,避免水量分散,并且按设计流量或加大流量放水,以水挟沙。引水渠道应连续行水,不宜中途停水,以免造成淤积。

三、渠道的运行管理

(一)渠道运行管理的任务

渠道运行管理的任务是:保证渠道工程安全、完整;保证渠道输水畅通,输水能力符合设计要求;正确确定渠道的工作方式;完成渠道的输配水任务并保证渠床稳定;减少输水损失,提高渠道水的利用率,渠道上的控制、调节建筑物要运用灵活,能较好地控制水流;在渠道非常规运用条件下,应尽量保证渠道工程安全,并尽可能减少灌水的危害。

(二)渠道运行管理的要求

渠道运行管理应达到以下要求:

(1)在正常引水时,水位、流速和通过流量须符合设计要求。正确掌握渠道流量和渠道通水情况，过水能力应符合设计要求，以防止渠道由于流速的突然变化而引起冲刷和淤积，保证渠道稳定输水，满足灌溉的要求。

(2)禁止在渠道内修建和设置引起偏流的工程和物体，如修建不与水流垂直的闸、桥，在渠道两旁修建水上住房，以及在渠道中浸泡筏、沤麻等，都能引起水流中心与渠道中心的偏离，而使渠道产生冲刷、淤积和渠岸坍塌。

(3)保持渠道坡降与设计一致。防止任意抬高水位、增设壅水建筑物等而引起的冲刷、淤积情况，以满足输水要求。

(4)为保证安全输水，避免溢堤、破堤、决口事故，渠道上的堤顶和戗道高出最高水位的超高应符合设计要求。渠道最大流速不应超过开始冲刷渠道的流速的90%；渠道最小流速一般规定不应小于不淤流速。渠道流量应以维持正常流量为准，当有特殊用水要求时，可采用加大流量，但时间不宜过长。渠道流量的增加或减少、充满与排空，应该是逐渐进行的，特别在已有或可能有滑坡危险的渠道中更应注意，以免造成冲刷、滑坡或决口的危险。各次放水或减少流量的间隔时间一般不应小于2 h，每次改变流量不得超20%，但在特殊情况下以及流量较小的渠道可以例外。

(5)渠道渗漏损失符合设计规定，必须设法减少渠道的渗漏，减少输水损失。

(6)渠道工程安全可靠。渠坡或渠床应有足够的稳定性，不致崩塌而阻塞渠道。

(三)渠道安全检查

渠道安全检查的目的是做到及时发现和处理病害，保证渠道正常运用。因此，渠道安全检查是一项很重要的工作，必须坚持进行。在做好经常检查的基础上，每隔一段时间还要进行全面、系统的定期检查。放水前后及汛期检查尤为重要。检查渠道应注意以下几个方面：

(1)在放水前应检查渠道有无裂缝、缺口、沉陷、滑坡、淤积、冲深情况；渠道边缘和内外坡是否完整，防渗层是否破坏；渠道上有无鼠穴、獾洞及其他可能导致溃堤的情况；渠道上的泄水道、溢洪口有无堵塞、损坏，倒虹吸管和渡槽进口附近的沉沙池有无积满和拥塞杂物、损坏、失效情况。

(2)在放水时应检查渠道有无漏水、滑坡和冲刷现象，应随时消除水面漂浮的草木及其他杂物。

(3)暴雨时期应组织人员外出检查山水入渠情况、排洪道泄水情况、渠堤挡水情况、各种建筑物的过水情况等，以便及时处理因暴雨山洪引起的渠道安全问题。

(四)渠道管理工作制度

灌区渠道的管理是灌区管理工作的主要内容，应制定出一套管理制度。一般管理制度包括以下内容：

(1)渠道放水，必须按照规定的水位、流量、含沙量等严格控制，不得任意加大。

(2)渠道放水、停水，应遵守技术操作规程逐渐增减，防止猛增猛减。

(3)未经主管部门批准，不准私自在渠道上设置任何工程，不得向渠道内排放工业废水、污水，不许任意抬高水位。

(4)不得在渠道内搞网箱养鱼等养殖经营活动。

(5)不得在渠道外坡和渠堤附近铲除草皮、破坏绿化、损坏植被等。

(6)填方渠段外坡附近,不得任意进行挖土烧砖、开挖鱼池、打井和修塘等活动。

(7)平整土地、开荒造田等农事活动,必须给渠道外坡留够稳定安全宽度,防止渠道产生裂缝、滑坡等现象。

(五)安全生产

1. 安全生产基本要求

(1)坚持“安全第一,预防为主”的方针,认真贯彻国家、行业和部门的各项安全生产政策与规定,确保生产安全。

(2)领导重视,加强安全生产管理,建立健全安全生产管理组织和责任制度,制定安全管理措施。

(3)狠抓安全生产宣传和教育,牢固树立安全生产意识,认真进行职工岗位培训和安全生产教育,提高职工技能素质。

(4)建立健全安全生产制度,严格执行各项安全生产和技术操作规程,落实安全措施。

(5)做好工程设备的安全防护和职工劳动防护用品的管理,不断改善运行管理和生产环境的安全条件。

(6)加强安全生产检查和工程设备维修养护,消除隐患,防止各类事故的发生。

2. 安全生产制度

安全生产制度是做好安全生产的基本保证,灌排工程管理单位要根据工程特点,建立健全各项安全生产制度。安全生产制度主要有以下几种:

(1)安全生产管理组织制度。主要是规定安全生产组织机构设置、人员配备和职责任务等。

(2)安全生产责任制度。对各级运行管理人员,要根据工作岗位制定安全生产职责和管理办法,也可具体贯彻在各级人员的岗位责任制中。

(3)安全生产工作制度。包括工作交接班制度、巡视检查制度、维修养护制度,以及一些特殊岗位的安全工作制度。

(4)技术标准和安全运行规程及操作技术规程。技术标准是工程建设和管理的技术依据,安全运行规程是工程设备正确运行和管理的技术依据,操作技术规程则是操作必须遵守的规则和程序。运行管理人员应熟悉和掌握有关技术标准与技术规程,并严格遵照执行。

(5)安全生产检查制度。要定期组织有关人员对工程设备和安全措施进行检查,发现问题及时改进。

(6)安全生产考核制度。制定安全生产管理指标,层层分解,定期考核评比,并与生产任务、个人经济利益挂钩,促进安全生产管理工作。此外,要定期对运行管理人员进行安全生产知识和技能的考核,强化安全意识。

(7)事故报告统计制度。对已发生事故要加强报告统计管理,以便及时处理事故,减少损失,并通过调查分析,查明原因,分清责任,总结经验教训,研究事故规律,制定防范措施,提高安全生产管理水平。

第二节　渠道维护

一、渠道及渠系建筑物基本知识

(一)灌区类型

所谓灌区,是指一个灌溉系统所控制的土地范围。根据灌溉面积的大小可分为大型灌区、中型灌区和小型灌区;根据取水方式的不同可分为自然灌区(或自流灌区)和提水灌区;根据地理位置及自然条件的不同又可分为平原灌区和丘陵灌区。

(二)渠道

渠道是人工开挖填筑或砌筑的输水设施。按存在形式可分为明渠和暗渠两类;按用途可分为灌溉渠道、引水渠道、通航渠道、给水渠道、流送木材渠道、排水渠道和综合性渠道等;按渠床材料的不同又可分为土渠、石渠和衬砌渠道。

1. 渠道横断面

渠道横断面是渠道垂直于水流方向的剖面。常见的断面形状有梯形、矩形、半圆形和复式断面。从施工条件和边坡稳定条件考虑,梯形断面和复式断面具有较好的水力性能,用得最多;断面接近矩形的渠道主要用于岩石或半岩性地段;半圆形断面为水力特性最优的断面形式,但施工不便,仅用于由不同材料建筑的小型开敞式人工渠道和容易滑坡的地段,且常用挖渠机械一次压成。

渠道断面结构可分为挖方、填方和半挖半填三种类型。

(1)挖方渠道。当沿渠地面高程高于设计水位,而又不需要开挖隧洞时,可修建挖方渠道。

(2)填方渠道。当渠底高程高于地面高程时,须采用填方渠道。

(3)半挖半填渠道。当沿渠线地面高程介于渠底与设计水位之间时,可采用半挖半填渠道。

2. 渠道纵断面

渠道纵断面是沿渠道中心线的剖面,包括沿渠线的地面线、设计水位线、最低水位线、最高水位线、渠底线和渠顶线、分水口及渠系建筑物位置等。

渠道纵断面的结构设计是与横断面的结构设计互相联系、交替进行的,其主要作用是保证渠道具有足够的输水能力和稳定的渠床,设计水位能满足所控制面积的自流灌溉。

3. 渠道过水能力

渠道过水能力,一般是指渠道在正常情况下能通过的流量。通常有设计过水能力与实际过水能力之分。设计过水能力包括正常流量、最小流量和加大流量,作为设计与校核之用;实际过水能力则是渠道经过运行而发生不同程度的变化后实际能通过的流量。

(1)正常流量:表示渠道在正常工作条件下通过的流量,常用 Q 表示,它是渠道和渠系建筑物设计的主要依据,是根据水力计算所求得的灌溉农作物及其他用水所需的净流量和渠道损失流量之和来确定的。

(2)最小流量:用来检验、校对下一级渠道的控制条件,以及确定节制闸建筑物的位置。它是根据水力计算中采用的设计灌水模数图或灌溉用水流量过程线中的最小值来确定的,最小流量不应低于设计流量的40%。

(3)加大流量:是为满足渠道运行中可能出现的气候剧变或灌区内作物组成可能有变化及综合利用的发展,增大的流量;或因渠道发生事故,需在短时间内通过较大流量等因素而在正常流量的基础上加大的流量,它是确定渠道堤顶高程的依据。一般在正常流量基础上增加10%~30%。

(三)渠系建筑物

渠系建筑物是为安全、合理地输配水量,以满足各用水单位的需要,在渠道系统上修建的建筑物,又称灌区配套建筑物。渠系建筑物一般具有单个工程不大、数量多、总工程量和造价大的特点。现分类介绍如下。

1. 调节及配水建筑物

这类建筑物又称控制建筑物,用于调节水位和分配流量,如进水闸、节制闸、分水闸、斗门等。

1)进水闸

进水闸是从灌溉水源引取水量的控制性建筑物。一般情况下,它常与抬高水位的壅水坝和拦河闸,防止泥沙入渠的冲沙闸,保证建筑物安全的溢洪道、防洪堤等组成取水枢纽。进水闸一般由闸室、上游连接段和下游连接段三部分组成。闸室是水闸挡水和控制水流的主体部分,它由水闸底板、闸墩、边墩、胸墙、启闭台及交通桥等组成;上游连接段由上游翼墙防渗铺盖、上游护底、护坡及防冲槽等组成,其作用是引导水流平顺进入闸室,保护上游河底及岸坡免遭冲刷,延长闸基及两岸的渗径长度,防止渗透变形;下游连接段由下游翼墙、护坦、海漫、防冲槽及下游护坡等组成,其作用是引导水流向下游均匀扩散,消减出闸水流能量,保护下游渠床及渠岸免遭水流冲刷而危及闸室安全。

2)节制闸

由于农田灌溉、发电引水或改善航运等要求,常需修建水闸以控制闸前水位和过闸流量,这类水闸称为节制闸。河道上的节制闸也称拦河闸。在洪水期,拦河闸还起排泄洪水的作用。

渠道上的节制闸位于紧邻渠道分水口下游,当所在渠道出现低水位时,用以抬高水位,以满足下一级渠道引取设计流量。如果所在渠道的下游水工建筑物或下游渠道发生异常现象,也可闭闸进行检查维修。节制闸的设置应便于上、下游渠道水位衔接。从管理部门实际情况看,为了便于轮灌配水,可在轮灌配水渠段分界处设置节制闸。

3)分水闸、斗门

位于干渠以下各级渠道首部的进水闸,称为分水闸,其作用是将上一级渠道的流量按需要分送到其所在的渠道。位于支渠首部的分水闸,工程上称为支渠口;位于斗渠首部的分水闸,工程上常称为斗门。

2. 交叉建筑物

当渠道穿越山岗、河流、山谷、道路、低洼地带或与其他渠道相遇时,必须修建交叉建筑物,常用的交叉建筑物包括隧洞、渡槽、倒虹吸管、涵洞和桥梁等。

1）隧洞

在山体中或地下开凿的通道，称为隧洞。其广泛运用在铁路、公路、水运、水利等工程中。通水用的隧洞称为水工隧洞，在渠系建筑物中通常为输水隧洞。

2）渡槽

渡槽是输送渠道水流跨越河渠、溪谷、洼地和道路的交叉建筑物。它由进口段、出口段、槽身和支撑结构等部分组成。进口段和出口段是槽身两端与渠道连接的渐变段，并起平顺水流的作用；槽身主要起输水作用，其过水断面形式有矩形、U形、半椭圆形和抛物线形等，通常为矩形和U形；支撑结构起支撑槽身荷载的作用。

渡槽按建筑材料可分为木渡槽、砖石砌渡槽、混凝土渡槽、钢筋混凝土渡槽、预应力混凝土及钢丝网水泥渡槽；按支撑结构形式可分为梁式、拱式、桁架拱式、桁架梁式及斜拉式渡槽等。常用的是梁式、拱式渡槽。

3）倒虹吸管

倒虹吸管是指敷设在地面或地下用以输送渠道水流跨越河渠、溪谷、洼地、道路的下凹压力管道。按其敷设方式和用途可分为穿越式倒虹吸管、横跨式倒虹吸管两种。

倒虹吸管由进口段、出口段、管身三部分组成。

进口段包括进水口、闸门、检修门槽、拦污栅、启闭台、进口渐变段及沉沙池等。

出口段基本上与进口段相同，可设或不设闸门，根据具体情况而定。多管倒虹吸管一般在出口段上留有检修门槽，以便部分管道工作和维修。

管身可以单管或多管相连，可以现场或预制安装。

4）涵洞

在渠道系统中，当渠道、溪谷、交通道路等相互交叉时，在填方渠道或交通道路下设置的输送渠水或排泄溪谷水的建筑物称为涵洞。涵洞的构造较简单，大型的涵洞多采用混凝土或钢筋混凝土制造，亦可用预制涵管。一般为就地取材，多采用浆砌块石或砖砌或干砌卵石等。国外常用的是螺纹钢管，施工较方便。

涵洞由洞口和洞身组成。

洞口是用来和填土边坡相接，同时起引导水流的作用。上、下游洞口基本形式相同，只是上游洞口应做护底，下游洞口应有消能设施，以防冲刷。

洞身因用途、工作特点及建筑材料不同，其断面形式有以下几种：①圆形涵洞，多用于压力涵洞；②箱形涵洞，多为四面封闭的钢筋混凝土结构，静力工作条件较好，适应地基不均匀沉降，适用于无压和低压涵洞。

5）桥梁

桥梁是指沟通渠道两岸交通的建筑物。一般分为人行桥、机耕桥、公路桥和铁路桥，也有利用水工建筑物作交通桥的。

渠道上的桥梁，其荷载等级一般均低于公路桥标准，按荷载等级分类如下：

（1）生产桥：供行人及牛马车、小型农用车辆行驶的桥梁，桥面宽一般为2~2.5 m。

（2）机耕桥：机耕道路上供拖拉机行驶的桥梁，桥面净宽一般为3.5~4.0 m。

（3）低标准公路桥：一般为县乡或县与县之间的公路桥梁，桥面净宽一般为4.5 m。

（4）标准公路桥梁：必须严格按公路等级的规定加以确定。

桥梁和渡槽在结构形式和受力方面有共同的特点。

3. 落差建筑物

落差建筑物是指在渠道落差集中处修建的连接上下游水流的渠系建筑物，又称连接建筑物。落差建筑物常用于下列情况：①渠道通过高差较大或坡度较陡地段时，为保证渠道的设计纵坡，避免深挖或高填方，可将渠底高程落差适当集中，并设置此建筑物用以连接上下游渠道；②在干支渠分水处，当二者高差较大时，可用以作为两级渠道的连接建筑物；③与水闸、溢流堰结合，作为渠道上排涝、退水、汇水的建筑物。常用的落差建筑物主要有陡坡和跌水两种类型。

4. 泄水建筑物

为防止渠道水流超过允许最高水位而酿成决堤事故，保护危险渠段及重要建筑物的安全，放空渠水用以渠道和建筑物维修等目的而修建的建筑物称为泄水建筑物。泄水建筑物分为两类：一是放空渠水或将入渠山洪排走的泄水建筑物，如溢流堰、泄水闸、虹吸泄洪道等；二是将山洪自渠道下部或上部泄走的泄水建筑物，如渠下泄洪涵洞、倒虹吸管、渠上排洪渡槽等。

5. 冲沙和沉沙建筑物

冲沙和沉沙建筑物是指为防止和减少渠道淤积而在渠道或渠系中设置的冲沙与沉沙设施，如冲沙闸、沉沙池等。冲沙闸一般设在进水闸附近，用来冲走闸前或渠道中的淤沙，也可利用设在多沙渠道上的排水闸来冲沙。沉沙池一般用以沉淀和清除水流中有害或多余的泥沙，其断面大于渠道断面，水流经过时，流速降低，水流挟沙能力减小，使大于或等于设计粒径的泥沙沉积下来，从而达到澄清水流、防止渠道淤积的目的。

6. 量水建筑物

为按用水计划向各级渠道和田间输配水量，以及为合理收取水费提供依据，需在渠系上设置各种量水设施，如各种形式的量水堰、量水槽及量水管嘴等。渠道上符合量水条件且能达到量水要求的其他建筑物，如水闸、涵洞、渡槽、陡坡、跌水等也可用来量水。

二、渠道及其建筑物的管理

（一）灌溉渠道正常工作的标志

灌溉渠道正常工作的标志有以下几项：

（1）输水能力符合设计要求。

（2）水流平衡均匀、不淤不冲。

（3）渠道水量的管理损失和渗漏损失量最小，不超过设计要求。

（4）渠堤断面规则完整，符合设计要求，输水安全。

（5）渠道内没有杂草与输水障碍物。

（6）渠堤绿化达到要求标准，林木生长良好。

（二）渠道管理运用的一般要求

渠道的管理运用，由于各灌区工程设施条件存在差异，其要求亦有所不同，一般应满足以下几点要求：

（1）经常清理渠道内的垃圾、杂草等，保持渠道正常行水。

(2)禁止在渠道上垦殖、铲草及滥伐护渠林,禁止在管理保护范围内取土、挖砂、打井、修塘等一切危害工程安全的活动。

(3)渠道两旁山坡上的截流沟或泄水沟要经常清理,防止淤塞,尽量减少山洪或客水进渠,造成渠堤漫溢决口或冲刷淤积。

(4)不得在排水沟内设障堵截,影响排水。

(5)做好水污染防治,禁止向渠道倾倒垃圾、废渣及其他腐烂物,定期进行水质校验,发现污染应及时报有关部门并采取处理措施。

(6)禁止在渠道内毒鱼、炸鱼。

(7)通航渠道应限制机动船行驶速度,不准使用尖头撑篙,不准在渠道上抛锚。

(8)对渠道冲刷损坏部位要及时修复,必要时还应采取防冲措施。

(9)应及时查禁违章修建建筑物和退泄污水、废水及私自抬高水位的行为。

(10)按照规定,定期进行渠道清淤整修,渠底、边坡等应保持原设计断面要求。

(11)渠道放水、停水,应逐渐增减,尽量避免猛增猛减。

(三)渠道控制运用的一般原则

1. 水位控制

为保证安全输水,避免溢堤决口,各渠道必须明确规定最高允许水位,或规定渠顶超高,不得超限输水。最高水位的确定,一般按渠道设计正常水位为警戒水位,设计校核水位为保证水位。但在实际应用中,尚需考虑渠段工程设施及自然地理条件的变化,包括工程老化程度和区间径流对渠道的影响等情况而确定控制运行水位。汛期输水,应视入渠洪水情况,适当降低渠道水位。

2. 流速控制

渠道中流速过大或过小,会发生冲刷或淤积,影响正常输水。在管理运用中,必须控制流速。总的要求是渠道最大流速不应超过开始冲刷渠床流速的90%,最小流速不应小于落淤流速(一般不小于0.2~0.3 m/s)。

渠道流速的控制,在工程设计时已按技术要求作了设计计算,但在运行管理中,往往因运行不当,造成流速过大或过小而发生冲淤现象。因此,要注意以下几点:一是渠道上节制闸的运用应按操作规程和控制运用指标进行调控,否则会造成渠床冲淤,甚至壅水溃堤事故;二是渠道内生长的水草应经常铲除,桥桩等设施滞留的杂物应及时清除,以免水草丛生而滞留泥沙,愈积愈多而缩小过水断面,阻碍水流;三是要严格禁止在渠道内擅自设置堵水设施,以防影响渠道流速,损坏工程事故;四是对于渠道流速不易控制而发生冲刷的现象,可采取防冲工程措施,发生淤积时要注意经常清淤,必要时可采取裁弯取直、调整纵坡、增建排沙闸与沉沙池等工程措施。

3. 流量控制

渠道过水流量一般应不超过正常设计流量,如遇特殊用水要求,可以适当加大流量,但时间不宜过长。尤其是有滑坡危险或冬季放水的渠道不宜加大流量。浑水淤灌的渠道可以适当加大流量。冰冻期间渠道输水,在不影响用水要求的前提下,应尽量缩短输水时间,并要密切注意气温变化和冰情发生情况,及时清除冰凌,防止流凌壅塞造成渠堤漫溢成灾。渠道放水时采取逐渐增加或减少流量的方法,以免猛增猛减,造成冲淤或垮岸事故,每次改变流量最好不超过10%～20%。

(四)渠系建筑物完好率和正常运用的基本标志

渠系建筑物一般具有小型、多样、数量多的特点,其管理运用因其工程类型和规模不同,要求也不尽相同,共同的要求是要保持工程完好和正常运行,达到以下基本标准:

(1)过水能力符合设计要求,能准确、迅速地控制运用。

(2)建筑物各部分应保持完整、无损坏。

(3)挡土墙、护坡和护底均填实,无空虚部位;挡土墙后及护底板下无危险性渗流。

(4)闸门和启闭机械工作正常,闸门与闸槽无漏水现象。

(5)建筑物上游无冲刷或淤积现象。

(6)建筑物上游壅高水位不能超过设计水位。

(7)各种用于测流、量水的水尺标志完好,标记明显。

(五)渠系建筑物管理中的一般要求

渠系建筑物管理是指对渠系上各类建筑物进行合理运用、养护维修,使其经常处于正常技术状态的管理工作。在经常性管理中应达到以下要求:

(1)各主要建筑物应具有一定的照明设备,行水期和防汛期应有专人管理,不分昼夜地轮流看守。

(2)对主要建筑物应建立检查制度及操作规程,切实做好检查观察工作,认真记录,发现问题要分析原因,及时研究处理,汇报主管机关。

(3)在配水枢纽的边墙、闸门上及大渡槽、倒虹吸管、涵洞、隧洞的入口处,必须标出最高水位,放水时严禁超过最高水位。

(4)在建筑物管理范围内严禁进行爆炸活动,200 m范围内不准用炸药炸岩石,500 m范围内不准在水内炸石。

(5)禁止在建筑物上堆放超过设计荷载的重物,各种车路距护坡边墙保持2 m以上距离。

(6)建筑物中允许行人的部分应设置栏杆等保护设施,重要桥梁应设置允许荷载标志。

(7)主要建筑物应有管理闸房,启闭机应有启闭机房等保护设施。重要建筑物上游附近应有退、泄水闸,以便发生故障时能及时退水。

(8)未经管理单位批准,不允许在渠道及其建筑物管理范围内增建或改建建筑物。

(9)渠道及其建筑物要根据管理需要,划定管理范围,任何单位或个人不得侵占。

(10)不准在专用通信、电力线路上架线或接线。

(11)与河、沟的交叉工程,应注意做好导流、防淤、护岸工程,防止洪水冲毁渠系建筑物。

(六)渠系建筑物管理养护中应注意的问题

1.渡槽

渡槽入口处设置最高水位标志,放水时绝不允许超过最高水位。

水流应平稳,过水时不冲刷进口及出口部分,为此,对渡槽与渠道衔接处应经常进行检查,如发现有沉陷、裂缝、漏水等变形,应立即停水修理,渡槽进出口的衬护工程发现有毁坏或变形应及时修复。

渡槽槽身漏水严重的应及时修补，钢筋混凝土渡槽在渠道停水后，槽内应排干积水，特别是严寒地区更要注意。

渡槽两侧无人行道的应禁止人畜通行，必要时可在两端设置栏杆、盖板等设施。

放水期间，要防止柴草、树木、冰块等漂浮物壅塞，产生上淤下冲的现象，或决口漫溢事故。

渡槽的伸缩缝必须保持良好状态，缝内不能有杂物充填堵塞，如有损坏要立即修复。

跨越河沟的渡槽，要经常清理滞留于支墩上的漂浮物，减轻支墩的外加负荷。同时要注意做好河岸及沟底护砌工程的维护工作，防止洪水淘刷槽墩基础。

在渡槽的中部，要特别注意支座、梁和墙的工作状况，以及槽底和侧墙的渗水和漏水，如发现漏水严重应及时停水处理。

木质渡槽要防止时湿时干，避免造成干裂漏水，在非灌溉时期除冬季停水外最好使槽身经常蓄水。间歇供水的在秋季停水后，可涂刷煤焦油等防腐剂进行维修保护。

2. 倒虹吸管

倒虹吸管上的保护设施，如有损坏或失效应及时修复。

进出口应设立水尺，标出最大、最小的极限水位，经常观测水位流量变化，保证通过的流量、流速符合设计要求。

进出水流应保持平稳，不冲刷淤塞。进出口两端必须设拦污栅，及时清除漂浮物，防止杂物入管或壅水漫堤。

经常检查倒虹吸管与渠道连接部位有无不均匀沉陷、裂缝、漏水，管道是否变形，进出口护坡是否完整，如有异常现象应立即停水进行修理。

倒虹吸管停水后应关闭进出口闸门，无闸门设施的应采取其他封拦措施，防止杂物进入管内或发生人畜伤亡事故。

管道及沉沙、排沙设施应经常清理，暴雨季节要防止山洪淤积管道。有底孔排水设备的，在管内淤积时应在停水后开启闸阀，排水冲淤，以保持管道畅通。

直径较大的裸露式倒虹吸管，在高温或低温季节要采取降温、防冻等保护措施，以防管道发生胀裂破坏。

倒虹吸管顶部冒水者，停水后在内部填塞处理，严重时应挖开填土，彻底处理。

3. 量水建筑物

经常检查水标尺的位置与高程，如有错位、变动等情况应及时修复，水标尺刻画不清晰的要描画清楚，随时清洗标尺上的浮泥，以便准确观测。

注意经常检查量水设备上下游冲刷和淤积情况，如有冲刷、淤积要及时处理，尽量恢复原来水流状态以保持量水精度。

对边墙、翼墙、底板、梯形测流断面的护坡、护底等部位应定期检查，发现有淘空、冲刷、沉陷、错位等情况，应及时修复。

有钢、木构件的量水设备，应注意各构件连接部位有无松动、扭曲、错位等情况，发现问题及时修理，并要定期进行防腐、防锈处理，以延长其使用年限。

配有观测井的量水设备，要定期清除测井杂物，疏通测井与渠道水的连通管道。

有测流缆道设备的，要做好绞车、缆道的养护和检修，使绞车启动灵活。

三、渠道及渠系建筑物的检查观察

（一）渠道工程检查观察的基本任务

（1）监视水情和水流状态、工程状态和工作情况，掌握水情和工程变化规律，为管理运用提供科学依据。

（2）及时发现异常迹象，分析原因，采取措施，防止发生事故，保证工程安全。

（二）工程检查

工程检查可分为经常检查、定期检查和特别检查。

（1）经常检查。渠道工程管理人员应按照工程管理单位规定的检查内容、次数、时间、顺序，对建筑物各部位、闸门和启闭机械、动力设备、通信设施、管理范围和保护范围的保护状态及水流形态等经常进行检查观察。一般实行每日巡渠制度，发现问题及时处理。在汛期或水位高于正常水位期间，应增加巡查次数。必要时，对可能出现险情的部位昼夜监视。

（2）定期检查。每年汛前、汛后，用水期前后，北方冰冻严重地区在冰冻期，由管理单位组织有关人员，必要时还应请上级主管部门参加，对渠道工程各项设施进行定期全面检查。汛前要着重检查安全度汛存在的问题，以及防汛组织情况和防汛材料及通信、照明、机电动力设备等，及时做好防汛准备工作；汛后应重点检查工程变化损坏情况，有输水任务的要及时采取措施维持渠道的通水；岁修前要在汛后检查的基础上，进行岁修安全检查，据以拟定岁修计划；岁修后重点检查岁修工程完成情况；在间断供水的灌区，每次输水前后都应对渠道工程状况进行检查；冰冻期间应着重检查防冻措施的落实情况和冰凌压力对建筑物的影响等。

（3）特别检查。当发生特大洪水、地震、重大工程事故和其他异常情况时，管理单位应及时组织力量对所属工程进行全面的检查，必要时报请上级主管部门及有关单位会同检查，着重检查有无损坏和损坏程度等情况。

（三）工程的检查观察

1. 土工建筑物的检查观察

应注意堤身有无雨淋沟、塌陷、滑坡、裂缝、渗漏；排水系统、导渗与减压设施有无堵塞、损坏和失效；渠堤与闸端接头和穿堤建筑物交叉部位有无渗漏、管涌等迹象。在进行检查观察时，要特别注意以下几点：

（1）发现有裂缝时要观察有无滑坡迹象，对横缝要注意是否能形成漏水通道。

（2）发现轻微塌陷或洞隙时，要注意观察有无獾窝、鼠洞、蚁穴等隐患痕迹。

（3）要注意渠堤外坡及外坡脚一带有无散浸、鼓泡等现象。

2. 砌石建筑物的检查观察

应注意坡块石或卵石有无松动、塌陷、隆起和人为破坏；浆砌石结构有无裂缝、倾斜、滑动、错位、悬空等现象。

3. 混凝土和钢筋混凝土建筑物的检查观察

应注意有无裂缝、渗漏、剥落、冲刷、磨损和气蚀；伸缩缝止水有无损坏、填充物有无流

失等。其中,应特别注意对裂缝、渗漏的检查观察,其观察方法如下:

(1)裂缝细微时,可用放大镜检查其长度、宽度、走向等情况,并在裂缝两端用油漆作标记,继续观察其发展情况。也可以采用白色油漆涂填一段裂缝,以观察是否继续裂变。

(2)发现渗漏时,应观察其位置、面积和渗漏程度,并注意有无游离石灰及黄锈等析出。

(3)用小锤敲打混凝土表面,细心分辨敲击部位的声音,以判断有无离层、空洞、疏松等现象,并观察混凝土冲蚀程度、有无钢筋露出等情况。

4. 闸门和启闭机的检查观察

应注意结构有无变形、裂纹、锈蚀、焊缝开裂、铆钉和螺栓松动,闸门止水设备是否完整,启闭机运转是否灵活,钢丝绳有无断丝,转动部分润滑油是否充足,机电及安全保护设施是否完好。

检查观察金属结构是否有裂缝和焊缝开裂现象,可用下列方法:

(1)观察金属表面。若表面有一条凸起的红褐色铁锈,附近有流锈或油漆开裂的地方,就可能有裂纹。

(2)用木锤敲击金属构件,从发出的声响来判断。若声响苍哑而不清脆,传声不均,有突然中断现象,可判断附近有裂纹。

(3)在发现有裂纹迹象的附近,将煤油滴在金属表面上,观察其散开情况,若油渍不成圆弧形散开,而在某处截然形成线条,该处即有裂纹。

(4)对于焊缝,可在焊缝的一面涂一层粉笔灰,然后在另一面涂上煤油,在有贯穿裂纹或开焊的位置,可以看出煤油渗透的痕迹。

5. 水流流态的观察

观察时应注意渠道水流是否平顺,流态是否正常。有水闸设施的渠段,应注意闸口段水流是否平直,出口水跃或射流形态及位置是否正常、稳定,跃后水流是否平稳,有无折冲水流、摆动流、回流、滚坡、水花翻涌等现象。在观察渠道水流形态时,应特别注意有渠下涵管等设施的渠段,如有渗漏现象发生,其水流形态会有管状旋涡出现。

6. 其他项目的检查观察

应注意检查附属设施动力、照明、通信、安全防护和观测设备、测量标志、管护范围界桩、里程碑等是否完好,有无人为破坏或遗失。

应注意闸房设施的房顶是否有漏雨,门窗有无腐朽、损坏,墙体有无裂缝、风蚀,房梁有无异常变化。

应注意渠道防护林有无盗伐、损毁等现象。

四、渠道及其建筑物的维修

维修养护是为确保工程的安全和完整,充分发挥并扩大工程效益,延长工程使用寿命而采取的重要措施。渠道及其建筑物的维修养护必须本着“经常养护,随时维修,养重于修,修重于抢”的原则进行。

(一)渠堤及堤防工程表面损坏的修补

堤顶如有坑洼而易于积水,应填补齐,并保证堤顶有一定的排水坡度。对于能行车辆的堤顶,如有损坏,应按原堤顶修复,必要时,还应对路面加固改建。

(1)预留护堤地、护渠地。在堤脚以外应留有适当宽度的护堤地、护渠地。护堤地、护渠地的宽度通常由各地主管部门参照历史情况作出决定。

(2)栽植树草护坡。为保证堤坡稳定,一般应植草皮、栽树等以保持水土,并注意经常性的养护。

(3)消除隐患。当发现堤身有蚁穴、兽洞、坟墓及窑洞等隐患时,应及时采取开挖、回填或灌浆等方法进行处理。

(二)渠道表面损坏的修补

渠道在运用过程中,常出现冲刷垮岸、渠底冲槽等现象,如不及时加以修补,必将影响渠道的正常运行。

1. 内坡冲刷的处理

发现渠道内坡有冲刷现象时,应立即处理,以防继续扩冲。应根据冲刷程度和当地条件采用不同的处理方法,在不影响渠道正常输水和过水断面的前提下,可分别采取以下措施:

(1)将冲刷部位清理干净,用浆砌卵石衬护,背面用卵石填心进行永久性处理。

(2)用干砌片石防护,砌体与坡面一致。

(3)冲刷段打桩编柳防护,背面用泥土夯实,与坡面衔接一致。

(4)可采用草袋、麻袋等临时性防护措施。

2. 渠底冲槽、坑的处理

根据渠底冲槽、坑的深浅及宽窄程度分别处理,如所冲的槽、坑不严重,可用黏土填满并夯实且与渠底齐平;当所冲槽、坑较深时,可先用大卵石或碎石填塞,然后用黏土或混凝土堵塞整平,以防止渠底再被冲坏。

(三)渠道清淤

为了保证渠道能按计划进行输水,每年必须编制清淤计划,确定清淤量、清淤时间、清淤方法及清淤组织等。清淤方法有水力清淤、人工清淤、机械清淤等。

(四)渠道裂缝处理

渠道裂缝大都是填方段的两端新老土接合不好和不均匀深陷而引起的,也有因土壤干缩和渠坡滑动引起的。裂缝有横缝和纵缝,横缝是与渠道轴线垂直的裂缝,危害性最大,必须严格处理。平行于渠道轴线的纵缝,若是由非滑坡引起的,一般问题较小,但也要认真对待。常用的裂缝处理方法有以下几种。

(1)挖沟回填:沿裂缝开一梯形槽,其深度应比裂缝深0.3~0.5 m,宽度以便于施工为原则,长度需比裂缝长1 m左右。对横缝,如裂缝较长,应开挖锁口沟槽,再采用与原土质一致的土料进行分层回填并夯实。

(2)泥浆灌缝:裂缝较小(2 cm左右)时,可用泥浆灌注。灌注前用清水冲刷,灌浆时最好一次灌满。灌满停几天后,泥浆干缩,裂开的小缝要反复灌实,在灌注中,如果泥浆流动迟缓或停止不流,可用清水冲洗后继续灌泥浆。拌制泥浆的土料要采用干燥的黏土、黄土,粉碎过筛,再与水拌和成浆。其稠度要看缝的大小而定,缝小要稀,缝大要稠。一般的水土比例为1:1~1:2(质量比)。必须注意,冲洗裂缝时,不要灌水过多,以免破坏稳定,引起更多的裂缝。对于脱坡引起的裂缝,不能盲目灌注泥浆,应当根据具体情况,采用削头减重、排水稳坡等办法,制止脱坡继续发展。在渠坡稳定的基础上,再开挖回填,处理裂缝。

(五)渠道滑坡的处理

土堤、土坝及渠道的局部失去稳定,发生滑动,上部坍塌,下部隆起外移,这种现象称为滑坡。凡是土坝、河堤、渠堤等土工建筑物以及挖方边坡与天然岸坡等,如在一定的内外因素作用下使土体改变稳定性,都可能出现滑坡现象。

土坡出现滑坡,有些是突然发生的,有的则是先由裂缝开始,如能及时发现,并采取适当的处理措施,则损害性可以减轻,否则一旦形成滑坡,就可能造成重大损失。因此,必须严加注意。现仅就渠道滑坡处理措施介绍如下。

滑坡处理前应通过勘察,查找出滑坡原因,判别滑坡的类型和稳定程度,以便确定合理的整治措施。滑坡的形成往往有一个发展过程,一般由小到大、由浅入深。在滑坡活动初期,整治比较容易,一旦形成了大的滑坡,就会增加整治难度。因此,整治滑坡贵在及时,并要求根治,以防后患。

整治滑坡常用的措施有排水、减载、反压、支挡、护坡、换填、暗拱、渡槽等。上述措施中,除排水是普遍适用的外,其余措施可根据具体情况因地制宜地单独或综合采用。

第三节　闸门运行

一、闸门

(一)闸门及其在水工建筑中的作用

闸门是水工建筑物的重要组成之一,它的作用是封闭水工建筑物的孔口,并能够按需要全部或局部开启,以调节上、下游水位和泄放流量,用于防洪、引水发电、通航、过水,以及排除泥沙、冰块或其他漂浮物等。

(二)闸门的分类

闸门的种类很多,目前尚无统一的分类方法,一般可按闸门的工作性质、设置部位、使用材料和构造特征等加以分类。按闸门的工作性质可分为工作闸门、事故闸门、检修闸门和施工导流闸门等。

(1)工作闸门:指承担主要工作并在动水中启闭的闸门,但也有例外,如船闸通航孔的工作闸门大都在静水条件下启闭。

(2)事故闸门:指当闸门的下游发生事故时,能在动水中关闭的闸门,为防止事故的扩大,截断水流,在事故消除后,则可在静水条件下开放孔口。能快速关闭的事故闸门,也称快速闸门,这种闸门一般在静水中开启。

(3)检修闸门:指供检修水工建筑物或工作闸门及其门槽时临时挡水用的闸门。检修闸门一般设于工作闸门前,用于建筑物或工作闸门等检修时短期挡水,一般在静水中启闭。事故闸门兼作检修闸门时,也称事故检修闸门;需要在限定时间内紧急关闭的事故检修闸门,称为快速检修闸门。

(4)施工导流闸门:指供截堵经历数年施工期过水孔口用的闸门。这种闸门一般在动水条件下关闭。

(三)闸门的维护

由于闸门多安装于露天场所,长期或间歇地浸入水中,承受较大的水压力或水流、泥沙及污物的冲击磨损和周围介质的腐蚀作用,一般情况下,闸门的寿命总是小于建筑物的寿命。只有良好的维护工作,才能保证闸门安全正常的运行,延长闸门的使用年限,以充分发挥工程的效益。在这里重点讲一般性的维护。

1.检查清理

正常工作的闸门必须保持清洁完好,启、闭运行灵活。但随着水流的运动,水中的漂浮物、推移质等总是向闸门集中,贴附于门体或卡阻于门槽内,影响闸门的正常运行,或造成漏水,或加快闸门的腐蚀,所以必须随时进行检查清理。

闸门门体上不得有油污、积水和附着水生物等污物。启闭机检修时,应避免废油落于门体上,卷筒和钢丝绳上多余的润滑脂应刮除干净,防止夏季融化滴落到闸站上。门体结构上的落水孔应畅通。严禁向闸门上倾倒污水、垃圾等污物。

闸门槽、门库和门枢等部位,常会被树枝、钢丝、块石或其他杂物卡阻,影响闸门正常运行,甚至酿成事故,应及时进行检查清理。对浅水中的建筑物,可经常用竹篙、木杆进行探摸,利用人工或借助水力进行清除;对深水中较大的建筑物,应定期进行潜水检查和清理。

为了防止石块、杂物卡阻,除加强管理和检查清理外,还应结合具体情况,采用防护措施。有条件的,可在门槽、门库上部设置简易启闭机房或防护盖。转动闸门门座的上方可设置混凝土挡坎拦截砂石和杂物。

2.观测调整

闸门运行时,应注意观察闸门是否平衡,有无倾斜、跑偏现象。若闸门严重倾斜,可能撕裂止水橡皮,拉断钢丝绳或使闸门变形损坏,必须配合启闭机进行调整。对双吊点闸门,两侧钢丝绳长度应调整一致,侧轮与两侧轨道间隙大体相同。

止水橡皮应紧密贴合于止水座上,止水不严密或有缝隙,必然造成漏水。但预压过紧,则增加摩擦力,加快止水磨损或挤压变形,最后失去止水作用。因此,应视各种不同的止水形式进行适当调整。对于没有润滑装置的闸门,启闭前应对干燥的橡皮注水润滑。

3.清淤

多泥沙河流上的闸门,闸前往往有大量泥沙淤积,而在沿海挡潮闸的闸下也会有大量泥沙沉积。闸门在泥沙压力作用下,负荷加重,运行困难,或因漏水淤堵,闸门落不到底,孔口封闭不严造成漏水。为此,除采取常规清沙措施外,还应定期输水排沙,或利用高压水枪在闸室范围内进行局部清淤。

4.拦污栅清污

在水草和漂浮物多的河流上,应注意检查,定期进行拦污栅清污。

5.防冰凌

北方寒冷地区的闸坝,因水面结冰对闸门产生冰压力,加大闸门的荷载,因此对冬季有运行要求的闸门,门槽冻结将影响闸门的正常运行。为此,需要采取防冰冻措施。为防止冰压力影响，一般在用压缩空气或压力水，在闸门前形成一条不冰冻的水域，与河流冰盖隔开；为防止冰冻对闸门正常启闭的影响，除用压缩空气、压力水法外，也可采用加热的方法为门槽加热，使之不致结冰。

6. 防风浪

位于沿海、湖泊或开阔河面的水闸，由于吹程长，风浪对闸门的撞击力很大。有时风浪进入潜孔闸门前喇叭口段，水体扩散不畅，对闸门形成不完整水锤作用，对闸门安全有相当大的威胁。一般采用设置防浪板或在胸墙底梁开扩散孔的办法加以解决。在强风暴地区，可根据气象预报，在大风到来之前适当降低闸前水位。

（四）闸门的检修

闸门经过长期运行，或运用中由于设计考虑不周、制造和安装质量不佳以及运用管理不善等方面的原因，常会出现某些缺陷或故障，严重的会影响闸门的安全运行。因此，在运行管理中不但要注意其工作状态，及时进行保养维护外，还应定期进行闸门的检修。

闸门检修分为小修、大修和抢修。

小修指对闸门进行有计划的全面的养护性维护，并对定期检查工作中发现的问题进行统一处理。小修也称岁修，每年进行一次。

大修是指对闸门进行功能恢复性的维修。大修应对闸门门体结构变形和腐蚀情况、行走支撑装置的运行状态和止水装置的工作效果等，进行全面的技术检测和鉴定，并制定出大修项目内容和技术措施。一般金属结构闸门大修每6~10年进行一次。

抢修一般是针对闸门发生不可预见的故障或事故所采取的紧急处理。

二、启闭机

起重机械是用来对物体起吊、搬运、装卸和安装作业的机械设备，它广泛地应用于各生产部门。随着生产规模日益扩大和专业化、现代化的需要，各种专门用途的起重机相继产生。在水利工程上专门用来启闭闸门的起重机械，称为闸门启闭机，简称启闭机。

（一）启闭机的分类

启闭机类型很多，按传动方式可分为机械式和液压式两种。机械式启闭机是通过机械传动来实现闸门启闭，这是应用最广泛的启闭机。液压式启闭机是利用液压传动来实现闸门启闭，它属于后来发展起来的一种启闭设备。

（二）启闭机的维护

维护是闸门启闭机运行管理的重要内容。闸门启闭机的维护原则是“安全第一，预防为主”，必须做到“经常维护，随时维修，养重于修，修重于抢”。所以，认真做好闸门启闭机的维护工作是贯彻这一原则的具体表现。

维护就是对经常检查发现的缺陷和问题，随时进行保养与局部修补，以保持工程及设备完好。启闭机械在使用过程中由于磨损、受力、振动和时效等原因，会引起设备的动力性、经济性和安全可靠等性能降低，产生隐患和故障。因此，必须根据设备技术状况、变化规律，经常进行必要的维护作业，减少磨损，消除隐患和故障，保持设备始终处于良好的技术状况，以延长使用寿命，减少运行费用，确保安全可靠的运行。

(三)启闭机维修的内容

启闭机维修的内容可概括为“清洁、紧固、调整、润滑”八字作业。

1. 清洁

启闭机在运行过程中,由于油料、灰尘等影响,必然会引起设备表面的脏污。有些关键部位,如制动轮圆周面、电器接点、电磁铁吸合接触面、蓄电池和整流子碳刷滑环接触面等会因脏污而使设备不能正常运转,甚至引起事故。因此,必须定期进行清洁工作,清洁包括整齐美观,故必须定期对设备周围的环境及移动式启闭机的轨道沟、场地上的油污等及时清扫,场地上的工器具应及时整理,摆放整齐。

2. 紧固

启闭机的紧固连接,虽然在设计、安装时已采取了相应的防松措施,但在工作过程中由于受力振动等原因,可能还会松动。紧固件松动的影响,与其自身的作用相关联。

3. 调整

启闭设备在运行过程中由于松动、磨损等原因,引起零部件相互关系和工作参数的改变,如不及时调整,则会引起振动和噪声,导致零部件磨损加快,机器性能降低,甚至会导致事故。所以,需要及时调整,以保证设备经常处于正常状态,确保灵活、安全可靠的运行。

4. 润滑

在启闭设备中,凡是有相对运动的零部位,均需要保持良好的润滑,以减少磨损,延长设备寿命;降低事故率,节省维修费用,并降低能源消耗等。

设备的润滑工作很重要,国外因润滑不良和润滑方法不当引起的故障占故障次数的1/3以上;而国内由于润滑问题引起的停机时间,占总停机时间的1/2以上。经验证明,设备的寿命在很大程度上取决于润滑。

三、闸门与启闭机的运行

(一)启闭依据

对于工程管理单位而言,闸门启闭必须按照批准的控制运用计划,以及负责指挥运用的上级主管部门的指令执行,不得接受其他任何单位或个人的指令。

(二)闸门与启闭机的检查内容

为了使闸门能安全及时启闭,启闭前应对闸门和启闭设备及其他有关方面进行检查,如润滑油的油量是否充足、油质是否合格,电动机的相序是否正确,钢丝绳是否有锈痕、断丝,连杆、螺杆有无弯曲变形,吊点结合是否牢固等。因为在接到开机指令后检查这些内容是来不及的,故要求所有闸门启闭前均应处于正常使用状态。为此,应重视闸门与启闭机的检查及修理工作,确保闸门与启闭机安全可靠。

1. 闸门的检查

(1)闸门开度是否在原来位置。

(2)闸门周围有无漂浮物卡阻,门体有无歪斜,门槽是否堵塞。

(3)有旁通阀的建筑物,要检查其是否正常。

(4)冰冻地区,在秋季要检查闸门活动部位有无冻结现象。

2. 启闭机的检查

(1)启闭闸门的电源或动力有无故障,用人力启闭的是否备妥足够数量的工人。

(2)机电安全保护设施、仪表是否完好。

(3)液压启闭机的油泵、阀、滤油器是否正常,管道、油缸是否漏油。

3. 其他方面的检查

(1)上下游有无船只、漂浮物或其他障碍影响行水等情况。

(2)观测上下游水位、流量、流态。

(3)有通气孔的建筑物,要检查通气孔是否堵塞。

(三)闸门的操作运用

1. 闸门的运用原则

工作闸门和阀门能在动水情况下开闭。事故闸门能在动水情况下关闭,一般在静水情况下开启。平压阀门应在动水下开启,静水下关闭。检修闸门能在静水中启闭。

2. 工作闸门的操作

允许局部开启的工作闸门在不同开度泄水时,应注意对下游的冲刷和闸门本身的振动。

闸门开启泄流时,必须与下游水位相适应,使水跃发生在消力池内。

不允许局部开启的工作闸门,不得中途停留使用,否则会改变水流的流态,使形成共振的可能性加大,危及水工建筑物和闸门的安全运行。

操作压力输水洞或是有压力钢管的闸门时,在充放水时不应使洞或管内的流量增减过快,通气孔应畅通无阻,以免洞内或钢管内产生超压或是负压、气蚀、水锤等现象,造成隧洞或钢管的破坏。

3. 多孔闸门的操作运用

当需要多孔闸门全部开启时,可由中间孔依次向两边对称开启,关闭时由两边向中间孔对称依次关闭。

当只需部分开启时,只开中间闸门。如果开两边闸门,则高速水流冲击坡岸,并产生回流而冲刷水工建筑物,可能造成大的塌方、滑坡,并把山石带入河道,影响行水的排放,还可能使山石随水流回旋冲刷水工建筑物或是厂房,使其遭到破坏。

对于立体布置的双层孔口的闸门或上下双扉布置的闸门,先开底层或下扉的闸门,再开上层或上扉的闸门;关闭时顺序相反。双层布置的闸门多为高水头的深孔,水压高,泄洪时水的流速很大,如先开上层易使下层泄水孔洞产生负压,扰乱下层的流态,使下层闸门产生振动。

允许局部开启的多孔闸门,应根据本单位技术人员给定的闸门分次启闭的开度与间隔时间进行操作。

(四)机械传动式启闭机的操作程序

(1)凡有锁定装置的,应先将其打开。

(2)合上电器开关,向启闭机供电。

(3)启动驱动电动机:对固定式启闭机,启动驱动电动机,闸门即行启闭;对移动式启闭机,先启动行走机构电动机,大车行走,完成启闭机整体定位或是闸门在孔口间的位移,再启动小车行走机构或回转的电动机,使其吊具对正闸门吊点,并连接牢靠,最后启动起升机构的驱动电动机,闸门即行启闭。

(4)闸门运行至预定开度:由手动操作或由控制器停机,驱动电动机停止运动;由移动式启闭机开启的闸门加置锁定装置;对固定式启闭机启闭的闸门,开门时间较长,也加置锁定装置。

(5)拉开电器开关,切断电源。

此外,当用人工操作手电两用启闭机时,应先切断电源,合上离合器,才能进行操作。如使用电动操作,应先取下摇柄,拉开离合器,才能按电动操作程序操作。

(五)闸门启闭机操作注意事项

1. 一般要求

(1)操作人员必须熟悉业务,思想集中,坚守工作岗位。

(2)操作过程中,不论是遥控还是现场操作,均应设专人在机房和控制室进行监视。

2. 监视闸门运行情况应注意事项

注意闸门是否按要求的方向进行运动,开度指示及各仪表指示的数值是否正确,指针动作是否正常,电器、油压和机械的运行是否良好。

启闭双吊点单独驱动的启闭机,应观察卷筒转速是否一致,闸门歪斜是否超过允许值。当发现启闭机超载或是载荷为零时,不得强拉硬拖或松放太多,应停机检查,以防闸门卡在门槽,造成启闭机或是闸门变形损坏。

闸门运行时,应避免停留在容易发生振动的开度上。

人字闸门注意两个门扇的同步运动,启动和停止应平稳,门扇的接合速度不得超过规定值。

在操作深孔闸门时,特别注意闸门在水中的下降情况,观察荷载指示器是否正确,闸门歪斜指示器是否水平,以免闸门卡住悬空而后又突然跌落。

要注意闸门在运动中是否有外力撞击闸门。

在解冻流冰时期,泄水时应将闸门全部提出水面,或控制小开度放水,以避免流冰撞击闸门。

闸门启闭完毕后,应校核闸门开度。

3. 监视启闭机运行情况应注意事项

无论是卷扬式启闭机还是液压式启闭机,运行中必须注意是否超载。

卷扬式启闭机关闭闸门时,不得在不通电源情况下单独打开制动器降落闸门。

高扬程卷扬式启闭机在运行中,特别是启升时,要注意钢丝绳排列是否整齐,排绳机构运转是否正常,如有问题立即停机处理。

(六)泄水期间值班人员应注意事项

泄水期间,为防止发生意外情况和及时采取措施,值班人员应注意以下事项:

(1)通气孔的工作情况是否正常。

(2)闸门的振动情况和闸门是否自动下降。

(3)上、下游水位变化及水流状态。

(4)有无船只或其他漂浮物临近闸前。

(七)安全保护

为保护工程、设备和人身的安全,必须采取可靠的安全技术措施,操作人员必须了解有关安全方面的要求。

1. 防火

(1)不得采用明火烘烤机组,如用炭火、电炉保温,必须由专人看管。

(2)汽油、煤油、柴油、废旧棉纱及其他易燃易爆物品,平时不得堆放在启闭机附近。

(3)熟练使用启闭机房和控制室内安设的消防器具及设备,并严加保管。

(4)如发生火灾,应立即切断电源并报警抢救。

2. 防止人身伤亡事故

(1)启闭机运转部位必须有防护设施。

(2)没有保护盖的电闸,不准在带负荷情况下直接闭合或拉开。

(3)进人孔和通气孔等,应根据情况设置井盖或保护罩。

(八)操作运行中的常见故障及处理

1. 启闭机在运行中突然停车的原因与处理

(1)停电:由电气专业人员按规程进行检查处理。如是大面积停电,应启动备用电源。

(2)保险丝烧断:更换保险丝,但在更换之前应先检查有无短路或接地现象,处理之后再行更换。

(3)限位开关误操作:应重新调整好。

(4)过流保护器动作:说明电动机电流过大,应检查闸门是否发生倾斜,制动器是否有过紧现象。

2. 制动器失灵、闸门下滑的原因与处理

(1)制动器闸瓦间隙过大:调整间隙使之符合规定。

(2)闸瓦的夹紧力过小:调整工作弹簧的长度,增加夹紧力。

(3)闸瓦磨损且铆钉已经凸出,并摩擦制动轮:应更换制动闸瓦并使之符合技术规定要求。

第五章　河道整治工程根石加固

第一节　根石的概念

根石也叫“护根石”，是坝的下部保护石，分为有根石台、无根石台两种。无根石台时，以设计枯水位划分，枯水位以上为坦石，以下为根石；有根石台时，以根石台顶划分，以上为坦石，以下为根石。根石是坦石及整个坝身安全稳定的基础，坡度1∶1.1～1∶1.5，以坝前头及上跨角为最深，一般达8～15 m，最大23.5 m，承受大溜剧烈冲刷，易坍塌走失，坡度或深度不足时，能导致坝岸出险。

一、黄河工程中根石的分类

从目前黄河工程根石情况来看，黄河工程根石大体可分三类：第一类是抢险形成的根石。这种根石一般以抛柳石枕、散石或铅丝笼为主，根石不规则且延伸较远。这种工程的根石在黄河工程中占绝大多数。第二类是在新修的坝岸或新建后一直不靠溜工程的根石。这种根石保持竣工后的形状，根石相对较浅且无平面方向的延伸。第三类是新结构根石，这类根石一般保持一个整体，不出现散乱现象。虽然目前后两种根石形成数量较少，但也应作为根石分析研究的一个问题。

二、根石的断面形态

根据根石探测断面图分析，根石断面大多呈“下缓、中陡、上不变”的分布规律。主要原因是上部一般高于枯水位，通常按设计标准整理维护，即使遇到较大险情，抢险后仍能及时修补。而根石中间陡主要是因为：①根石中部水流速度最大，块石容易起动走失，在水流自然筛选作用下，边坡上剩下的块石相互啮合较好，抗滑稳定性和防冲起动性都较自然堆放情况下的块石明显增大，因此容易形成陡坡；②抢险及根石加固的块石无法抛到根石底部，大多都堆积在边坡中上部，使中间坡度相对较陡。这种情况在险工坝段尤为突出。处于根石最下部的块石，由两部分组成：一部分是冲刷坑发展到一定程度，坝体根石局部失稳滑入坑中；另一部分是因折冲水流冲刷块石起动后，运动至根石底部。其中以第一部分占绝大多数。下部的根石主要起抗滑稳定作用，故坡度较缓。另外，还有一些特殊断面（如反坡、平台及锯齿等），形成的主要原因在于坝体水中进占及抢险过程中，采用搂厢、柳石枕或铅丝笼等结构，这种结构体积大，且不易排列，容易形成各种不规则的断面。这种断面会造成水流紊乱，促使河床淘深，影响基础稳定。

一般认为，根石是一个连续体，但实际上，黄河工程根石在平面和深度方向都不一定是一个连续体，而且很明显不是一个光滑平面。主要表现为：一是在平面方向，可能出现未与根石相连的零散石块；或是在根石的垂向分层上，出现两层甚至更多层的根石。这两种情况主要出现在根石形成时间较长的坝垛。二是根石上层是一块块不规则的石块,石块间可能存在缝隙且高低不平。

三、根石稳定的条件

坝体的稳定主要取决于根石与其上部的土石压力是否相适应;当根石上部土压力一定时,坝体稳定性主要取决于根石厚度、深度和坡度,其中以深度对坝体稳定的影响最大。当冲向坝体某一部位的水流强度大于坝体该部位曾受过的最大水流强度时,原来相对稳定的坡度随坝前局部冲刷坑的形成和发展以及根石的走失而变陡,坝体稳定性降低,随时可能出险。因此,只有当坝体受过较强水流的冲刷,根石达到一定深度后,根石坡度才能保持相对稳定,坝体出险概率才会相应减少。

(一)深度

黄河坝体为浅坝基修筑,在水流冲刷出险后,不断抛块石以加固坝基。黄河上判断坝基稳定的传统方法是通过探摸根石深度来确定的。探摸的根石深度即可认为是坝前冲刷坑的深度。

实测资料表明,一般情况下在迎水面至圆头交界处冲刷最为强烈,迎水面中部次之。洪水情况下,坝前冲刷深度为8~9 m,局部最大冲刷深度可达18 m。目前,黄河下游实测坝体根基最深的为建于乾隆九年的花园口将军坝,其根石深度为23.5 m。

(二)坡度

根据《黄河下游1996—2000年防洪工程建设可行性研究报告》计算成果,当乱石坝结构的坝高为20 m,坦石宽1 m、高5 m,坦石内外坡均为1:1.0,根石台宽2 m,根石深15 m,根石外坡1:1.3,根石内坡1:0.7时,坝体整体滑动系数为1.02,护坡安全系数为1.15。由此可以认为,当根石外坡达到1:1.3时,根石是基本稳定的。但由于根石的稳定性主要取决于根石的厚度、深度和坡度,其中以深度对坝体稳定的影响最大,也就是说,只有根石达到一定深度后,根石坡度才能保持相对稳定,坝体出险概率才会相应减小。由实际探测成果知,深度大于15 m的根石占所探测断面的比例很小。为充分保证坝体安全稳定,目前黄河河道整治工程设计根石坡度取1:1.5。

第二节　根石走失的原因及加固措施

一、根石走失的原因

有关试验及原型观测表明,坝体根石在水流的冲击作用下有两种主要运动形式。一是随着冲刷的逐步发展,大量块石失稳,向冲刷坑底塌落;二是水流的挟带力引起部分块石向下游或向冲刷坑底滚动。根石的这两种运动形式通称为根石位移。第二种运动形式即为根石走失,它是坝岸出险的重要原因之一。

根石走失主要有三种去向:一是在折冲水流的作用下沿坝面向冲刷坑底滚动,这部分块石一般块体较大,使坝体根基加深加厚,下部坡度变缓,有利于坝体稳定;二是沿坝体挑流方向顺流而下,这部分块石一般块体较小;三是沿回流冲刷深槽分布,且在走失量和体积上沿程递减。

根石走失与水流流速、水深、块石粒径及断面形态等有关。流速越大，根石越容易走失；边坡系数越大，单个块石的稳定性越好；另外，水深较大处的根石不易走失。

二、防止根石走失的加固措施

由统计资料看出，凡小流量出险的坝岸，根石均单薄，由于河势发生变化而发生险情。因此，日常维修养护坝岸中，及时补抛根石是非常重要的。在日常的维修管理中应着重注意以下几个方面：

(1)探摸根石。及时探摸根石，了解坝岸基础动态，是管理中的重要工作。尤其对着溜情况发生变化的坝岸要根据情况随时进行摸探，发现问题立即采取固根措施。

(2)网罩护根。为有效地防止根石走失，在有条件的情况下可采用网罩护根的方法。其方法是借助于鱼网原理，在根石容易走失的部位(上跨角、下跨角、前尖)用铅丝或高强度的尼龙丝编织成渔网形式。网罩的近坝一边固定在根石台上，另外的三边串一条粗的铅丝或钢筋，其上拴连大块石或混凝土预制块作为网坠，靠河槽的一边也可用铅丝笼。这样将网坠放置在根石以外的河床上，即形成了以网来罩护根石的防护体系。在水流的作用下坝前若形成冲刷坑，这时网蛰动位移，网边也随之收紧，使整个护网能紧贴根石及河床。那些被罩护的根石只能随河床冲刷变形，在网内位移，而不能滑出网外，能有效地防止根石走失。

(3)提前备料。多数常年不着溜的坝岸基础较差，根石单薄。这些坝岸应事先准备部分铅丝笼、大块石或黏结大块石放置在根石前沿。当坝前形成冲刷坑时，所放铅丝笼或大石块直接滚入冲刷坑内起到护根作用。采取这种方法比出险后再抛石抢护争取了主动权，并解决了抛石不容易到位的问题，能有效地防止险情向严重方向发展，起到了将险情治早、治小、治彻底的目的。

(4)根石断面不足的坝体应及时抛石加固。现有坝体根石坡度系数大多在1:1.1~1:1.3，根石深度小于15 m。为了使坝体在受到水流冲刷时有一定的适应性，根石坡度应加固调整其系数达到1.5左右。应对靠河坝体进行经常观测，一旦发现根石坡度不足，即应提前在汛前枯水位或断流期加抛根石并使其抛至预定位置，减少坝体出险概率。

第三节　乱石坝根石走失的原因与防护措施

从黄河下游乱石坝出险情况看，大都与根石走失有关。防止根石走失，是确保乱石坝坝体安全的最关键的问题。

一、根石走失的原因

(一)水流条件的影响

(1)乱石坝周边水流形态与冲刷坑深度的影响。黄河下游乱石坝大多数是非淹没的下挑坝体，坝体对近岸水流流速场干扰很大。由于水流在坝前受坝体所阻，迎水面水位升高，形成上回流及下降水流。下降水流与主流合并成为螺旋流，这是造成坝前冲刷坑的主要原因。下回流是水流过坝时的扩散离解造成的。水流过坝体以后,由于单宽流量和近底流速的加大,在最大底流速区形成冲刷坑。在坝体上、下游主流与回流的交界面附近,因流速分布的不连续或流速梯度的急剧变化,产生一系列漩涡,回流周边流速较大,向坝体上、下跨角部位冲刷。有根石探测资料表明,在中水位情况下,流势顶冲坝岸时,根石冲刷深度在根石台顶以下 13~16 m。

(2)高含沙水流对乱石坝根石的影响。由于黄河是多泥沙河流,高含沙水流使其特性发生了变化,二相流变成均质流。当水流深度增大时,河床物质变得容易起动,造成高滩深槽,部分河段主槽缩窄,单宽流量加大,水流集中冲刷力增强,坝前冲刷坑就比较深。1977 年汛期,苏阁险工新 9 坝与 9 坝出险就是高含沙水流集中,严重冲刷根石造成的坍塌出险。

(3)弯道环流的影响。弯道环流作用使得凹岸冲刷,凸岸淤积。郓城河段大部分都是受人工建筑物控制的河湾,水流因受离心力作用,对工程冲刷力加强,促使根石走失。

(4)"横河""斜河"的影响。"横河""斜河"使水流顶冲坝垛,造成根石走失,出险的概率较大。

(二)根石断面的影响

(1)根石断面不合理。乱石坝坝体大部分堆积在根石上部,形成上宽下窄、头重脚轻的现象。这种情况对坝体稳定极为不利,根石很容易出险走失。

(2)根石外坡凹凸不平。外坡不平会造成水流翻花,增大水流强度,促使河底淘刷,影响根石稳定。

(3)根石断面坡度陡。坡度越陡,下降水流的冲刷作用越强,冲刷坑越深,越易造成根石走失。

(三)块石粒的影响

由于块石较小,坝前的流速大于根石起动流速时,块石从根石坡面上就会被一块一块揭走,造成揭坡。

(四)工程布局的影响

工程布局不合理、坝裆过大造成上游坝掩护不了下游坝,形成大回流,甚至出现主流钻裆,冲刷坝尾导致大险。如苏阁险工 13 坝与 14 坝之间坝裆过大,后来又修做护岸和坝垛。还有个别坝坝位突出,形成独坝抗大溜,造成水流翻花,淘根刷底,坝前流速增大,水流冲击力超过根石起动流速,大溜冲走块石,造成根石走失。如杨集险工 8 坝、伟庄险工的 6 坝,就是这种情况,造成多次抢险、抢大险,浪费了大量的人力、物力。

(五)抛石施工方法不当的影响

(1)在险工加高改建时,把原有的根石基础埋在坝基下,往外重新抛投根石。这样施工即使过去已经稳定的根石,也会重新坍塌出险。

(2)加抛根石不到位。在大溜顶冲情况下,居高临下在坝顶上投抛散石,这种情况会造成大量块石被急流卷走,一部分则堆积在根石上部,也不稳定。这样不但造成浪费,而且很难有效地缓解险情,很可能会加重险情,造成大的坍塌。

(3)旱地施工,根石加固时,把块石抛堆在泥土上。这样一旦着溜淘刷,根石就会走失。因此,一定要改旱地施工为水下施工。

二、根石的防护措施

(一)根石坡度适当

根石坡度过陡是造成根石走失的主要原因之一。根石的坡度取决于流速的大小和石块的重量。根据以往的经验,根石的稳定坡度为1∶1.1~1∶1.2。根石坡度愈小,冲刷坑距根石坡脚也愈远。如有条件,应按1∶1.3~1∶1.5修建根石坡。如补充根石时石料走失,要采用质量大于50 kg的块石,小块石可装铅丝笼使用。

(二)补充根石要防重于抢,讲究方法

为争取防守主动权,各险工坝岸要有一个严格的管理制度,做到班坝责任制,要定期组织人员探摸根石,及时了解根石走失情况,特别是那些常年靠溜的主坝,对水下根石要及时探摸,并根据实际情况,区别不同部位,采取不同办法,主动补充根石。从过去探摸根石断面情况看,有相当一部分断面根石坡度达不到1∶1,但是形态多为上、下部稍缓,中间凹,即断面中间部分坡度最陡,根石走失严重部位为中水位以下3~4 m处。乱石坝补充根石时应注意以下几点:①应根据缺石部位,采取不同的补根办法。对于已经有相当根基的老工程,应首先稳脚石补坡,俗话说的“护坡先护脚,脚稳坡不脱”就是这个道理。围护根石底部,要用铅丝笼镇脚。它的优点是铅丝入水不易锈断,石笼能适应水流淘刷而改变坡度,石笼重,浮力小,下沉快,能按要求到位;同时,抛石笼护根能防止根石前爬问题。补坡抛根时用大块石,按先远后近、先深后浅、先上游后下游的顺序进行。②保证补充根石到位,边抛边摸,一次到位。这样不仅能节省大量石料,且固根效果明显良好。如1987年,郓城县杨集险工4号坝、5号坝两坝连续出险,虽经多次抢护,但效果不明显,根据探摸根石断面,坡度仍很陡,且凹凸不平,后经用船压50 kg以上块石补坡,用船抛铅丝笼围脚固根,并边抛边摸,完全按要求进行了加固,结果连续数年虽紧靠大溜,一直未再出现险情。③在枯水季节,对水上根石部分要进行全面整修。把坝坡上和根石体上没有抛到位的多余浮石清理到底部去。如果有条件,可以粗排整平。

(三)对出险情况的认识和处理

险工工程管护人员必须做到以下四个方面:①对所管护坝岸的基础情况心中有数,每道坝岸的修建时间、坝下土质、根石断面探摸情况、历次抢险次数、用料多少、抢护方法等都要建立档案,特别是要建立健全岗位责任制,做到经常探摸根石,雨季要冒雨查险、排放积水等。②对河势变化情况心中有数。河势多变要能看到近期河势变化的趋势,哪些坝可能要靠大溜,根据经验一般急险不超过三道坝,要注意洪水过后的落水过程中的变化,要预先心中有数。③对险情的判断做到心中有数。如在查险时发现坝身出现裂缝,要尽快查找原因,注意观察险情的变化,及时上报处理;再如查险时听到水下根石有连续响声,这说明根石在滑动有走失,出现这种情况要认真分析,做到抢早、抢小、抢好,警惕出现大的险情。④抢护方法要心中有数。出现险情后,要能根据具体情况采取必要的有效措施。乱石坝出险绝大部分是根石出问题,要用比较经济的方法处理。

在抢护中需要注意到:①坝基础土质。沙土底险情表现多为慢蛰,故可以抛大块石和柳石枕,上面要有块石或石笼压枕,避免头前爬;淤土底最容易前爬,一定要使用铅丝笼镇脚;格子底易出现猛墩猛蛰险情,所以要注意多使用柳石枕,上压大块石或石笼。②出险

部位。如上跨角出险,此处溜急,根石走失严重,最有效的抢护方法是抛铅丝笼;如下跨角出险,此处属回溜淘刷,可用柳石枕、土袋枕,上压铅丝笼或大块石;若大面积坍塌,可用柳石搂厢、层柳层石、抛枕护根,压石笼和石块;如坝前头出险,可用铅丝笼围护;如有揭坡现象,可用大块石或小体积石笼(0.3 m^3 以下)压补根石坡;如坝的迎水面出险,可抛 5~10 m 长的柳石枕、压石块,同时可抛不同体积的铅丝笼;若出险段较长,根石走失严重,可采取“抢点、护线”的方法,先用钢丝笼、柳石枕集中抛护一点或数点,逼溜外移,以缓解险情,然后根据料物和险情再补裆固根。抢护点的宽度一般在 10 m 左右。如 1976 年大洪水时,杨集险工 18 坝,由于溜势突然变化,大溜直冲迎水面,根石严重走失,坦石墩蛰,土坝基已有部分蛰裂,险情发展很快。为避免垮坝,决定采用“抢点、护线”的方法,先逼溜外移,同时集中人力和料物,在 60 m 长的迎水面上,先抢起了三个垛,用铅丝笼和 5 m 长的柳石枕抢护。经过一天一夜的抢护,才使险情得到控制,保护了坝基,取得了抢险的胜利。

第四节　根石探测

一、根石探测方法

目前根石探测主要采用人工锥杆探测、以点定线确定根石走势的方法。锥杆可从结构和材料上进行分类。从结构上划分:一是可套接的锥杆,一般第一节长 3 m,其余各节长 2~3 m,可接至 10~15 m 长;二是不可套接的锥杆,一般分为短、中、长三种,短杆 3~4 m,中杆 5~8 m,长杆 8~12 m。从材料上划分:一是钢管锥杆,采用直径 20~30 mm 的钢管;二是钢筋锥杆,采用直径 14~20 mm 的钢筋。从探测现场看,钢筋锥杆在水流较小的过水断面和旱坝较为方便;钢管锥杆因其较粗、阻力大,使用较为费力;而在水深溜急处,两种锥杆均不适宜;钢筋锥杆柔性大,易弯曲;钢管锥杆韧性小,易折断。从结构上比较,可套接锥杆使用较为方便,不可套接锥杆在使用长杆时存在控制稳定、移动难度大的缺点。

探测水上或根石台外沿以上部分采用水准仪配合皮尺进行,在拐点处设点;水下及平坦滩面用锥杆,一般每 2 m 一个测点,在探不到根石时平距退回 1 m 锥探。如仍探不到,则截止于上一测点。

二、根石探测要求

根石探测可划分为汛前探测、汛期探测及汛后探测。汛前探测在每年 4 月底前完成,对上一年汛后探测以来河势发生变化后靠大溜的坝垛进行探测,探测坝垛数量不少于靠大溜坝垛的 50%。汛期探测是指汛期对靠溜时间较长或有出险迹象的坝垛应及时进行探测,并适时采取抢险加固措施。汛后探测一般在每年 10—11 月进行,探测的坝垛数量应不少于当年靠河坝垛总数的 50%。

探测断面布设的原则是上、下跨角各设 1 个,坝垛的圆弧段设 1~2 个,迎水面根据实际情况设 1~3 个。断面编号自上坝根(迎水面后尾)经坝头到下坝根(背水面后尾)依次排序,坝垛断面编号附后,表示形式为 YS+×××,QT+×××等,其中 YS 为迎水面,QT 为坝前头,×××为断面编号,“+”前的字母表示断面所在部位,“+”后的数字表示断面至上坝根的距离。探测断面方向应与裹护面垂直,并设置固定的石桩或混凝土桩,断面桩不少于 2 根。探测一般采用人工锥杆或导杆。

根石探测必须明确技术负责人,并有不少于两名熟悉业务的技术人员参加。锥探用的锥杆在探测深度 10 m 以内时可用钢筋锥;探测深度超过 10 m 时,为防止锥杆弯曲,可采用钢管锥。根石探测断面以坦石顶部内沿为起点。根石探测断面水上部分沿断面水平方向对各变化区进行测量,水下部分沿断面水平方向每隔 2 m 探测一个点。遇根石深度突变时,应增加测点。在滩面或水面以下的探测深度应不少于 8 m。当探测不到根石时,应再向外 2 m、向内 1 m 各测一点,以确定根石的深度。

探测时,测点要保持在施测断面上,量距要水平,下锥要垂直。测量数据精确到厘米。探测时,要测出坝顶高程、根石台高程、水面高程、测点根石深度。根石探测断面数据要认真填入附表。高程系统应与所在工程的高程系统一致。水上作业时要注意安全,作业人员均应佩带救生器材。

每次探测工作结束后,都要对探测资料进行整理分析,绘制有关图表,编制探测报告。根石探测报告应包括:探测组织、探测方法、工程缺石量及存在问题,并分析不同结构坝垛的水下坡度情况,根石易塌失的部位、数量、原因及预防措施。

根石断面应根据现场记录,经校对无误后绘制。断面图纵、横比例必须一致,一般取 1:100 或 1:200。图上须标明坝号、断面编号、坝顶高程、根石台高程、根石底部高程、测量时的水位或滩面高程。根石探测资料要及时存档,并尽可能实行微机储存、分析和成果汇总。

三、根石探测方法存在的问题

目前,根石探测存在的最大问题和产生较大误差的主要原因就是探测方法。现有探测方法存在的问题主要有以下几个方面。

(一)劳动强度大,工作效率低

锥探是一项重体力劳动,加上一般根石上面较厚的淤沙甚至胶泥层,下锥非常困难。在水深溜急的河段进行水上探测较旱地和缓溜情况下断面探测难度更大。一是船位难以稳定。在水流较急河段,很难使测船到位,即使到位也难以长时间稳定以保证探测的顺利进行。二是在水深溜急处,锥杆难以竖直,经常出现锥头尚未到水底,锥杆已经被水冲歪、难以控制的现象,致使根本无法进行锥探。即使勉强下锥探测,因锥杆倾斜严重,误差也非常大。三是船只换位困难。

(二)探测准确性较差

采用现有探测方法进行探测时,影响探测准确性的因素很多。第一,根石是非连续的。这种现象容易造成在锥杆碰到散石后,便被误认为探测到了根石或探测到石缝中继续下锥,使探测到的根石深度变大。这样极易产生几十厘米甚至数米的探测误差。另外,对于分层根石,以现有探测方法根本无法测出,导致根石探测结果与实际情况有较大误差。第二,探测中存在难以避免的误差。这种情况主要出现在急流下的水中探测,由于定位困难、稳定困难、下锥难以竖直等因素，都会产生很大误差。第三，缺根石计算中误差。目前，只计算已探测到的根石范围内的缺根石。这样，探测水平距越远，计算出的缺根石量就越大。我们认为这样的方法不很合理。例如：新修建的工程，根石必然浅薄，且除满足设计要求外无延伸，其根石是无法满足抵御洪水要求的，也就是说，明显根石不足，但如按照现有的计算方法，只要施工按照设计进行，则不会计算出工程根石不足。又如：一个断面，在只探测到水平距离 16 m 时可能不缺石，但如果探测到 20 m 时，则可能出现较大量的缺根石，另外，根石断面交叉也会造成计算出现较大误差。在坝垛连接的工程中，一定水平距离处可能出现两个坝断面的交叉。这种情况如不予考虑，将造成较大的缺根石计算误差。因此，无论从防汛角度，还是从根石加固的角度，目前缺根石计算方法都是值得商榷的。

四、对根石管理和根石探测须采取的措施

（一）大力推广根石加固新技术

根石探测的主要目的就是了解根石现状，为根石加固提供可靠的依据。如果能够从根本上解决根石走失问题，根石探测工作量也就可以大大减少，甚至取消。解决缺根石问题的关键是改变根石的结构，即通过积极研究和推广根石加固新技术，通过对现有根石进行锚固、网护、连接、防护等措施，防止或减少根石走失，变松散根石为整体根石或相对整体根石，是解决黄河工程安全的最有效的措施。

（二）积极改进根石探测方法

要能够较为真实地反映根石实际情况，就必须改革和完善现有根石探测方法。引进和利用振动波或远红外波等最新技术，将其应用到黄河工程根石探测中来，以提高黄河根石探测精度，降低根石探测劳动强度。

（三）研究改进缺根石的计算方法

由于目前缺根石计算中存在许多不合理之处，所以必须改进计算方法。在使用目前根石探测布线方式的情况下，建议缺根石计算可根据根石加固到位能力或根石的不同情况（主要指不同断面位置根石的平均深度或根石的形成时间），确定一个相对固定的水平距，这样一方面可避免过于追求探测根石深度和范围造成不必要的浪费，另一方面可以解决断面交叉造成的误差。

第六章 防洪施工管理及附属设施管理

第一节 规定要求

在治理黄河的事业中,工程管理仍然是个薄弱环节。除管理部门自身的原因外,还有以下原因:在水利建设各个环节中不重视管理工作,如有不少设计文件缺乏工程管理方面的必要内容,甚至连管理手段和生活设施都不具备;基建过程中,尾工大,没有严格执行验收制度就交付使用,不少基层单位要负担建设与管理的双层任务,以致工程效益不能充分发挥,管理单位负担过重,不能形成自我维持、良性运行的管理机制。

为了加强工程管理,改善工程管理设施不配套与管理手段落后的状况,积极为工程管理创造必要条件,使工程竣工后能充分发挥综合效益,增强自我维持和发展的能力,水利部于1981年颁布了《关于水利工程设计、施工为管理创造必要条件的若干规定》(〔81〕水管字73号),黄委会根据此规定于1990年颁布了《工程管理部门参与工程建设工作程序的实施办法》。

《关于水利工程设计、施工为管理创造必要条件的若干规定》(〔81〕水管字73号)中规定:工程设计文件的上报、审批、备案、修改及工程验收等,必须经管理单位或同级管理部门会签,会签情况应在设计文件中明确显示;否则,上级主管部门不予受理。工程设计文件中应单列工程管理章节或条款,对管理范围、通信、交通、工程观测、水沙测验、机构编制和人员配备、管理房舍、调度运行程序、技术操作规章、工程标志、必要的工程维护养护工器具、经营管理设施、工程绿化、竣工验收等提出具体设计或要求。规定各项内容所需投资应列入工程概(预)算。

《工程管理部门参与工程建设工作程序的实施办法》中规定:各类规划、可行性研究报告的编制,其中工程管理章节,应由有关工程管理部门负责编制或审查。在审查规划、可行性研究报告时,必须有工程管理部门参加。所有上报及批复的规划、设计文件中应印有会签的管理部门名称,以表明该文件已经过管理部门同意;否则上级主管单位不予受理并应将有关文件退回上报单位。在工程动工前,应向管理部门报送施工组织设计文件,凡影响到已有工程及工程附属设施时,施工单位必须报送专项报告,经主管部门审批后方可动工。工程中间验收和竣工验收应有工程管理部门参加,验收前建设单位应提前将验收文件提交管理审查。验收报告或验收鉴定书应有管理部门签字。

随着防洪工程建设投资的不断增加,设计、施工给管理遗留的问题越来越多。2000年4月21日,黄委会又颁发了《工程管理设计若干规定》(黄河务〔2000〕12号),对堤防河道整治、涵闸工程在改建、加固设计时涉及的管护设施、生物防护措施、交通设施、观测设施等设计提出了明确的规定,使设计有据可依。

第二节　必要措施

一、规划设计是防洪工程的灵魂，要为工程管理创造必要的条件

工程规划设计要为建成后长期的工程管理创造必要的条件是一个老话题。由于设计指导思想上过分追求“省”，因而带来工程上的“漏”（项）。如有的工程主体完成多年，相应的附属工程久拖不决；淤背区不及时盖顶，造成大量水土流失；堤防加高完成了，相应堤段险工点改建滞后，防洪仍有风险；在近几年国家大量投资治理黄河的时候，不能再重复走那种“重建轻管”的老路，不能再作茧自缚，再给工程管理留下遗憾。防洪工程的规划设计，从一定意义上讲是防洪工程的灵魂，将长期在防洪工程的管理、运用中起重要作用，应予高度重视。设计部门要注意以下问题。

（1）防洪工程的规划设计要彻底摒弃“重建轻管”的思想，给工程管理以正确的定位。要全心全意地为长期的工程管理创造良好的工作条件。要充分了解、理解工程管理部门的难处，树立设计与工程管理为一体的思想。在进行一项工程的设计时，应从大局出发，尽可能地从设计方面为工程管理创造条件。

（2）由于整体机制上的原因，职权、事权的分割妨碍了设计部门与管理部门的有机联系，因而形成了部门之间的思维差异。设计部门往往以确定的几项指标为依据开展工作，以交付图纸为任务的结束，最多参与部门施工，而对大量的、繁杂的管理工作比较生疏。因此，设计部门难以考虑为工程管理创造必要的条件也在情理之中。但在市场经济体制中，应该与工程管理单位挂钩，建立帮助工程管理部门综合发展的连带关系、责任关系，从而促进设计工作的优化和增加工程管理部门的发展后劲。

（3）设计部门在进行设计时，要充分听取工程管理部门的意见和要求，尊重业主单位的合理建议，适当跨越为设计而设计的囿见，不断改进设计工作。基层工程管理单位的同志长期从事工程管理工作，经验较多，体会最深，期盼从设计上给予解决的问题，往往正是设计工作中需要不断补充的新内容和精心设计需要吸收的资料。设计部门应充分听取工程管理部门的意见从而促使理论与实际相结合，避免以题作文的片面性，做到创造性地开展设计工作。

（4）设计的审批工作要高屋建瓴，总揽防洪工程的长远应用与工程管理单位的发展方向。特别是现在要求工程管理单位自我维持、滚动发展的形势下，必须为其创造生存发展的条件，不可在设计单位和业主单位提出正当要求的情况下，审批单位却给予一笔勾销。

二、工程管理是防洪工程的生命，工程管理部门要向设计部门反馈运用和管理信息及资料

防洪工程建设的目的在于运用，工程管理的目的也在于运用，但黄河防汛工程运用的时间较短，每年的汛（凌）期不超过半年，因而相对来讲，大多数时间防洪工程处于管理之中，而不是“建”和“用”。工程管理的任务相当繁重，责任重大，需要防止大量自然的和人

为的破坏与侵蚀，保证防洪工程的完整和强度不受削弱。因此，工程管理是防洪工程的生命。管理有力，工程的寿命可以延长；管理不当，工程即遭破坏，从而影响防洪大局。同时，工程管理单位也应该认真思考以下问题。

（1）工程管理单位要全面理解与掌握设计意图，进行科学管理。任何一项工程的设计，对工程施工好后期的工程管理都有明确的要求。管理单位应要求设计部门认真做好技术交底，并吃透设计的条件、运用规则和维护管理注意事项。据了解，在这方面，工程管理部门有很多工作要做。事实上，不领会设计意图、不掌握设计原理及计算方法等，很难说是一个合格的工程管理者。

（2）工程管理单位应清除“重建轻管”的思想，自觉加强工程管理。据了解，不少工程管理单位存在着技术要求不高、工程管理一般应付的想法，把这项重要的工作理解成“守摊子”。因此，工程管理工作往往冷热交替，搞突击式的维护，跳不出经验管理的窠臼，工程管理工作处于被动的状态。人员配备上少而不精，技术力量薄弱，这显然是一种轻视工程管理的表现。

（3）管理单位要及时向设计单位反馈运用和管理信息及资料，弥补以后设计中的不足。黄河防洪工程基层单位都有月检查、季评比、半年中评、年终总评的规定，工程管理检查中，可获得大量有价值的数据信息，其中不乏与设计有关的信息。但因对数据缺乏深入的理论分析研究，不可能向设计单位提出明确的建议和要求。例如涵闸管理规范中有按时观测沉降的要求，有的工程疏于观测，有的虽有观测，但无分析研究，仅有数据的罗列，而不能结合理论与实践并向设计部门反馈信息，提出合理建议，以致同类问题在同一单位屡屡发生，给工程管理工作造成困难。

（4）工程管理部门应积极参与工程的规划设计、审查、建设、施工、竣工验收的全过程。根据上级的规定，从长期进行工程管理的角度，提出部门的意见，在工程交付使用时不能敷衍了事、随意接收，要认真把好关。有问题要及时向上级部门反映，争取及时妥善解决。

三、防洪工程运用是对设计工作的检验，抗洪抢险也应关注设计的优缺点

防洪工程在运用中，能否达到防洪保安全的目的，对工程的设计是一个全面的检验。实践证明，尽管很多工程未经设计指标的洪水考验，但黄河防洪工程的设计从强度来看是可靠的，不会有太多的问题。不过，从抗洪抢险的实践来看，设计为防洪运用提供条件，也有一些值得商榷的地方。

（1）设计单元的划分以一河段为宜。以一定长度的河段为设计对象，统筹考虑，可以建一河段，全面提高一河段的抗洪能力。例如在堤防加高培厚的同时，与该河段堤防相应的险工应接着改建加固，并继续进行淤背（如有必要）、防浪林建设、堤顶道路硬化、防汛屋建设等。这样可以提高该河段的整体抗洪能力，避免同一河段单项工程进行多次重复建设造成浪费，也可减少设计审查、审批的程序，有利于防洪工作的正常开展。

（2）设计要为抗洪抢险的特殊需要提供条件。抗洪抢险的实践表明，防洪工程从设计计算来看完全符合要求，但从抗洪抢险的实践来看就不满足要求。例如险工抢险，现有的险工顶宽过窄，无法实施机械化抢护，装备的机械抢险队不能发挥其优势，有可能导致

险工失事。所以，在设计上应为运用当代抢险方法及机具方面创造条件。险工的顶面、堤防的顶面均应适当加宽。再从交通道路方面考虑，设计往往忽视上堤道路，然而大堤修得再好，仍离不开抢险人员的工作，但目前不少地方上堤道路很少，紧急情况下，抢险队伍的上堤以及增援运输都受影响。诸如此类的问题都应纳入防洪工程设计中。

(3)从防洪的实践出发，防洪工程的设计构造上可不断改进，以适应需要。例如险工根石的抛放，目前采用半机械化抛石架，运输、安装都不够便捷。如果设计时，在险工坝面上适当的部位布置几条抛石滑道，或者在险工坝面上预埋部分抛石架安装螺栓，届时根据需要临时安装滑板，可免去抛石架的安装不便。这些方面的很多问题或许做一些研讨，就会给防洪抢险实战带来极大的方便。

四、设计为工程管理经营发展赋予潜力，是工程管理单位转轨变型的重要因素

上级要求，工程管理单位要从事业型转变为事业经营性，进而转变为企业型，这个转变是很有难度的。黄河防洪工程是以社会效益为主的，防洪保安全本身产生的经济效益被其他行业所共享，变成隐性收入，工程管理单位无法兑现为直接的经济收入。加之防洪工程依河傍水而建，地处经济欠发达的偏僻地区，还有工程浩大、线长面广、工程自然和人为破坏较多、维修费用拮据等问题，虽经多年来管理部门努力拼搏，发展多种经营方式，尽可能地挖掘工程优势，但收效有限。如果工程设计在不违反规定的前提下，预先赋予防洪工程后期的潜力，不失为一条可行的路子。可从以下几个方面考虑：

(1)结合工程加高，在城市近郊发展旅游休闲场所，扩展经营门路。在这方面，郑州邙金黄河河务局、济南天桥区黄河河务局已作了尝试，但规模小。如果从设计角度考虑，适当扩大淤背范围，在土地上给予扶持，仍然是有发展前景的。类似情况的滨州、垦利、菏泽等均可在这一方面做一些工作。

(2)结合相对地下河的建设，建沿堤高速公路，或独资建设黄河公路桥。从规划设计的角度看，修建相对地下河是必要的。尽管对建相对地下河有不同看法，但可以抓紧论证。这在国外有成功的先例。这样也为工程管理部门提供了生存与发展的条件。至于黄河公路桥建设，公路部门已抢占了优势，但仍有可以修建的桥位，当然建桥不能利用治河的投资，但从规划设计的角度出发，控制局势，为投入技术股做准备，是有必要的。

综上所述，防洪工程的规划设计与工程管理、防汛、经营紧密相关，影响深远，认真执行部、委关于为工程管理等工作创造条件，是规划设计部门、计划管理部门义不容辞的责任，需要共同协作，全面落实，以图黄河的长治久安。

第三节　工程养护设备现状及配置标准

一、工程养护设备现状及存在问题

1998年以前，黄河堤防90%以上堤顶为土质堤顶，基于当时条件，黄河基层水管单位的管理技术手段还处于比较低的水平，工程的日常维护还处在“铁锹加镰刀手工”时代，

缺乏机械化作业的洒水车、夯实机、翻斗车、割草机等管护工器具,一个县级河务局也仅有自制的1~2台刮平机,别无其他养护设备,远不能满足养护要求。1998年以后,国家开始加大黄河工程建设的投资力度,防洪工程逐年增多,经济建设对防洪安全的要求也越来越高,养护标准也逐步提高,工程养护任务越来越重,尽管近几年国家为基层水管单位配备了一些工程养护设备,如洒水车、割草机等,但和正常的管理需要还相差很大。已配的养护机械还存在着技术含量低、设备陈旧、不配套等问题。这些问题已经影响了工程维修养护的正常进行。

二、工机具配置标准

黄委会所属各县(市、区)河务局一般管辖堤防30~50 km,险工、控导工程8~10处,垛坝150~200道。为维持工程完整,确保工程抗洪强度,水管单位要对工程进行以下日常维护措施:清除高秆杂草,维修养护草皮,对防浪林和行道林进行病虫防治,养护堤顶道路;每遇干旱天气,对防浪林和行道林进行病虫防治,养护堤顶道路;每遇干旱天气,要对土坝(堤)顶进行洒水养护,对护堤(坝)地种植树木进行浇灌;雨后要及时进行坝顶刮平压实、填筑水沟浪窝等。因此,配备相应的工程养护设备是做好工程日常管理、减轻一线养护人员劳动强度、调高工程养护机械化水平的必要条件。为此,黄委会于2002年编制了《黄河下游标准化堤防工程附属设施及管理机具配备标准》。养护设备配置标准见表6-1。

表6-1　养护设备配置标准

序号	项目名称	单位	数量	备注
一	堤防工程维护			
1	小翻斗车	辆	1~3	以管理段为单位配置,按管辖堤防长度确定
2	小型推土机	部	1	以县河务局为单位配置
3	夯实机	套	1	以县河务局为单位配置,包括平板式和冲击式各1台
4	小型刮平机	部	1	以县河务局为单位配置
5	拖拉机	台	1	以县河务局为单位配置
6	小型装载机(0.5 m^3)	部	1	以县河务局为单位配置
二	生物工管管护			
1	小型割草机	台	2	2台/km
2	除草机	台	2	以管理段为单位配置
3	挖树坑机	套	1	以县河务局为单位配置
4	灭虫撒药机	套	5	以管理段为单位配置

续表 6-1

序号	项目名称	单位	数量	备注
5	灌溉设备	套	1	1 套/km,用于堤肩行道林、防浪林、淤背区防护林、堤防护坡草皮等灌溉配套,包括潜水泵、输水管等
三	交通车辆			
1	皮卡工具车	辆	1	以管理段为单位配置
2	面包车(20 座以下)	辆	1	以县河务局为单位配置
四	道路维护			
1	小型沥青拌和机	部	2	以市河务局为单位配置
2	小型压路机	部	1	以市河务局为单位配置
五	办公设备			
1	台式电脑	台	1	以管理段为单位配置
2	数码照相机	架	1	以县河务局为单位配置
六	附属设备			
1	小型发电机	台	1	以管理段为单位配置
2	其他小型管理器具	套	2	以管理段为单位配置,如小型自记雨量计、剪刀、土夯、铁锹等

第四节　附属设施设备

一、工程观测设施

工程观测是黄河水利工程管理的基础,是建设以“数字工管”为标志的工程管理现代化的必要条件。布设合理的工程观测设施,对及时掌握工程运行安全状况、提高工程维护决策的科学性和前瞻性具有十分重要的意义。

(一)工程观测现状及存在问题

堤防、河道整治工程安全信息主要靠每年汛前的徒步拉网式普查和一线管理人员日常巡视检查获得。反映河势信息的河势图主要靠眼观手描绘制;根石断面信息靠人手竹竿探摸获得;水闸工程虽布设有测渗流的测压管和检测沉降的水准点等设施,但设备起点低,且大部分已超期服役,设备陈旧、老化、损毁现象严重,测值可信度太低。黄河下游堤防隐患虽从 1998 年起各县河务局都采用电位法对部分堤段进行了探测,但探测的结果存在人为解析等因素,使隐患状况的真实性降低。

黄河堤防的安危关系到黄河的健康生命,关系到黄淮海平原亿万人民群众生命财产的安全,历来为世人所瞩目。为及时掌握黄河下游各类防洪工程的实际运行状况,尽早发现险情,真正做到对险情抢早抢小,保证工程安全,必须配备相应的观测设施。

(二)工程观测设备配置

1. 位移观测设备

黄河大堤堤身位移(水平位移和沉降)可利用沿堤顶埋设的固定测量标点定期或不定期地进行观测。地质条件较复杂的堤段,应适当加密测量标点。堤身位移观测断面应选在堤基地质条件复杂、渗流异常、有潜在滑移危险的堤段。每一代表性堤段的位移观测断面应不少于3个。每个观测断面的位移观测点不宜少于4个。对于水闸来讲,观测的重点是闸室和穿堤涵洞的不均匀沉降。黄河下游各闸每年都要进行垂直沉降测量,大部分闸直接从国家二等水准点上引测,由于便于测量,按二等水准测量的精度进行引测,每闸均在安全可靠部位埋设1个永久性的闸基点。

根据黄河各防洪工程的变形特点,同时考虑到黄河堤防线长、点多的特点,采用传统外部变形观测方法进行变形监测,即水平位移采用GPS和全站仪进行观测,垂直位移采用全站仪和水准仪进行监测。仪器配置标准:以省河务局为单位配GPS系统设备2套,绘图机2台、绘图软件2套。每个地(市)河务局配置托普全站仪1架;每个县河务局配置北测S3型水准仪1架。

2. 渗流观测设备

汛期受洪水浸泡时间较长,可能发生渗透破坏的堤段,应选择若干有代表性和控制性的断面进行渗流观测。渗流观测断面应布置在堤防决口风险大、地质条件差、堤基透水性强、渗径短、对控制渗流变化有代表性的堤段。每一代表性堤段布置的观测断面应不少3个。观测断面间距一般为300~500 m,如地质条件无异常变化,断面间距可适度扩大。渗流观测应进行现场和实验室的渗流破坏性试验,测定和分析堤基土壤的渗流出逸坡降和允许水力坡降,判别堤基渗流的稳定性。渗流观测的方法很多,根据各类工程实践及便于实现自动化观测考虑,选用渗压计观测渗流较为理想。配置标准为每个断面5套仪器。每套仪器包括传感器、电缆等。

3. 坝垛根石探测设备

河道整治工程坝垛位于挡水前沿,直接受到水流的冲刷,它的破坏直接影响大堤、滩区的安全。而坝垛的稳定取决于其基础根石走失情况。目前,对根石走失没有有效的监测方法,黄河上目前较为流行的是采用移动式根石探测机来探测根石走失的程度。为了准确地进行根石、坦石探测工作,河道整治工程均设置根石、坦石探摸测量断面桩,《黄河河道整治工程根石探测管理办法》中规定:根石断面布设原则上是上、下跨角各设1个,坝垛的圆弧段设1~2个,迎水面根据实际情况设1~3个。每个测量断面不少于2根断面桩。而且,汛前探测坝垛数量不少于靠大溜的50%,汛期对靠溜时间长或有出险迹象的坝及时进行探摸,汛后探测不少于当年靠河坝垛的50%。移动式根石探测机配置标准:以县河务局为单位,每个县河务局配置1套。

4. 堤防隐患探测设备

黄河下游河道高悬于两岸地面,堤防是在历代民埝基础上逐步加高培厚修筑而成的。由于其填筑质量差,新老堤面接合不良,以及历代人类、动物活动等,堤身及其基础存在许多裂缝、洞穴等隐患,尤其是在历史上曾决口的老口门堤段,存在堵口时淤泥、秸料、梢料和砖石料等杂物,为最薄弱堤段。人民治黄以来,对堤防隐患进行了大量的探测工作,积累了许多有价值的资料,在千里堤防线上,如何快速、准确地探测堤防内部隐患的分布、形状和大小,一直是黄河部门关注的重点。黄委会经过长期实践发现用高密度电阻率法探测堤防隐患,一次可完成纵、横二维探测过程,且具有精度高、成像能力强的优点。为此,地方隐患探测多采用基于电法原理的隐患探测仪来进行。配置标准为每个地(市)河务局配1套。

5. 工程观测附属设备

为提高工程管理的科学化管理水平,适应信息化、数字化建设对工程管理发展的需要,结合黄河下游工程管理工作的实际需要,办公设备需要进行足量配置。

二、排水设施

为利于堤防集中排水和淤背区绿化种植灌溉需要,需对防洪大堤及其淤背区进行灌排渠道配套建设。建设为一次性投资,建设完成后,各管理单位要逐步实现自我维持、自我发展。排水沟标准:临、背堤坡设置排水沟。沿堤线每100 m设置1条,临、背侧交错布置。放淤固堤的堤段,淤区的顶端设置排水沟,间距为100 m。排水沟采用混凝土浇筑,断面宽40 cm、深20 cm。

三、标志标牌

防洪工程标志标牌主要指各种管护性标志桩、牌、碑等工程管理标志,包括千米桩、百米桩、边界桩、标注牌、交通管理标志牌、拦车卡、排水沟等。按照黄委会《工程管理设计若干规定》和《黄河防洪工程标志标牌建设标准》,各类管理标志设计标准如下。

(1)千米桩标准:高80 cm,宽30 cm,厚15 cm,两面标注千米数,埋深50 cm,材料采用坚硬石料或预制钢筋混凝土标准构件。

(2)百米桩标准:高80 cm,宽15 cm,厚15 cm,两面标注百米数,埋深30 cm,材料采用坚硬石料或预制钢筋混凝土标准构件。

(3)边界桩标准:高180 cm,宽15 cm,厚15 cm,材料采用预制钢筋混凝土标准构件。

(4)标注牌标准:每处险工、控导工程均应设置工程标注牌,标注牌标准尺寸为高100 cm,宽150 cm,厚15 cm,材料采用坚硬石料或预制钢筋混凝土标准构件。

(5)警示牌标准:沿堤线重要路口的土质堤顶应设置禁止雨后行车的警示牌,警示牌标准为高100 cm,宽140 cm,材料采用铝合金或合成树脂类板。

(6)交通管理标志牌标准:沿堤县、乡等交界处应统一设置交通管理标志牌,其标准尺寸为高100 cm,宽150 cm,厚15 cm,材料采用坚硬石料或预制钢筋混凝土标准构件。

各类标志标牌一般随工程建设进行设置,是工程管理目标考评内容之一。

四、管护基地

管护基地包括险工班（河务段）管理房、控导工程管理房及分泄洪闸管理房，是工程维护队伍进行经常性维修养护、安全监测、查险、报险、抢险等的生产生活办公场所。近几年，国家适当增加了管护基地建设的投资，基地用房短缺问题得到一定的缓解，但由于长期受先治坡后治窝思想的影响，以往国家批复的基建投资大部分用于防洪工程建设，对于管护基地建设的投资较少，一线职工住房短缺问题仍然较多，影响了治黄队伍的稳定。

（一）现状及存在的主要问题

目前，仍有部分单位的管理房存在标准低、面积小、布局不合理现象。生活区地理位置非常偏僻，工作、生活条件艰苦，给基层职工的生活及子女的就学、就医等日常生活带来了极大的不便；道路、给水、供电、排水等一系列问题都不易得到解决，给广大职工的生活带来了诸多不利影响，这对于工程管理队伍的稳定与事业的发展是极为不利的。

（二）管护基地建设标准

根据《堤防工程管理设计规范》（SL/T 171—2020），结合黄河防汛的实际情况，管护基地建设标准按职工人数人均建筑面积 35 m^2；增加前方人员的用房面积，按人均建筑面积 12 m^2。计算人数按职工人数的 80%计。

五、堤防道路

根据有关规定：黄河堤防一般不作公路使用，如确有必要利用堤防作公路时，要经河务局批准。这是出于维护堤防完整、保护堤身绿化植被考虑的，但随着国家交通事业和沿黄地区经济的不断发展，上堤车辆剧增，而且呈逐年增加的趋势。黄河堤防作公路使用，既有影响堤防工程管理的一面，又有利于黄河工程建设和防汛交通的一面。黄委会制定的《黄河堤顶道路管理与维护办法》明确规定：堤顶道路是黄河堤防的组成部分，黄河部门是黄河堤顶道路的主管部门，负责管理与维修养护；除防汛车辆外，过往车辆应按照有关收费标准缴纳堤顶道路维修养护补偿费；各级河务部门应按照工程管理规范化建设的要求，对堤顶道路管理维护工作进行定期检查，对堤顶路面管理状况进行考评。同时规定了禁止和奖惩事项等。

第五节　附属设施的维护管理

一、一般要求

依据黄河下游工程管理考核办法，基层水管单位都因地制宜地制定了《工程管理若干规定》，对各类标志、界桩及一切附属设施的结构、规格、形状都作了明确的规定，主要包括以下内容：

（1）控导工程要求做到“一顺、二平、三直、四整齐”。“一顺”即丁坝坦坡顺，“二平”即丁坝和联坝坝面平，“三直”即查水路边、土石接合边和坦石口边直，“四整齐”即备防石、行道林、护坝地和坝号桩整齐。

(2)堤防工程规定“一碑、二桩、三牌”。“一碑”是指乡界碑,“二桩”是指千米桩和柳荫边界桩,“三牌”是指县界牌、护堤牌、宣传牌。

二、附属设施的养护和修理

(一)排水设施的养护和修理

1. 排水设施的养护

(1)应保持排水沟(管)完好无损。及时清除排水沟(管)内的淤泥、杂物及冰塞;对排水沟(管)局部松动、裂缝和损坏处,应及时恢复。

(2)排水孔每年汛前、汛后应普遍清理一次。平时如发现排水不畅,应及时进行疏通。清理时,不得损坏其反滤设施。

2. 排水设施的修理

(1)若堤顶、堤坡设置的排水沟发生沉陷、损坏,应视其结构的具体情况,拆除损坏部位,按原有结构修复排水沟及堤坡。

(2)部分排水沟(管)发生破坏或堵塞,应挖除破坏或堵塞的部分,按原设计断面进行修复。

(3)排水沟(管)修理时,应根据排水沟(管)的结构类型,分别用相应的材料按《堤防工程施工规范》(SL 260—2014)的规定进行施工。

(4)排水沟(管)的基础被冲刷破坏,应先修复基础,再按设计断面修复排水沟(管)。

(5)排水孔损坏或堵塞,应按原设计要求补设。

(二)工程观测设施的养护和修理

工程观测设施包括观测仪器设备和堤身及管理范围内设置的沉降、位移、水位、潮位、浸润线、渗压观测点和河道断面等。其养护和修理要求如下:

(1)技术要求高的专用设施、仪器、工器具,应由专业人员操作使用,按其技术要求由具备养护修理资格的人员对其进行养护与修理。

(2)观测设施和测量标志应由专业人员定期检查校正,若发生变形或损坏,及时修复、校测。

三、交通道路的养护和修理

交通道路的养护和修理要求如下:

(1)已硬化的堤顶道路、路肩及上、下堤辅道,应根据结构不同,参照公路养护有关规定,结合工程实际适时进行洒水、清扫保洁、开挖回填修补等养护修理工作。

(2)交通道路发生老化、洼坑、裂缝和沉陷等损坏,应参照公路修理有关规定及时修理。

(3)与交通道路配套的交通闸口,如有损坏应及时维修,恢复正常工作状态。

四、其他管理设施的养护与修理

其他管理设施的养护与修理要求如下:

(1)各种管理设施应位置适宜、结构完整,发现损坏和丢失,及时修复或补设。

(2)各种设施、设备、工器具,应按其相应操作程序正确运用。

(3)小型混凝土构件和机械设施的易损配件,应保持一定备件,发现损坏和丢失及时更换,保证设施正常运行。

(4)管护基地应定期检查,对门窗损坏、油漆脱落、屋顶漏雨等缺陷应及时修理,恢复其原有使用功能。

(5)堤防工程设置的里程碑、百米桩、界桩(碑)、交通标志、护路杆等应坚固耐用、醒目美观、位置适宜、尺度规范。定期进行检查和刷新,若发现损坏和丢失,及时进行修复和补设。

第七章　堤防抢险新技术推广

第一节　抢险技术知识

一、险情分类、评估及抢险方案制定

(一)险情分类

堤防险情一般分为漏洞、管涌(翻沙鼓水)、渗水、穿堤建筑物接触冲刷、滑坡、裂缝等。

1. 漏洞

漏洞即集中渗流通道。在汛期高水位下,堤防背水坡或堤脚附近出现横贯堤身或堤基的渗流孔洞,俗称漏洞。根据出水清浑情况可分为清水漏洞和浑水漏洞。如漏洞出浑水,或由清变浑,或时清时浑,则表明漏洞正在迅速扩大,堤防有发生蜇陷、坍塌甚至溃口的危险。因此,若发生漏洞险情,特别是浑水漏洞,必须慎重对待,全力以赴,迅速进行抢护。

2. 管涌(翻沙鼓水)

汛期高水位时,沙性土在渗流力作用下被水流不断带走,形成管状渗流通道的现象,即为管涌,也称翻沙鼓水、泡泉等。出水口冒沙并常形成"沙环",故又称沙沸。在黏土和草皮固结的地表土层,有时管涌表现为土块隆起,称为牛皮包,又称鼓泡。管涌一般发生在背水坡脚附近地面或较远的潭坑、池塘或洼地,多呈孔状冒水冒沙。出水口孔径小的如蚁穴,大的可达几十厘米。少则一两个,多则数十个,称作管涌群。

管涌险情必须及时抢护,如不抢护,任其发展下去,就会把地基下的沙层掏空,导致堤防骤然塌陷,造成堤防溃口。

3. 渗水

高水位下浸润线抬高,背水坡出逸点高出地面,引起土体湿润或发软,有水逸出的现象,称为渗水,也叫散浸或洇水,是堤防较常见的险情之一。当浸润线抬高过多,出逸点偏高时,若无反滤保护,就可能发展为冲刷、滑坡、流土甚至陷坑等险情。

4. 穿堤建筑物接触冲刷

穿堤建筑物与土接合部位,由于施工质量问题,或不均匀沉陷等因素发生开裂、裂缝,形成渗水通道,造成接合部位土体的渗透破坏。这种险情造成的危害往往比较严重,应给予足够的重视。

5. 滑坡

堤防滑坡俗称脱坡,是由边坡失稳下滑造成的险情。开始在堤顶或堤坡上产生裂缝或蜇裂,随着裂缝的逐步发展,主裂缝两端有向堤坡下部弯曲的趋势,且主裂缝两侧往往

有错动。根据滑坡范围,一般可分为深层滑动和浅层滑动。堤身与基础一起滑动为深层滑动;堤身局部滑动为浅层滑动。前者滑动面较深,滑动面多呈圆弧形,滑动体较大,堤脚附近地面往往被推挤外移、隆起;后者滑动范围较小,滑裂面较浅。以上两种滑坡都应及时抢护,防止继续发展。堤防滑坡通常先由裂缝开始,如能及时发现并采取适当措施处理,则其危害往往可以减轻;否则,一旦出现大的滑动,就将造成重大损失。因此,应及时抢护,以免影响堤防安全,造成溃堤决口。

6. 裂缝

堤防裂缝按其出现的部位可分为表面裂缝、内部裂缝;按其走向可分为横向裂缝、纵向裂缝、龟纹裂缝;按其成因可分为沉陷裂缝、滑坡裂缝、干缩裂缝、冰冻裂缝、振动裂缝。其中以横向裂缝和滑坡裂缝危害性最大,应加强监视监测,及早抢护。堤防裂缝是常见的一种险情,也可能是其他险情的先兆。因此,对裂缝应给予足够的重视。

(二)堤防险情程度的评估

堤防在汛前要进行安全评估,其目的是把汛前的险情调查、汛期的巡查与安全评估相结合,以便判断出险情的严重程度,使领导和参加抗洪抢险的人员做到心中有数,同时便于按险情的严重程度,区别轻重缓急,安排除险加固。

安全评估的内容和方法一般包括:

(1)对堤防(包括距河岸 100 m 范围)的地形测量应隔几年进行一次,每年汛前完成,对先后两次测量成果进行对比分析。

(2)对堤身、堤基的土质进行室内外试验,确定其物理力学指标。

(3)对重点险工险段进行稳定计算和沉降计算。

(4)检查护坡、护岸的完整性。

(5)对上述四个方面的资料进行综合分析。

将安全评估的资料与险情调查、汛期巡查的资料归纳分析后,确定险情的严重程度。长江流域有的省把险情分为三类:一类是险象尚不明显;二类是险情较重,且有继续发展的趋势;三类是险情十分严重,在很短时间内,有可能造成严重后果。但是各种险情都是随着时间的推移而变化的,很难进行定量的判断。为便于险情程度划分并促进险情程度划分的规范化,把各类险情划分为重大险情、较大险情和一般险情三种情况,建议使用Ⅰ~Ⅲ级堤防。

重大险情如不及时采取措施,往往会在很短时间内造成严重后果。因此,如有重大险情发生,应迅速成立抢险专门组织(如成立抢险指挥部),分析判断险情和出险原因,研究抢险方案,筹集人力、物料,立即全力以赴投入抢护。有的险情,虽然不会立马造成严重后果,也应根据出险情况进行具体分析,预估险情发展趋势。如果人力、物料有限且险情没有发展恶化的征兆,可暂不处理,但应加强观察,密切注视其动向。有的险情只需要进行简单处理,即可消除险象的,应视情况进行适当处理。总之,一旦发现险情,就应将险情消除在萌芽状态。

(三)抢险方案制定

正确鉴别险情,查明出险原因,因地制宜,根据当时当地的人力、物力及抢险技术水平,制定科学、恰当的抢护方案,并果断予以实施,才能保证抢险成功。

防汛抢险时间紧,困难多,风险大。应遵循“抢早、抢小、抢彻底”的原则,争取主动把险情消灭在萌芽状态或发展阶段。因此,在出现重大险情时,应根据当时条件,采取临时应急措施,尽快尽力进行抢护,以控制险情进一步恶化,争取抢险时间。在采取临时措施的同时,应抓紧研究制定完善的抢护方案。

1. 险情鉴别与出险原因分析

正确的险情鉴别及原因分析是进行抢险的基础。只有对险情有正确的认识,选用抢险方法才有针对性。因此,首先要根据险情特征判定险情类别和严重程度,准确地判断出险原因。对于具体出险原因,必须进行现场查勘,综合各方面的情况,认真研究分析,做出准确的判断。

2. 预估险情发展趋势

险情的发展往往有一个从无到有、从小到大、逐步发展的过程。在制定抢险方案前,必须对险情的发生、发展有一个准确的预估,才能使抢险方案有实施的基础。例如长江干堤1998年洪水期出现的管涌(泡泉)险情,占各类险情总和的60%以上。对出现在离堤脚15倍水头差范围以内的管涌,就应该引起特别的注意。如果险情发展速度不快,或者危害不大,如发生渗水、风浪险情等,可采取稳妥的抢护措施;如果险情发展很快,不允许稍有延缓,则应根据现有条件,快速制定方案,尽快进行抢护,与此同时,还应从坏处打算,制定出第二、第三方案,以便第一、第二方案万一抢护失败,能有相应的措施跟上,如果条件许可,几种方案可同时进行。

3. 制定抢险方案

制定抢险方案,要依据上述判定的险情类别和出险原因、险情发展速度以及险情所在堤段的地形地质特点,现有的与可能调集到的人力、物力以及抢险人员的技术水平等,因地制宜地选择一种或几种抢护措施。在具体拟定抢护方案时,要积极慎重,既要树立信心,又要有科学的态度。

4. 制定实施方案

抢险方案拟定以后,要把它落到实处,这就需要制定具体的实施办法,包括组织。如指挥人员、技术人员、技工等各类人员的具体分工,工具、物料供应,照明、交通、通信及生活的保障等。应特别注意以下几点:①人力必须足够。要考虑到抢险施工人数、运料人数、换班人数及机动人数。②物料必须充足。应根据制定的抢险方案进行计算或估算,要比实际需要数量多出一些备用量,以备急需。③要有严格的组织管理制度。在人、料具备的条件下,严密的组织管理往往是抢险成功的关键。④抢险必须连续作战,不能间断。

5. 守护监视

在险情经过抢护稳定以后,应继续守护观察,密切注视险情的发展变化。险情的发生,其情况往往是比较复杂的,一处工程出险,说明该堤段肯定有缺陷;一处险情抢护稳定后,还可能出现新的险情。因此,继续加强巡查监视,并及时做好抢护新险的准备是十分必要的。

二、堤身漏洞抢险

在汛期高水位情况下,出现在背水坡或背水坡脚附近横贯堤身的渗流孔洞,称为漏洞。如漏洞流出浑水,或由清变浑,或时清时浑,均表明漏洞正在迅速扩大,堤身有可能发生塌陷甚至溃决的危险。因此,发生漏洞险情,必须慎重对待,全力以赴,迅速进行抢护。

(一)漏洞产生的原因

漏洞产生的原因是多方面的,一般有以下原因:①历史原因,堤身内部遗留有屋基、墓穴、阴沟、暗道、腐朽树根等,筑堤时未清除;②堤身填土质量不好,未夯实,有土块或架空结构,在高水位作用下,土块间部分细料流失;③堤身中加有沙层等,在高水位作用下,沙粒流失;④堤身内有白蚁、蛇、鼠、獾等动物洞穴,在汛期高水位作用下,将平时的淤塞物冲开,或因渗水沿隐患、松土串连而成漏洞;⑤在持续高水位条件下,堤身浸泡时间长,土体变软,更易促进漏洞的生成,故有"久浸成漏"之说;⑥位于老口门和老险工部位的堤段、复堤接合部位处理不好或产生的贯穿裂缝处理不彻底,一旦形成集中渗漏,即有可能转化为漏洞。

发生在堤脚附近的漏洞,很容易与一些基础的管涌险情相混淆,这样是很危险的。1998 年汛期就有类似情况发生,幸好在堤临水侧及时发现了进水口,否则若一直当管涌抢险,其后果将不堪设想。

(二)漏洞险情的判别

1. 漏洞险情的特征

从上述漏洞形成的原因及过程可以知道,漏洞贯穿堤身,使洪水通过孔洞直接流向堤背水坡(见图 7-1)。漏洞的出口一般发生在背水坡或堤脚附近,其主要表现形式如下:

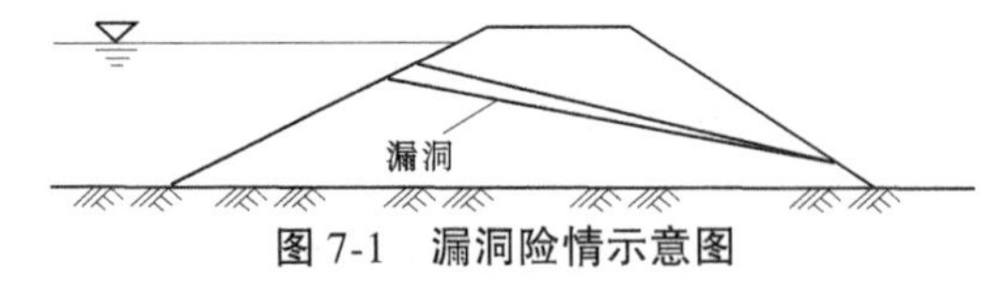

图 7-1　漏洞险情示意图

(1)漏洞开始因漏水量小,堤土很少被冲动,所以漏水较清,叫作清水漏洞。此情况的产生一般伴有渗水的发生,初期易被忽视。但只要查验仔细,就会发现漏洞周围"渗水"的水量较其他地方大,应引起特别重视。

(2)漏洞一般形成后,出水量明显增加,且渗出的水多为浑水,因被形象地称为"浑水洞"。漏洞形成后,洞内形成一股集中水流,漏洞扩大迅速。由于洞内土的崩解、冲刷,出水水流时清时浑、时大时小。

(3)漏洞险情的另一个表现特征是水深较浅时,漏洞进水口的水面上往往会形成漩涡,所以在背水侧查险发现渗水点时,应立即到临水侧查看是否有漩涡产生。

2. 漏洞险情的探测

(1)水面观察。漏洞形成初期,进水口水面有时难以看到漩涡。可以在水面上撒一些漂浮物,如纸屑、碎草或泡沫塑料碎屑,若发现这些漂浮物在水面打旋或集中在一处,即表明此处水下有进水口。

(2)潜水漏洞。漏洞进水口如水深流急,水面看不到漩涡,则需要潜水探摸。潜水探摸是有效的方法。由体魄强壮、游泳技能高强的青壮年担任潜水员,上身穿戴井字皮带,系上绳索由堤上人员掌握,以策安全。探摸方法:一是手摸脚踩;二是用一端扎有皮条的杆子探测。如遇漏洞,洞口水流吸引力可将布条吸入,移动困难。

(3)投放颜料观察水色。该法适宜水流相对小的堤段。在可能出现漏洞且水浅流缓的堤段分段、分期分别撒放石灰或其他易溶于水的带色颜料,如高锰酸钾等,记录每次投放的时间、地点,并设专人在背水坡漏洞出水口处观察,如发现出洞口水流颜色改变,记录时间,即可判断漏洞进水口的大体位置和水流流速大小。然后改变颜料颜色,进一步缩小投放范围,即可较准确地找出漏洞进水口。

(4)电法探测。如条件允许,可在漏洞险情堤段采用电法探测仪进行探测,以查明漏水通道,判明埋深及走向。

(三)漏洞险情的抢护原则

一旦漏洞出水,险情发展很快,特别是浑水漏洞,将迅速危及堤防安全。所以一旦发现漏洞,应迅速组织人力和筹集物料,抢早抢小,一气呵成。抢护原则是:前截后导,临重于背。在抢护时,应首先在临水侧找到漏洞进水口,及时堵塞,截断漏水来源。同时,在背水漏洞出水口采用反滤和围井,降低洞内水流速度,延缓并制止土料流失,防止险情扩大。切忌在漏洞出口处用不透水料强塞硬堵,以免造成更大险情。

(四)漏洞险情的抢护方法

1. 塞堵法

塞堵漏洞进口是最有效、最常用的方法,尤其是在地形起伏复杂、洞口周围有灌木杂物时更适用。一般可用软性材料塞堵,如针刺无纺布、棉被、棉絮、草包、编织袋包、网包、棉衣及草把等,也可用预先准备的一些软楔(见图7-2)、草捆塞堵。在有效控制漏洞险情的发展后,还需用黏性土封堵闭气,或用大块土工膜、篷布盖堵,然后压土袋或土枕,直到完全断流。1998年汛期,汉口丹水池防洪墙背水侧发现冒水洞,出水量大,在出口处堵塞无效,险情十分危急,后在临水面探测到漏洞进口,立即用棉被等塞堵,并抛填黏性土封堵闭气,使险情得以控制与消除。

在抢堵漏洞进口时,切忌乱抛砖石等块状料物,以免架空,致使漏洞继续发展扩大。

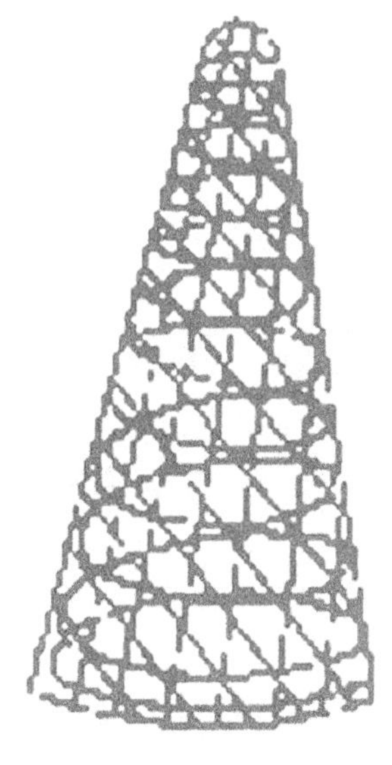

图7-2 软楔示意图

2. 盖堵法

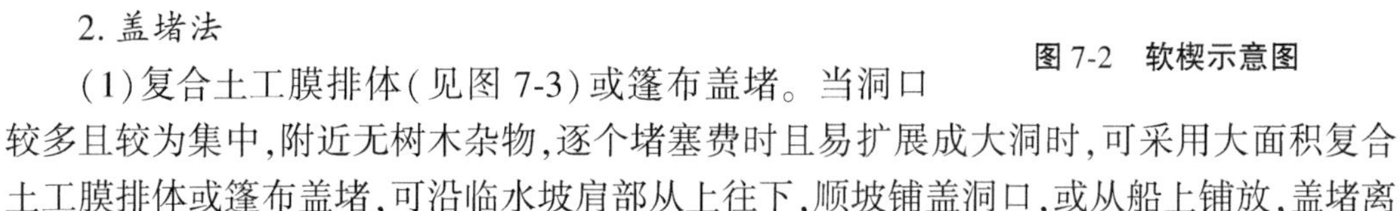

(1)复合土工膜排体(见图7-3)或篷布盖堵。当洞口较多且较为集中,附近无树木杂物,逐个堵塞费时且易扩展成大洞时,可采用大面积复合土工膜排体或篷布盖堵,可沿临水坡肩部从上往下,顺坡铺盖洞口,或从船上铺放,盖堵离堤肩较远处的漏洞进口,然后抛压土袋或土枕,并抛填黏土,形成前戗截渗(见图7-4)。

(2)就地取材盖堵。当洞口附近流速较小、土质松软或洞口周围已有许多裂缝时,可就地取材,用草帘、苇箔等重叠数层作为软帘,也可临时用柳枝、秸料、芦苇等编扎软帘。软帘的大小应根据洞口具体情况和需要盖堵的范围决定。在盖堵前,先将软帘卷起,置放在洞口的上部。软帘的上边可根据受力大小用绳索或铅丝系牢于堤顶的木桩上,下边附以重物,以利于软帘下沉时紧贴边坡,然后用长杆顶推,顺堤坡下滚,把洞口盖堵严密,再盖压土袋,抛填黏土,达到封堵闭气的效果(见图7-5)。

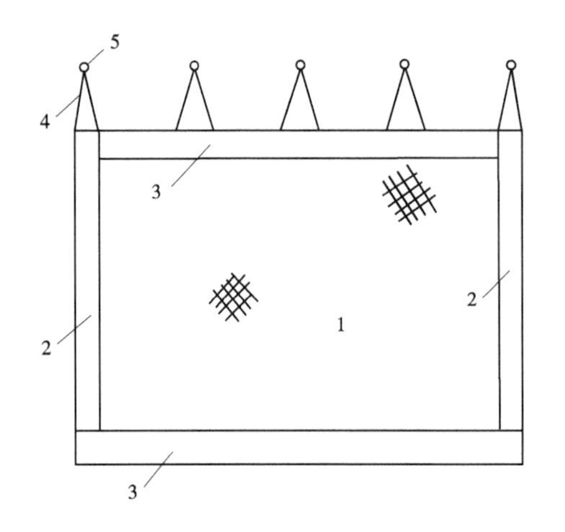

1—复合土工膜;2—纵向土袋筒(ϕ 60 cm);3—横向土袋筒(ϕ 60 cm);4—筋绳;5—木桩。

图 7-3 复合土工膜排体

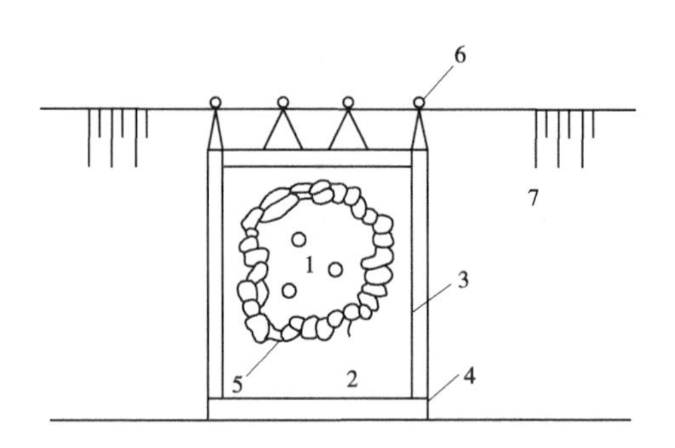

1—多个漏洞进口;2—复合土工膜排体;3—纵向土袋枕;4—横向土袋枕;5—正在填压的土袋;6—木桩;7—临水堤坡。

图 7-4 复合土工膜排体盖堵漏洞进口

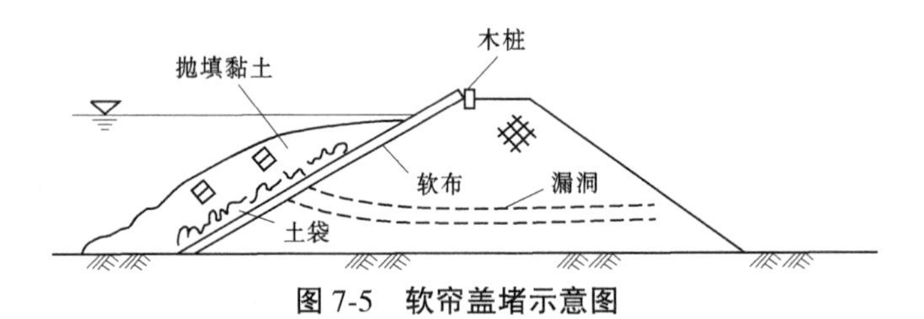

图 7-5 软帘盖堵示意图

采用盖堵法抢护漏洞进口,需防止盖堵初始时,由于洞内断流,外部水压力增大,洞口覆盖物的四周进水。因此,洞口覆盖后必须立即封严四周,同时迅速用充足的黏土料封堵闭气;否则一旦堵漏失败,洞口扩大,将增加再堵的难度。

3. 戗堤法

当堤坝临水坡漏洞口多而小,且范围又较大时,在黏土料备料充足的情况下,可采用抛黏土填筑前戗或临水筑月堤的办法进行抢堵。

(1)抛填黏土前戗。在洞口附近区域连续集中抛填黏土,一般形成厚 3~5 m、高出水面约 1 m 的黏土前戗,封堵整个漏洞区域,在遇到填土易从洞口冲出的情况下,可先在洞口两侧抛填黏土,同时准备一些土袋,集中抛填于洞口,初步堵住洞口后,再抛填黏土,闭气截流,达到堵漏的目的(见图 7-6)。

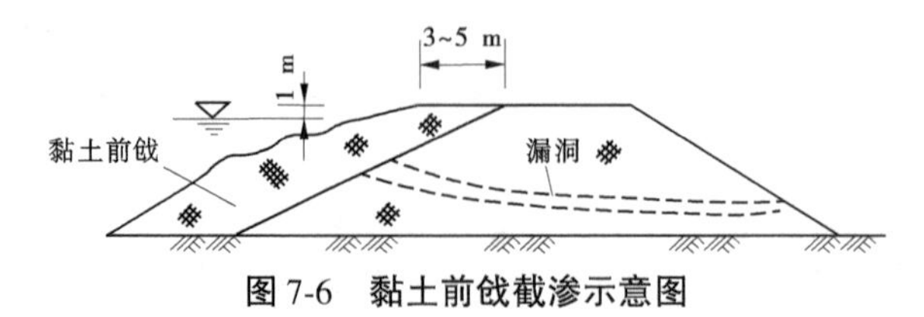

图 7-6 黏土前戗截渗示意图

(2)临水筑月堤。如果临水水深较浅,流速较小,则可在洞口范围内用土袋迅速连续抛填,快速修成月形围堰,同时在围堰内快速抛填黏土,封堵洞口(见图 7-7)。漏洞抢堵闭气后，还应有专人看守观察，以防再次出险。

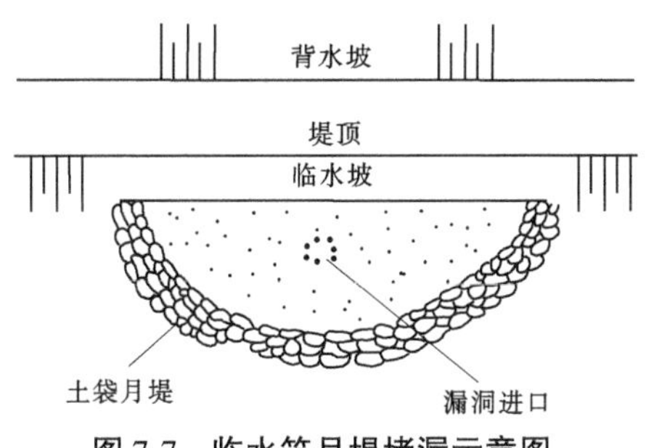

图 7-7　临水筑月堤堵漏示意图

4. 辅助措施

在临水坡查漏洞进口的同时，为减缓堤土流失，可在背水漏洞出口处构筑围井，反滤导渗，降低洞内水流速度。切忌在漏洞出口处用不透水料强塞硬堵，致使洞口土体进一步冲蚀，导致险情扩大，危及堤防安全。

三、堤基管涌抢险

在渗流水作用下土颗粒的群体运动，称为流土。填充在骨架空隙中的细颗粒被渗水带走，称为管涌。通常将上述两种渗透破坏统称为管涌（又称翻沙鼓水、泡泉）。管涌险情的发展以流土最为迅速，它的过程是随着出水口涌水挟沙增多，涌水量也随着增大，逐渐形成管涌洞，如将附近堤（闸）基下沙层掏空，就会导致堤（闸）身骤然下挫，甚至酿成决堤灾害。据统计，1998 年汛期，长江干堤近 2/3 的重大险情是管涌险情。因此，发生管涌时，决不能掉以轻心，必须迅速予以处理，并进行必要的监护。

（一）管涌险情产生的原因

管涌形成的原因是多方面的。一般来说，堤防基础为典型的二元结构，上层是相对不透水的黏性土或壤土，下面是粉沙、细沙，再下面是砂砾卵石等强透水层，并与河水相通（见图 7-8）。在汛期高水位时，由于强透水层渗透水头损失很小，堤防背水侧数百米范围内表土层底部仍承受很大的水压力。如果这股水压力冲破了黏土层，在没有反滤层保护的情况下，粉沙、细沙就会随水流出，从而发生管涌。

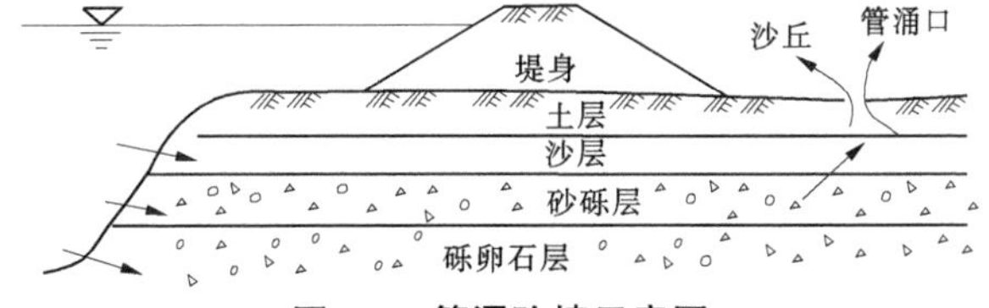

图 7-8　管涌险情示意图

堤防背水侧的地面黏土层不能抗御水压力而遭到破坏的原因大致如下：

（1）防御水位提高，渗水压力增大，堤背水侧地面黏土层厚度不够。

（2）历史上溃口段内黏土层遭受破坏，复堤后，堤背水侧留有渊潭，渊潭中黏土层较薄，常有管涌发生。

（3）历年在堤背水侧取土加培堤防，将黏土层挖薄。

（4）建闸后渠道挖方及水流冲刷将黏土层减薄。

（5）在堤背水侧钻孔或勘探爆破孔封闭不实，以及一些民用井的结构不当，形成渗流通道。如1995年荆江大堤柳口堤段，距背水侧堤脚数百米的地方因钻孔封填不实，汛期发生了管涌；1998年汛期，湖北省公安县及江西省的九江市均有因民用井结构不当而出现险情的。

（6）由于其他原因将堤背水侧表土层挖薄。

（二）管涌险情的判别

管涌险情的严重程度一般可以从以下几个方面加以判别：①管涌口离堤脚的距离；②涌水浑浊度及带沙情况；③管涌口直径；④涌水量；⑤洞口扩展情况；⑥涌水水头等。由于抢险的特殊性，目前都是凭有关人员的经验来判断的。具体操作时，管涌险情的危害程度可从以下几方面分析判别：

（1）管涌一般发生在背水堤脚附近地面或较远的坑塘洼地。距堤脚越近，其危害性就越大。一般以距堤脚15倍水位差范围内的管涌最危险，在此范围以外的次之。

（2）有的管涌点距堤脚虽远一点，但是管涌不断发展，即管涌口径不断扩大，管涌流量不断增大，带出的沙越来越粗，数量不断增大，这也属于重大险情，需要及时抢护。

（3）有的管涌发生在农田或洼地中，多是管涌群，管涌口内有沙粒跳动，似“煮稀饭”，涌出的水多为清水，险情稳定，可加强观测，暂不处理。

（4）管涌发生在坑塘中，水面会出现翻花鼓泡，水中带沙、色浑，有的由于水较深，水面只看到冒泡，可潜水探摸，检查是否有浑水涌出或在洞口是否形成“沙环”。需要特别指出的是，由于管涌险情多数发生在坑塘中，管涌初期难以发现。因此，在荆江大堤加固设计中曾采用填平背水侧200 m范围内水塘的办法，有效地控制了管涌险情的发生。

（5）堤背水侧地面隆起（牛皮包、软包）、膨胀、浮动和断裂等现象也是发生管涌的前兆，只是目前水的压力不足以顶穿上覆土层。随着水位的上涨，有可能顶穿，因而对这种险情要高度重视并及时进行处理。

（三）抢护原则

抢护管涌险情的原则应是制止涌水带沙，而留有渗水出路。这样既可使沙层不再被破坏，又可以降低附近渗水压力，使险情得以控制和稳定。

值得警惕的是，管涌虽然是堤防溃口极为明显和常见的原因，但对它的危险性仍有认识不足、措施不当，或麻痹疏忽而贻误时机的。如大围井抢筑不及时、高围井倒塌都会造成决堤灾害。

（四）抢护方法

1. 反滤围井

在管涌口处用编织袋或麻袋装土抢筑围井，井内同步铺填反滤料，从而制止涌水带沙，以防险情进一步扩大，当管涌口很小时，也可用无底水桶或汽油桶做围井。这种方法适用于发生在地面的单个管涌或管涌数目虽多但比较集中的情况。对水下管涌，当水深较浅时也可以采用。

围井面积应根据地面情况、险情程度、物料储备等来确定。围井高度应以能够控制涌水带沙为原则，但也不能过高，一般不超过1.5 m，以免围井附近产生新的管涌。对管涌群,可以根据管涌口的间距选择单个或多个围井进行抢护。围井与地面应紧密接触,以防造成漏水,使围井水位无法抬高。

围井内必须用透水料铺填,切忌用不透水材料。根据所用反滤料的不同,反滤围井可分为以下几种形式。

1)砂石反滤围井

砂石反滤围井是抢护管涌险情的最常见形式之一。选用不同级配的反滤料,可用于不同土层的管涌抢险。在围井抢筑时,首先应清理围井范围内的杂物,并用编织袋或麻袋装土填筑围井。然后根据管涌程度的不同,采用不同的方式铺填反滤料;对管涌口不大、涌水量较小的情况,采用由细到粗的顺序铺填反滤料,即先装细料,再填过渡料,最后填粗料,每级滤料的厚度为20~30 cm,反滤料的颗粒组成应根据被保护土的颗粒级配事先选定和储备,对管涌口直径和涌水量较大的情况,可先填较大的块石或碎石,以消杀水势,再按前述方法铺填反滤料,以免较细颗粒的反滤料被水流带走。反滤料填好后应注意观察,若发现反滤料下沉可补足滤料,若发现仍有少量浑水带出而不影响其骨架改变(即反滤料不下陷),可继续观察其发展,暂不处理或略抬高围井水位。管涌险情基本稳定后,在围井的适当高度插入排水管(塑料管、钢管和竹管),使围井水位适当降低,以免围井周围再次发生管涌或井壁倒塌。同时,必须持续不断地观察围井及周围情况的变化,及时调整排水口高度(见图7-9)。

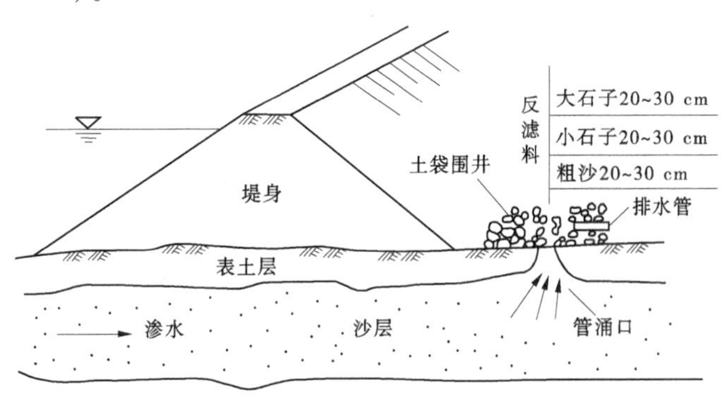

图7-9　砂石反滤围井示意图

2)土工织物反滤围井

首先对管涌口附近进行清理平整,清除尖锐杂物。管涌口用粗料(碎石、砾石)充填,以消杀涌水压力。铺土工织物前,先铺一层粗沙,粗沙层厚30~50 cm。然后选择合适的土工织物铺上。需要特别指出的是,土工织物的选择是相当重要的,并不是所有土工织物都适用。选择的方法是可以将管涌口涌出的水沙放在土工织物上从上向下渗几次,看土工织物是否淤堵。若管涌带出的土为粉沙,一定要慎重选用土工织物(针刺型);若为较粗的沙,一般的土工织物均可选用。最后要注意的是,土工织物铺设一定要形成封闭的反滤层,土工织物周围应嵌入土中,土工织物之间用线缝合。然后在土工织物上面用块石等强透水材料压盖,加压顺序为先四周后中间,最终中间高、四周低,最后在管涌区四周用土袋修筑围井。围井修筑方法和井内水位控制与砂石反滤围井相同(见图7-10)。

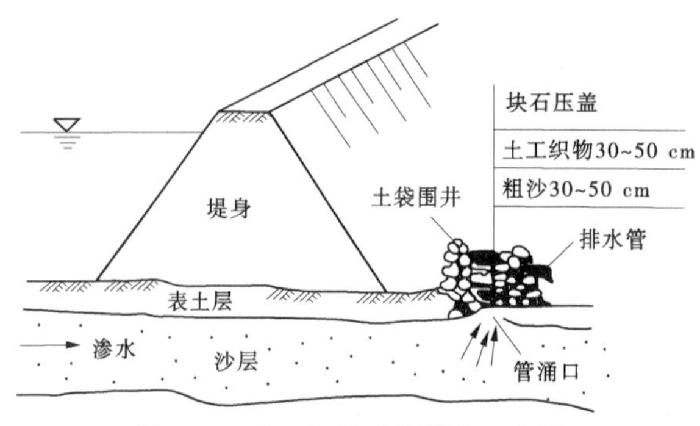

图 7-10　土工织物反滤围井示意图

3) 梢料反滤围井

梢料反滤围井用梢料代替砂石反滤料做围井,适用于砂石料缺少的地方。下层选用麦秸、稻草,铺设厚度 20~30 cm。上层铺粗梢料,如柳枝、芦苇等,铺设厚度 30~40 cm。梢料填好后,为防止梢料上浮,梢料上面压盖块石等透水材料。围井修筑方法及井内水位控制与砂石反滤围井相同(见图 7-11)。

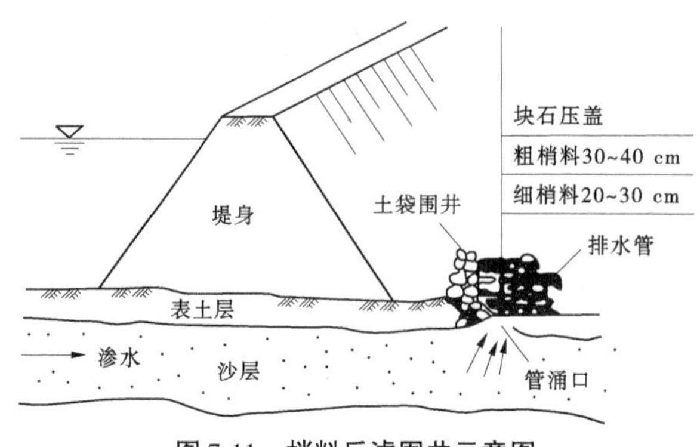

图 7-11　梢料反滤围井示意图

2. 反滤层压盖

在堤内出现大面积管涌或管涌群时,如果料源充足,可采用反滤层压盖的方法,以降低涌水流速,制止地基泥沙流失,稳定险情。反滤层压盖必须用透水性好的材料,切忌使用不透水材料。根据所用反滤材料不同,可分为以下几种。

1) 砂石反滤压盖(见图 7-12)

在抢筑前,先清理铺设范围内的杂物和软泥,同时对其中涌水涌沙较严重的出口用块石或砖块抛填,消杀水势,然后在已清理好的管涌范围内铺粗沙一层,厚约 20 cm,再铺小石子和大石子各一层,厚度均为 20 cm,最后压盖块石一层,予以保护。

2) 梢料反滤压盖(见图 7-13)

当缺乏砂石料时,可用梢料做反滤压盖。其清基和消杀水势措施与砂石反滤压盖相同。在铺筑时,先铺细梢料,如麦秸、稻草等,厚 10~15 cm,再铺粗梢料,如柳枝、秫秸和芦苇等,厚 15~20 cm,粗细梢料共厚约 30 cm,然后铺席片、草垫或苇席等,组成一层。视情况可只铺一层或连铺数层,然后用块石或沙袋压盖,以免梢料漂浮。梢料总的厚度以能够

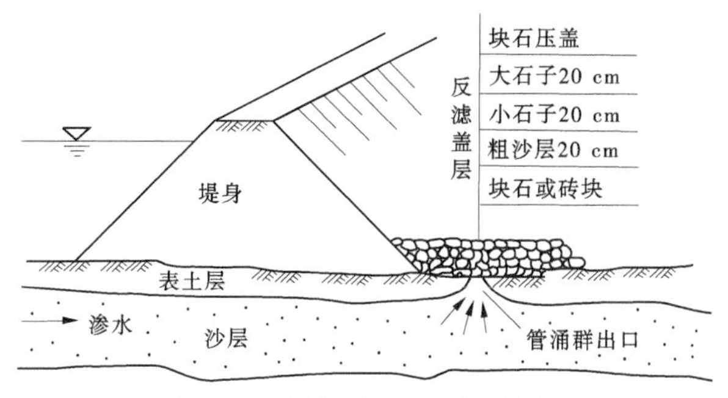

图 7-12　砂石反滤压盖示意图

制止涌水挟带泥沙、变浑水为清水、稳定险情为原则。

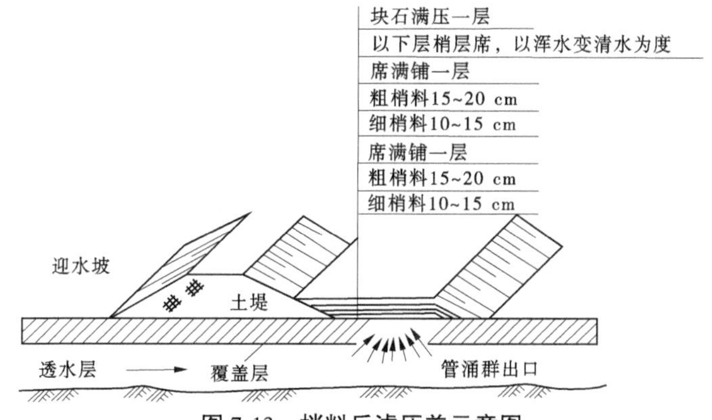

图 7-13　梢料反滤压盖示意图

3. 蓄水反压(俗称养水盆)

蓄水反压通过抬高管涌区内的水位来减小堤内外的水头差,从而降低渗透压力,减小出逸水力坡降,达到制止管涌破坏和稳定管涌险情的目的(见图 7-14)。

该方法的适用条件是:①闸后有渠道,堤后有坑塘,利用渠道水位或坑塘水位进行蓄水反压;②覆盖层相对薄弱的老险工段,结合地形,做专门的大围堰(或称月堤)充水反压;③极大的管涌区,其他反滤盖重难以见效或缺少砂石料的地方。蓄水反压的主要形式有以下几种:

(1)渠道蓄水反压。一些穿堤建筑物后的渠道内,由于覆盖层减薄常产生一些管涌险情,且在沿渠道一定长度内发生。对这种情况,可以在发生管涌的渠道下游做隔堤,隔堤高度与两侧地面相平,蓄水平压后,可有效控制管涌的发展。

(2)塘内蓄水反压。有些管涌发生在塘中,在缺少砂石料或交通不便的情况下,可沿塘四周做围堤,抬高塘中水位以控制管涌。但应注意不要将水面抬得过高,以免周围地面出现新的管涌。

(3)围井反压。对于大面积的管涌区和老的险工段,由于覆盖层很薄,为确保汛期安全度汛,可抢筑大的围井,并蓄水反压,控制管涌险情。

采用围井反压时,由于井内水位高、压力大,围井要有一定的强度,同时应严密监视周围是否出现新管涌,切忌在围井附近取土。

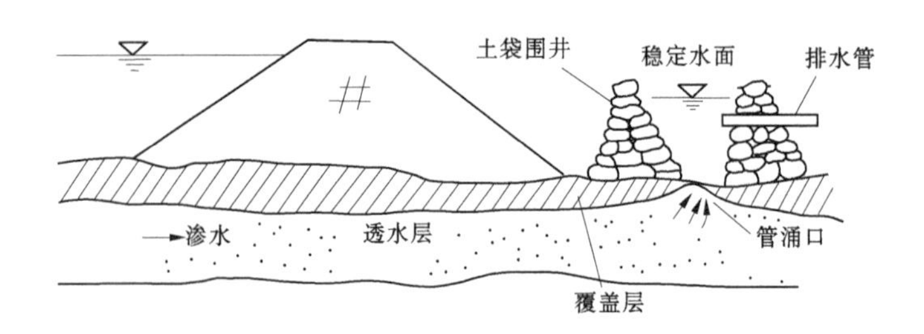

(a)无滤层围井示意图

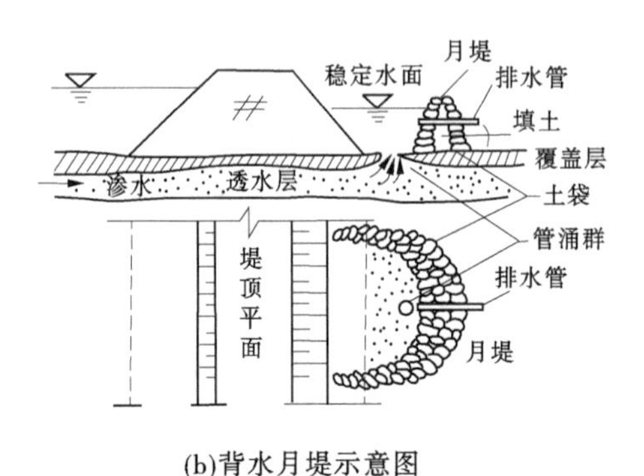

(b)背水月堤示意图

图 7-14　蓄水反压示意图

(4)其他。对于一些小的管涌,一时又缺乏反滤料,可以用小的围井围住管涌,蓄水反压,制止涌水带沙。也有的用无底水桶蓄水反压,达到稳定管涌险情的目的。

4. 水下管涌险情抢护

在坑、塘、水沟和水渠处经常发生水下管涌,给抢险工作带来困难。可结合具体情况,采用以下处理办法:

(1)反滤围井。当水深较浅时,可采用这种方法。

(2)水下反滤层。当水深较深,做反滤围井困难时,可采用水下抛填反滤层的办法。如管涌严重,可先填块石以消杀水势,然后从水上向管涌口处分层倾倒砂石料,使管涌处形成反滤堆,沙粒不再被带出,从而达到控制管涌险情的目的,但这种方法使用砂石料较多。

(3)蓄水反压。当水下出现管涌群且面积较大时,可采用蓄水反压的办法控制险情,可直接向坑塘内蓄水,如果有必要,也可以在坑塘四周筑围堤蓄水。

5. "牛皮包"的处理

当地表土层在草根或其他胶结体作用下凝结成一片时,渗透水压把表土层顶起而形成的鼓包,俗称为"牛皮包"。一般可在隆起的部位,铺麦秸或稻草一层,厚 10~20 cm,其上再铺柳枝、秫秸或芦苇一层,厚 20~30 cm。如厚度超过 30 cm,可分横竖两层铺放,然后压土袋或块石。

四、堤坡渗水抢险

(一)渗水险情产生的原因

堤防产生渗水的主要原因有:①超警戒水位持续时间长;②堤防断面尺寸不足;③堤

身填土含沙量大,临水坡无防渗斜墙或其他有效控制渗流的工程措施;④由于历史原因,堤防多为挑土而筑,填土质量差,没有正规的碾压,有的填土中含有冻土、团块和其他杂物,夯实不够等;⑤堤防的历年培修,使堤内有明显的新老接合面存在;⑥堤身隐患,如蚁穴、蛇洞、暗沟、易腐烂物、树根等。

(二)渗水险情的判别

渗水险情的严重程度可以从渗水量、出逸点高度和渗水的浑浊情况等 3 个方面加以判别,目前常从以下几方面区分险情的严重程度:

(1)堤背水坡严重渗水或渗水已开始冲刷堤坡,使渗水变浑浊,有发生流土的可能,证明险情正在恶化,必须及时进行处理,防止险情的进一步扩大。

(2)渗水是清水,但如果出逸点较高(黏性土堤防不能高于堤坡的 1/3,而对于沙性土堤防,一般不允许堤身渗水),易产生堤背水坡滑坡、漏洞及陷坑等险情,也要及时处理。

(3)因堤防浸水时间长,在堤背水坡出现渗水。渗水出逸点位于堤脚附近,为少量清水,经观察并无发展,同时水情预报水位不再上涨或上涨不大时,可加强观察,注意险情的变化,暂不处理。

(4)其他原因引起的渗水。通常与险情无关,如堤背水坡水位以上出现渗水,是由雨水、积水排出造成的。

应当指出的是,许多渗水的恶化都与雨水的作用关系甚密,特别是填土不密实的堤段。在降雨过程中应密切注意渗水的发展,该类渗水易引起堤身凹陷,从而使一般渗水险情转化为重大险情。

(三)堤身渗水的抢护原则

渗水的抢护原则应是“前堵、后排”。“前堵”即在堤临水侧用透水性小的黏性土料做外帮防渗,也可用篷布、土工膜隔渗,从而减少水体入渗到堤内,达到降低堤内浸润线的目的;“后排”即在堤背水坡上做一些反滤排水设施,用透水性好的材料如土工织物、砂石料或稻草、芦苇做反滤设施,让已经渗出的水有控制地流出,不让土粒流失,增加堤坡的稳定性。需特别指出的是,背水坡反滤排水只缓解堤坡表面土体的险情,而对于渗水引起的滑动效果不大,需要时还应做压渗固脚平台,以控制可能因堤背水坡渗水带来的脱坡险情。

(四)渗水险情的抢护方法

1. 临水截渗

为减少堤防的渗水量,降低浸润线,达到控制渗水险情发展和稳定堤防边坡的目的,特别是渗水险情严重的堤段,如渗水出逸点高、渗出浑水、堤坡裂缝及堤身单薄等,应采用临水截渗。临水截渗一般应根据临水的深度、流速、风浪的大小及取土的难易,酌情采取以下方法。

(1)复合土工膜截渗。堤临水坡相对平整和无明显障碍时,采用复合土工膜截渗是简便易行的办法。具体做法是:在铺设前,将临水坡面铺设范围内的树枝、杂物清理干净,以免损坏土工膜。土工膜顺坡长度应大于堤坡长度 1 m,沿堤轴线铺设宽度视堤背水坡渗水程度而定,一般超过险段两端 5～10 m,幅间的搭接宽度不小于 50 cm。每幅复合土工膜底部固定在钢管上,铺设时从堤坡顶沿坡向下滚动展开,土工膜铺设的同时,用土袋压盖,以免土工膜随水浮起,同时提高土工膜的防冲能力。也可用复合土工膜排体作为临水面截渗体。

(2)抛黏土截渗。当水流流速和水深不大且有黏性土料时,可采用临水面抛填黏土截渗。将临水面堤坡的灌木、杂物清除干净,使抛填黏土能直接与堤坡土接触。抛填可从堤肩由上向下抛,也可用船只抛填。当水深较大或流速较大时,可先在堤脚处抛填土袋构筑潜堰,再在土袋潜堰内抛黏土。黏土截渗体一般厚 2~3 m,高出水面 1 m,超出渗水段 3~5 m。

2. 背水坡反滤导渗沟

当堤背水坡大面积严重渗水,而在临水侧迅速做截渗有困难时,只要背水坡无脱坡或渗水变浑情况,可在背水坡及其坡脚处开挖导渗沟,排走背水坡表面土体中的渗水,恢复土体的抗剪强度,控制险情的发展。

根据反滤导渗沟内所填反滤料的不同,反滤导渗沟可分为 3 种:①在导渗沟内铺设土工织物,其上回填一般的透水料,称为土工织物导渗沟。②在导渗沟内填砂石料,称为砂石导渗沟。③因地制宜地选用一些梢料作为导渗沟的反滤料,称为梢料导渗沟。

(1)导渗沟的布置形式。导渗沟的布置形式可分为纵横沟、“Y”形沟和“人”字形沟等。以“人”字形沟的应用最为广泛,效果最好,“Y”形沟次之[见图 7-15(a)]。

(2)导渗沟尺寸。导渗沟的开挖深度、宽度和间距应根据渗水程度和土壤性质确定。一般情况下,开挖深度、宽度和间距分别选用 30~50 cm、30~50 cm 和 6~10 m。导渗沟的开挖高度,一般要达到或略高于渗水出逸点位置。导渗沟的出口,以导渗沟所截得的水排出离堤脚 2~3 m 外为宜,尽量减少渗水对堤脚的浸泡。

(3)反滤料铺设。边开挖导渗沟,边回填反滤料。反滤料为砂石料时,应控制含泥量,以免影响导渗沟的排水效果;反滤料为土工织物时,土工织物应与沟的周边结合紧密,其上回填碎石等一般的透水料,土工织物搭接宽度以大于 20 cm 为宜;回填滤料为稻糠、麦秸、稻草、柳枝、芦苇等,其上应压透水盖[见图 7-15(b)~(d)]。

值得指出的是,反滤导渗沟对维护堤坡表面土的稳定是有效的,而对于降低堤内浸润线和堤背水坡出逸点高程的作用相当有限。要彻底根治渗水,还要视工情、水情、雨情等确定是否采用临水截渗和压渗脚平台。

3. 背水坡贴坡反滤导渗

当堤身透水性较强,在高水位下浸泡时间长久,导致背水坡面渗流出逸点以下土体软化,开挖反滤导渗沟难以成形时,可在背水坡做贴坡反滤导渗。在抢护前,先将渗水边坡的杂草、杂物及松软的表土清除干净;然后,按要求铺设反滤料。根据使用反滤料的不同,贴坡反滤导渗可以分为三种:土工织物反滤层、砂石反滤层和梢料反滤层(见图 7-16)。

4. 透水压渗平台

当堤防断面单薄、背水坡较陡、发生大面积渗水,且堤线较长、全线抢筑透水压渗平台的工作量大时,可以结合导渗沟加间隔透水压渗平台的方法进行抢护。透水压渗平台根据使用材料不同,有以下两种方法:

(1)沙土压渗平台。首先将边坡渗水范围内的杂草、杂物及松软表土清除干净,再用砂砾料填筑后戗,要求分层填筑密实,每层厚度 30 cm,顶部高出浸润线出逸点 0.5~1.0 m,顶宽 2~3 m,戗坡一般为 1:3~1:5,长度超过渗水堤段两端至少 3 m(见图 7-17)。

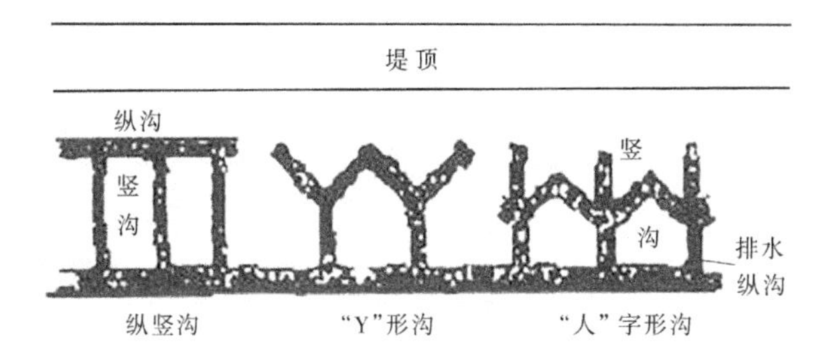

(a)堤内坡导渗沟类型平面示意图

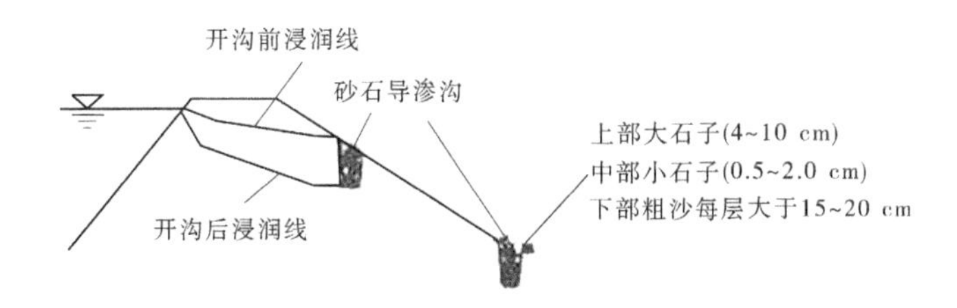

(b)砂石导渗沟剖面图

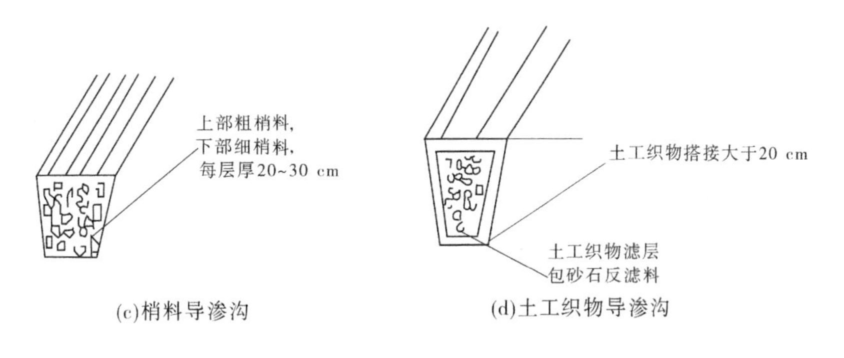

(c)梢料导渗沟 (d)土工织物导渗沟

图 7-15 导渗沟铺填示意图

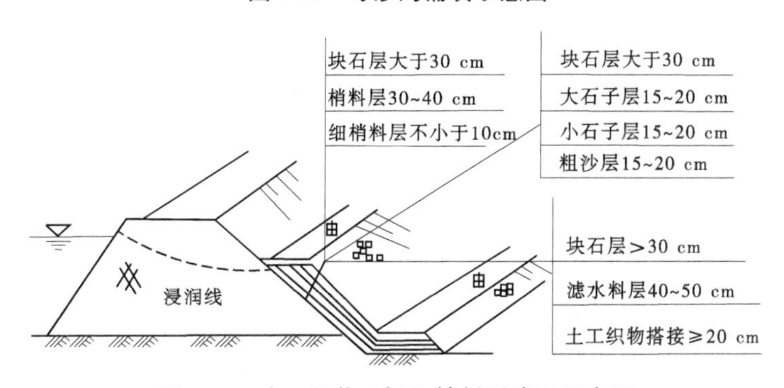

图 7-16 土工织物、砂石、梢料反滤层示意图

(2)梢土压渗平台。当填筑砂砾压渗平台缺乏足够物料时,可采用梢土代替砂砾,筑成梢土压渗平台。其外形尺寸以及清基要求与沙土压渗平台基本相同(见图 7-18),梢土压渗平台厚度为 1~1.5 m。贴坡段及水平段梢料均为 3 层,中间层粗,上、下两层细。

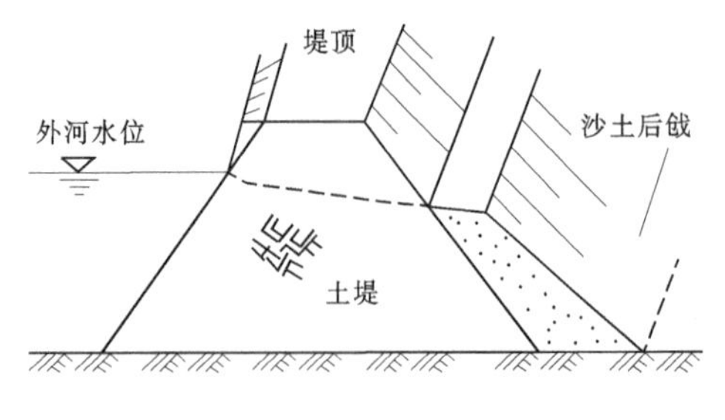

图 7-17　沙石后戗示意图

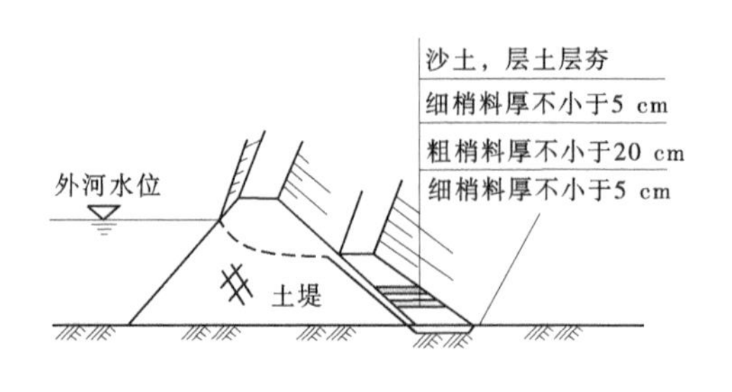

图 7-18　梢土后戗示意图

五、接触冲刷抢险

(一)接触冲刷险情产生的原因

接触冲刷险情产生的原因主要有:①与穿堤建筑物接触的土体回填不密实;②建筑物与土体接合部位有生物活动;③止水齿墙(槽、环)失效;④一些老的涵箱断裂变形;⑤超设计水位的洪水作用;⑥穿堤建筑物的变形引起接合部位不密实或破坏等;⑦土堤直接修建在卵石堤基上;⑧堤基土中层间系数太大的地方,如粉沙与卵石间易产生接触冲刷。该类险情可以结合管涌险情来考虑,这里仅讨论穿堤建筑物的接触冲刷险情。

(二)接触冲刷的判别

汛期穿堤建筑物处均应有专人把守,同时新建的一些穿堤建筑物应设有安全监测点,如测压管和渗压计等。汛期只要加强观测,及时分析堤身、堤基渗压力变化,即可分析判定是否有接触冲刷险情发生。没有设置安全监测设施的穿堤建筑物,可以从以下几个方面加以分析判别:

(1)查看建筑物背水侧渠道内水位的变化,也可做一些水位标志进行观测,帮助判别是否产生接触冲刷。

(2)查看堤背水侧渠道水是否浑浊,并判定浑水是从何处流进的,仔细检查各接触带出口处是否有浑水流出。

(3)建筑物轮廓线周边与土接合部位处于水下,可能在水面产生冒泡或浑水,应仔细观察,必要时可进行人工探摸。

(4)接触带位于水上部分,在接合缝处(如八字墙与土体接合缝)有水渗出,说明墙与土体间产生了接触冲刷,应及早处理。

(三)接触冲刷险情的抢护原则

穿堤建筑物与堤身、堤基接触带产生接触冲刷,险情发展很快,直接危及建筑物与堤防的安全,所以抢险时应“抢早抢小”,一气呵成。抢护原则是在建筑物临水面进行截堵,背水面进行反滤导水,特别是基础与建筑物接触部位产生冲刷破坏时,应抬高堤内渠道水位,减少冲刷水流流速。对可能导致建筑物塌陷的,应在堤临水面修筑挡水围堰或重新筑堤等。

(四)接触冲刷险情的抢护方法

抢护接触冲刷险情可以根据具体情况采用以下几种方法。

1. 临水堵截

1）抛填黏土截渗

（1）适用范围。临水不太深，风浪不大，附近有黏土料，且取土容易，运输方便。

（2）备料。由于穿堤建筑物进水口在汛期伸入江河中较远，在抛填黏土时需要土方量大，为此，要充分备料，抢险时最好能采用机械运输，及时抢护。

（3）坡面清理。黏土抛填前，应清理建筑物两侧临水坡面，将杂草、树木等清除，以使抛填黏土能较好地与临水坡面接触，提高黏土抛填效果。

（4）抛填尺寸。沿建筑物与堤身、堤基接合部抛填，高度以超出水面 1 m 左右为宜，顶宽 2~3 m。

（5）抛填顺序。一般是从建筑物两侧临水坡开始抛填，依次向建筑物进水口方向抛填，最终形成封闭的防渗黏土斜墙。

2）临水围堰

当临水侧有滩地，水流流速不大，而接触冲刷险情又很严重时，可在临水侧抢筑围堰，截断进水，达到制止接触冲刷的目的。临水围堰一定要绕过建筑物顶端，将建筑物与土堤及堤基接合部位围在其中。可从建筑物两侧堤顶开始进行抢筑围堰，最后在水中合龙；也可用船连接圆形浮桥进行抛填，加大施工进度，即时抢护。

在临水截渗时，靠近建筑物侧墙和涵管附近不要用土袋抛填，以免产生集中渗漏；切忌乱抛块石或块状物，以免架空，达不到截渗的目的。

2. 堤背水侧导渗

1）反滤围井

当堤内渠道水不深时（小于 2.5 m），可在接触冲刷水流出口处修筑反滤围井，将出口围住并蓄水，再按反滤层要求填充反滤料。为防止因水位抬高引起新的险情发生，可以调整围井内水位，直至最佳状态，即让水排出而不带走沙土。具体方法见管涌抢护方法中的反滤围井。

2）围堰蓄水反压

在建筑物出口处修筑较大的围堰，将整个穿堤建筑物的下游出口围在其中，然后蓄水反压，达到控制险情的目的。其原理和方法与抢护管涌险情的蓄水反压相同。

在堤背水侧反滤导渗时，切忌用不透水材料堵塞，以免引起新的险情。在堤背水侧蓄水反压时，水位不能抬得过高，以免引起围堰倒塌或周围产生新的险情。同时，由于水位高、水压大，围堰要有足够的强度，以免造成围堰倒塌而出现溃口性险情。

3. 筑堤

当穿堤建筑物已发生严重的接触冲刷险情而无有效抢护措施时，可在堤临水侧或堤背水侧筑新堤封闭，汛后做彻底处理。具体方法如下。

1）方案确定

首先应考虑抢险预案措施，根据地形、水情、人力、物力、抢护工程量及机械化作业情况，确定是筑临水围堤还是背水围堤。一般在堤背水侧抢筑新堤要容易些。

2）筑堤线路确定

根据河流流速、滩地的宽窄情况及堤内地形情况，确定筑堤线路，同时根据工程量大小以及是否来得及抢护，确定筑堤的长短。

3）筑堤清基要求

确定筑堤方案和线路后，筑堤范围也即确定。首先应清除筑堤范围内杂草、淤泥等，特别是新、老堤接合部位应清理彻底；否则一旦新堤挡水，造成接合部集中渗漏，将会引起新的险情发生。

4）筑堤填土要求

一般选用含沙少的壤土或黏土，严格控制填土的含水量、压实度，使填土充分夯实或压实，填筑要求可参考有关堤防填筑标准。

六、堤防滑坡抢险

（一）滑坡产生的原因

堤防的临水面与背水面堤坡均有发生滑坡的可能，因其所处位置不同，产生滑坡的原因也不同，现分述如下。

1. 临水面滑坡的主要原因

（1）堤脚滩地迎流顶冲坍塌，崩岸逼近堤脚，堤脚失稳引起滑坡。

（2）水位消退时，堤身饱水，容重增加，在渗流作用下，使堤坡滑动力加大、抗滑力减小，堤坡失去平衡而滑坡。

（3）汛期风浪冲毁护坡，侵蚀堤身引起的局部滑坡。

2. 背水面滑坡的主要原因

（1）堤身渗水饱和而引起的滑坡。通常在设计水位以下，堤身的渗水是稳定的，然而，在汛期洪水位超过设计水位或接近设计水位时，堤身的抗滑稳定性降低或达到最低值，再加上其他一些原因，最终导致滑坡。

（2）遭遇暴雨或长期降雨而引起的滑坡。汛期水位较高，堤身的安全系数降低，如遭遇暴雨或长时间连续降雨，堤身饱水程度进一步加大，特别是对于已产生了纵向裂缝（沉降缝）的堤段，雨水沿裂缝很容易地渗透到堤防的深部，裂缝附近的土体因浸水而软化，强度降低，最终导致滑坡。

（3）堤脚失去支撑而引起的滑坡。平时不注意堤脚保护，更有甚者，在堤脚下挖塘，或未将紧靠堤脚的水塘及时回填等，这种地方是堤防的薄弱地段，堤脚下的水塘就是将来滑坡的出口。

（二）堤防滑坡的预兆

汛期堤防出现下列情况时，必须引起注意。

1. 堤顶与堤坡出现纵向裂缝

汛期一旦发现堤顶或堤坡出现了与堤轴线平行且较长的纵向裂缝，必须引起高度警惕，仔细观察，并做必要的测试，如缝长、缝宽、缝深、缝的走向以及缝隙两侧的高差等，必要时要连续数日进行测试并做详细记录。出现下列情况时，发生滑坡的可能性很大。

（1）裂缝左右两侧出现明显的高差，其中位于离堤中心远的一侧低，而靠近堤中心的一侧高。

（2）裂缝宽度继续增大。

(3)裂缝的尾部走向出现了明显的向下弯曲的趋势,如图7-19所示。

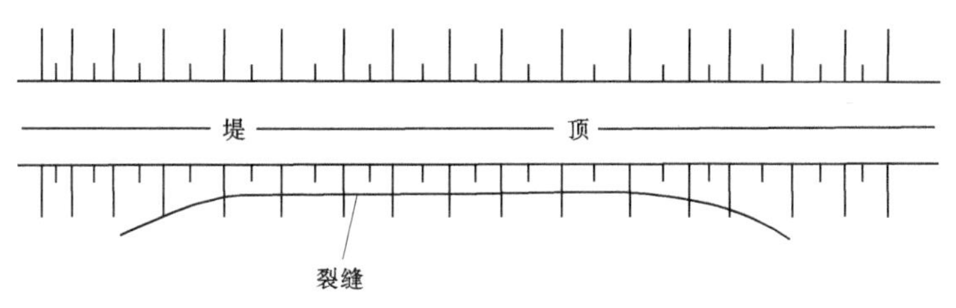

图7-19　滑坡前裂缝两端明显向下弯曲示意图

(4)从发现第一条裂缝起,在几天之内与该裂缝平行的方向相继出现数道裂缝。

(5)发现裂缝两侧土体明显湿润,甚至发现裂缝中渗水。

2. 堤脚处地面变形异常

滑坡发生之前,滑动体沿着滑动面已经产生移动,在滑动体的出口处滑动体与非滑动体相对变形突然增大,使出口处地面变形出现异常。一般情况下,滑坡前出口处地面变形异常情况难以发现。因此,在汛期,特别是在洪水异常大的汛期,应在重要堤防,包括软基上的堤防、曾经出现过险情的堤防堤段,临时布设一些观测点,及时对这些观测点进行观测,以便随时了解堤防坡脚或离坡脚一定距离范围内地面的变形情况。当发现堤脚下或堤脚附近出现下列情况,预示着可能发生滑坡。

(1)堤脚下或堤脚下某一范围隆起。可以在堤脚或离堤脚一定距离处打一排或两排木桩,测这些木桩的高程或水平位移来判断堤脚处隆起和水平位移量。

(2)堤脚下某一范围内明显潮湿,变软发泡。

3. 临水坡前滩地崩岸逼近堤脚

汛期或退水期,堤防前滩地在河水的冲刷、涨落作用下,常常发生崩岸。当崩岸逼近堤脚时,堤脚的坡度变陡,压重减小。这种情况一旦出现,极易引起滑坡。

4. 临水坡坡面防护设施失效

汛期水位较高,风浪大,对临水坡坡面冲击较大。一旦某一坡面处的防护被毁,风浪直接冲刷堤身,使堤身土体流失,发展到一定程度也会引起局部的滑坡。

(三)临水面滑坡抢护的基本原则

抢护的基本原则是:尽量增加抗滑力,尽快减小下滑力。具体地说,“上部削坡,下部固坡”,先固脚,后削坡。

(四)临水面滑坡抢护的基本方法

汛期临水面水位较高,采用的抢护方法必须考虑水下施工问题。

1. 增加抗滑力的方法

(1)做土石戗台。在滑坡阻滑体部位做土石戗台,滑坡阻滑体部位一时难以精确划定时,最简单的办法是,戗台从堤脚往上做,分二级,第一级厚度为1.5~2.0 m,第二级厚度为1.0~1.5 m(见图7-20)。

土石戗台断面结构示意图如图7-21所示。

采用本抢护方案的基本条件是:堤脚前未出现崩岸与坍塌险情,堤脚前滩地是稳定的。

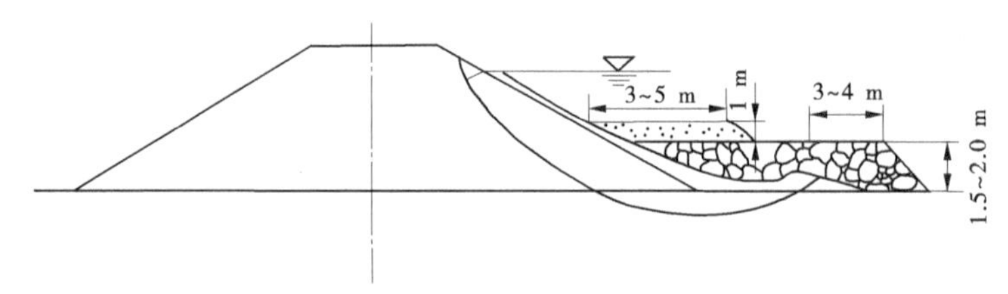

图 7-20　土石戗台断面示意图

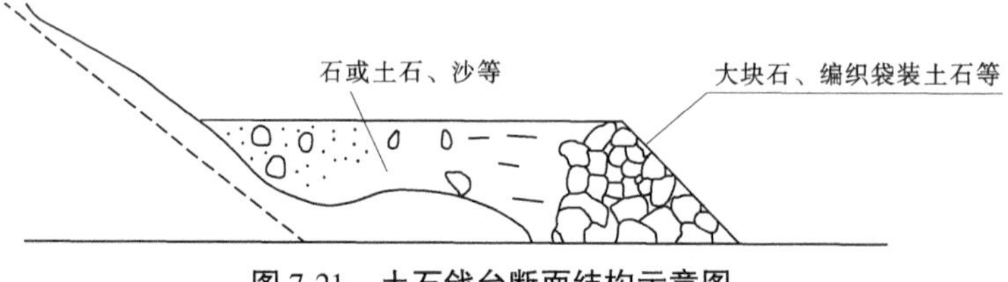

图 7-21　土石戗台断面结构示意图

(2)做石撑。当做土石戗台有困难时,比如滑坡段较长、土石料紧缺时,应做石撑临时稳定滑坡。该法适用于滑坡段较长、水位较高时,采用此法的基本条件与做土石戗台的基本条件相同。石撑宽度 4~6 m,坡比 1∶5,撑顶高度不宜高于滑坡体的中点高度,石撑底脚边线应超出滑坡下口 3 m(见图 7-22)。石撑的间隔不宜大于 10 m。

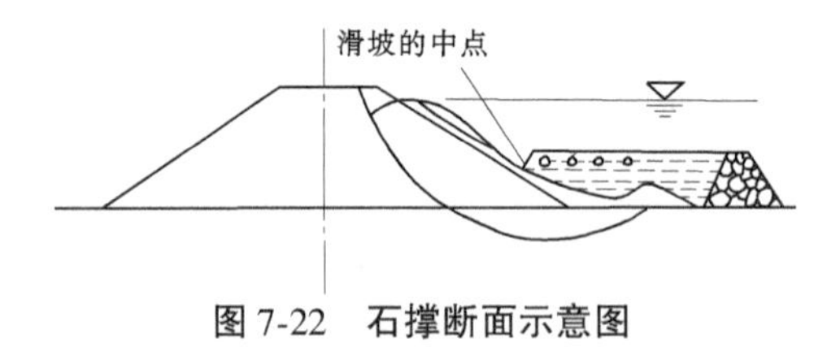

图 7-22　石撑断面示意图

(3)堤脚压重,保证滑动体稳定,制止滑动进一步发展。滑坡是由于堤前滩地崩岸、坍塌而引起的,那么,首先要制止崩岸的继续发展。最简单的办法是堤脚抛石块、石笼、编织袋装土石等抗冲压重材料,在极短的时间内制止崩岸与坍塌进一步发展。

2. 背水坡贴坡补强

当临水面水位较高、风浪大,做土石戗台、石撑等有困难时,应在背水坡及时贴坡补强。贴坡的厚度应视临水面滑坡的严重程度而定,一般应大于滑坡的厚度,贴坡的坡度应比背水坡的设计坡度略缓一些。贴坡材料应选用透水的材料,如沙、沙壤土等。如没有透水材料,必须做好贴坡与原堤坡间的反滤层(反滤层做法与渗水抢险中的背水反滤导渗法相同),以保证堤身在渗透条件下不被破坏。背水坡贴坡补强示意图见图 7-23。

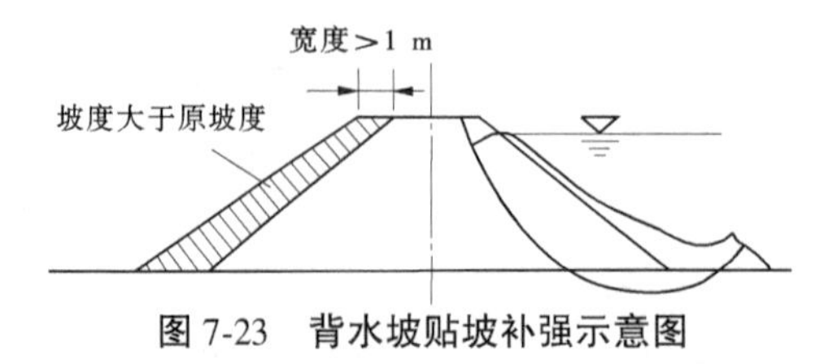

图 7-23　背水坡贴坡补强示意图

背水坡贴坡的长度要超过滑坡两端各 3 m。

(五)背水面滑坡抢护的基本原则

减小滑动力,增加抗滑力,即上部削坡,下部堆土压重。如滑坡的主要原因是渗流作用时,应同时采取“前截后导”的措施。

(六)背水面滑坡抢护的基本方法

1. 减少滑动力

(1)削坡减载。削坡减载是处理堤防滑坡最常用的方法,该法施工简单,一般只用人工削坡即可。但在滑坡还在继续发展、没有稳定之前,不能进行人工削坡。一定要等滑坡已经基本稳定后(大约半天至一天时间)才能施工。一般情况下,可将削坡下来的土料压在滑坡的堤脚下上做压重用。

(2)在临水面上做截渗铺盖,减小渗透力。若判定滑坡是由渗透力引起的,及时截断渗流是缓解险情的重要措施之一。采用此法的条件是:坡脚前有滩地,水深也较浅,附近有黏土可取。在坡面上做黏土铺盖阻截或减少渗水,尽快减小渗透力,以达到减小滑动力的目的。

(3)及时封堵裂隙,阻止雨水继续渗入。滑坡后,滑动体与堤身间的裂隙应及时处理,以防雨水沿裂隙渗入滑动面的深层,保护滑动面深处土体不再浸水软化、强度不再降低。封堵裂隙的办法是用黏土填筑捣实,如没有黏土,也可就地捣实后覆盖土工膜。该法与上述截渗铺盖一样,只能维持滑坡不再继续发展,而不能根治滑坡。在封堵滑坡裂隙的同时,必须尽快进行其他抢护措施的施工。

(4)在背水坡面上做导渗沟,及时排水,可以进一步降低浸润线,减小滑动力。

2. 增加抗滑力

增加抗滑力才是保证滑坡稳定、彻底排除险情的主要办法。

增加抗滑力的有效办法是增加抗滑体本身的重量,该法见效快、施工简单、易于实施。

(1)做滤(透)水反压平台(俗称马道、滤水后戗等)。如用沙、石等透水材料做反压平台,因沙、石本身是透水的,因此在做反压平台前无须再做导渗沟。用沙、石做成的反压平台称为透水反压平台。

在欲做反压平台的部位(坡面)挖沟,沟深 20~40 cm,沟间距 3~5 m,在沟内放置滤水材料(粗沙、碎石等)导渗,这与导渗沟相类似。导渗沟下端伸入排渗体内,将水排出堤外,绝不能将导渗沟通向堤外的渗水通道阻塞。做好导渗沟后,即可做反压平台。沙、石、土等均可做反压平台的填筑材料。

反压平台在滑坡长度范围内应全面连续填筑,反压平台两端应长至滑坡端部 3 m 以外。第一级平台厚 2 m,平台边线应超出滑坡隆起点 3 m;第二级平台厚 1 m(见图 7-24)。

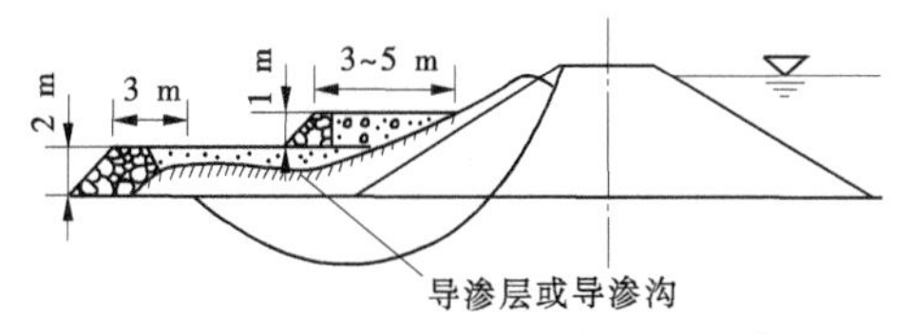

图 7-24　滤(透)水反压平台断面示意图

(2)做滤(透)水土撑。当用沙、石等透水材料做土撑材料时,不需再做导渗沟,称此类土撑为透水土撑。由于做反压平台需大量的土石料,当滑坡范围很大,土石料供应又紧张时,可做滤(透)水土撑。滤(透)水土撑与反压平台的区别是:前者分段,一个一个地填筑而成。每个土撑宽度 5~8 m,坡比 1∶5。撑顶高度不宜高出滑坡体的中点高度。这样做是保证土撑基本上压在阻滑体上。土撑底脚边线应超出滑坡下出口 3 m,土撑的间隔不宜大于 10 m。滤(透)水土撑断面如图 7-25 所示。

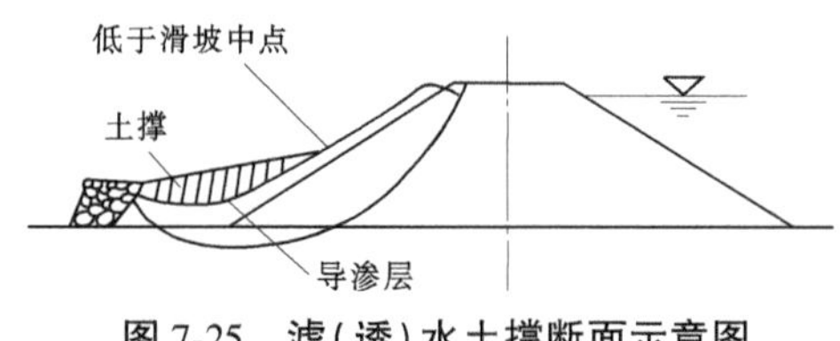

图 7-25　滤(透)水土撑断面示意图

(3)堤脚压重。在堤脚下挖塘或建堤,因取土坑未回填等原因使堤脚失去支撑而引起滑坡时,抢护最有效的办法是尽快用土石料将塘填起来,至少应及时地把堤脚已滑移的部位用土石料压住。在堤脚稳住后基本上可以暂时控制滑坡的继续发展,这样就争取了时间,可从容地实施其他抢护方案。实质上该法就是反压平台法的第一级平台。

在做压脚抢护时,必须严格划定压脚的范围,切忌将压重加在主滑动体部位。抢护滑坡施工不应采用打桩等办法,因为振动会引起滑坡的继续发展。

3. 滤水还坡

汛前堤防稳定性较好,堤身填筑质量符合设计要求,在正常设计水位条件下,堤坡是稳定的。但是,如在汛期出现了超设计水位的情况,渗透力超过设计值将会引起滑坡。这类滑坡都是浅层滑坡,滑动面基本不切入地基中,只要解决好堤坡的排水,减小渗透力即可将滑坡恢复到原设计边坡,此为滤水还坡。滤水还坡有以下 4 种做法。

(1)导渗沟滤水还坡。先清除滑坡的滑动体,然后在坡面上做导渗沟,用无纺土工布或用其他替代材料将导渗沟覆盖保护,在其上用沙性土填筑到原有的堤坡(见图 7-26)。

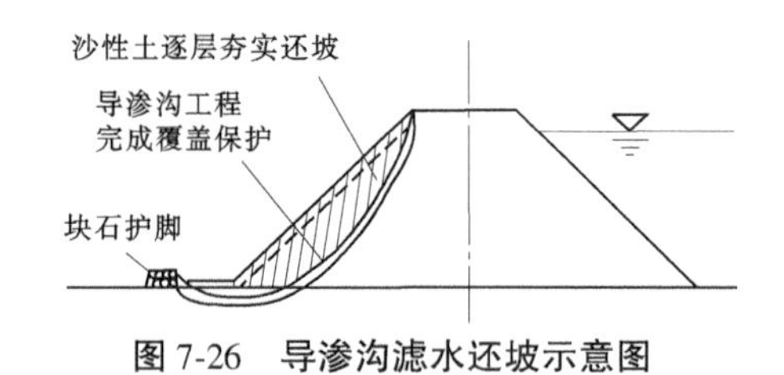

图 7-26　导渗沟滤水还坡示意图

导渗沟的开挖应从上至下分段进行,切勿全面同时开挖。

(2)反滤层滤水还坡。该法与导渗沟滤水还坡法一样,其不同之处是将导渗沟滤水改为反滤层滤水。反滤层的做法与渗水抢险中的背水坡反滤导渗的反滤做法相同。

(3)梢料滤水还坡。当缺乏砂石等反滤料时可用此法。本法的具体做法是:清除滑坡的滑动体,按一层柴一层土夯实填筑,直到恢复滑坡前的断面。柴可用芦柴、柳枝或其他秸秆,每层柴厚 0.2 m,每层土厚 1~1.5 m。梢料滤水还坡示意图如图 7-27 所示。

用梢料滤水还坡抢护的滑坡,汛后应清除,重新用原筑堤土料还坡,以防梢料腐烂后影响堤坡的稳定。

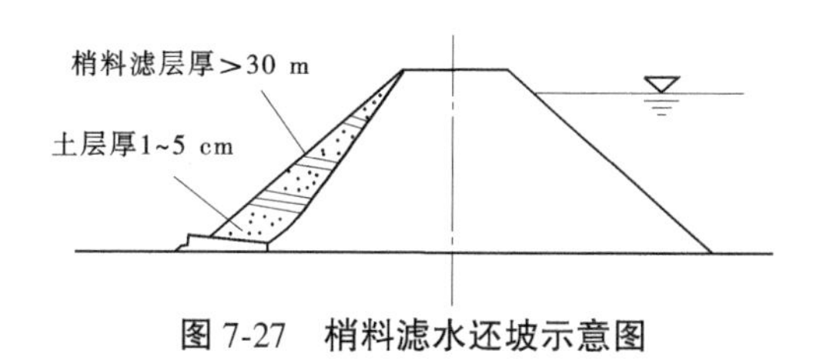

图 7-27　梢料滤水还坡示意图

(4)沙土还坡。因为沙土透水性良好,用沙土还坡时坡面不需做滤水处理。将滑坡的滑动体清除后,最好将坡面做成台阶形状,再分层填筑夯实,恢复到原断面。如果用细沙还坡,边坡应适当放缓。

填土还坡时,一定要严格控制填土的速率,当坡面土壤过于潮湿时,应停止填筑。最好在坡面反滤排水正常以后,在严格控制填土速率的条件下填土还坡。

七、堤身裂缝险情抢险

(一)险情的分类

(1)按裂缝产生的原因可分为不均匀沉陷裂缝、滑坡裂缝、干缩裂缝、冰冻裂缝、振动裂缝。其中,滑坡裂缝是比较危险的。

(2)按裂缝出现的部位可分为表面裂缝、内部裂缝。表面裂缝容易引起人们的注意,可及时处理;而内部裂缝是隐蔽的,不易发现,往往危害更大。

(3)按裂缝走向可分为横向裂缝、纵向裂缝和龟纹裂缝。其中,横向裂缝比较危险,特别是贯穿性横缝,是渗流的通道,属重大险情。即使不是贯穿性横缝,由于它的存在而缩短渗径,易造成渗透破坏,也属较重要险情。

(二)裂缝的成因

引起堤防裂缝的原因是多方面的,归纳起来,产生裂缝的主要原因有以下几个方面。

(1)不均匀沉降。堤防基础土质条件差别大,有局部软土层;堤身填筑厚度相差很大引起不均匀沉降,产生裂缝。

(2)施工质量差。堤防施工时上堤土料为黏性土且含水量较大,失水后引起干缩或龟裂,这种裂缝多数为表面裂缝或浅层裂缝,但北方干旱地区的堤防也有较深的干缩裂缝;筑堤时,填筑土料夹有淤土块、冻土块、硬土块;碾压不实,以及新、老堤接合面未处理好,遇水浸泡饱和时,易出现各种裂缝,黄河一带甚至出现蛰裂(湿陷裂缝);堤防与交叉建筑物接合部处理不好,在不均匀沉陷以及渗水作用下引起裂缝。

(3)堤身存在隐患。害堤动物如白蚁、獾、狐、鼠等的洞穴,人类活动造成的洞穴,如坟墓、藏物洞等,在渗流作用下引起局部沉陷而产生的裂缝。

(4)水流作用。背水坡在高水位渗流作用下由于抗剪强度降低,临水坡水位骤降或堤脚被淘空,常可能引起弧形滑坡裂缝,特别是背水坡堤脚有塘坑、堤脚发软时容易发生。

(5)振动及其他影响。如地震或附近爆破造成堤防基础或堤身沙土液化,引起的裂缝;背水坡碾压不实,暴雨后堤防局部也有可能出现裂缝。

总之,造成裂缝的原因往往不是单一的,常常多种因素并存。有的表现为主要原因,有的则为次要因素,而有些次要因素经过发展也可能变成主要原因。

（三）险情判别

裂缝抢险，首先要进行险情判别，分析其严重程度。先要分析判断产生裂缝的原因，是滑坡性裂缝，还是不均匀沉降引起的；是施工质量差造成的，还是由振动引起的。而后要判明裂缝的走向，是横向裂缝还是纵向裂缝。对于纵向裂缝，应分析判断是不是滑坡或崩岸性裂缝。如果是横向裂缝，要探明是否贯穿堤身。如果是局部沉降裂缝，应判别是否伴随有管涌或漏洞。此外，还应判断是深层裂缝还是浅层裂缝。必要时还应辅以隐患探测仪进行探测。

（四）抢护的原则

根据裂缝判别，如果是滑动或坍塌崩岸性裂缝，应先按处理滑坡或崩岸的方法进行抢护。待滑坡或崩岸稳定后，再处理裂缝，否则达不到预期效果。纵向裂缝如果仅是表面裂缝，可暂不处理，但须注意观察其变化和发展，并封堵缝口，以免雨水侵入引起裂缝扩展。较宽较深的纵缝，即使不是滑坡性裂缝，也会影响堤防强度，降低其抗洪能力，应及时处理，消除裂缝。横向裂缝是最危险的裂缝，如果已横贯堤身，在水面以下时水流会冲刷扩宽裂缝，导致非常严重的后果。即使不是贯穿性裂缝，也会因渗径缩短、浸润线抬高造成堤身土体的渗透破坏。因此，对于横向裂缝，不论是否贯穿堤身，均应迅速处理。窄而浅的龟纹裂缝，一般可不进行处理。较宽较深的龟纹裂缝，可用较干的细土填缝，然后用水洇实。

（五）裂缝险情抢护方法

裂缝险情的抢护方法一般有开挖回填、横墙隔断、封堵缝口等。

1. 开挖回填

这种方法适用于经过观察和检查已经稳定，缝宽大于 1 cm、深度超过 1 m 的非滑坡（或坍塌崩岸）性纵向裂缝，施工方法如下。

1）开挖

沿裂缝开挖一条沟槽，挖到裂缝以下 0.3~0.5 m 深，底宽至少 0.5 m，边坡的坡度应满足稳定及新旧填土能紧密结合的要求，两侧边坡可开挖成阶梯状，每级台阶高宽控制在 20 cm 左右，以利于稳定和新旧填土的结合。沟槽两端应超过裂缝 1 m。开挖回填处理裂缝示意图如图 7-28 所示。

2）回填

回填土料应和原堤土类相同，含水量相近，并控制含水量在适宜范围内。土料过干时应适当洒水。回填要分层填土夯实，每层厚度约 20 cm，顶部高出堤面 3~5 cm，并做成拱弧形，以防雨水。

需要强调的是，已经趋于稳定并不伴随有坍塌崩岸、滑坡等险情的裂缝，才能用上述方法进行处理。当发现伴随有坍塌崩岸、滑坡险情的裂缝，应先抢护坍塌、滑坡险情，待脱险并且裂缝趋于稳定后，再按上述方法处理裂缝本身。

2. 横墙隔断

此法适用于横向裂缝，施工方法如下：

（1）沿裂缝方向，每隔 3~5 m 开挖一条与裂缝垂直的沟槽，并重新回填夯料，形成梯形横墙，截断裂缝。墙体底边长度可按 2.5~3.0 m 掌握，墙体厚度以便利施工为度，但不

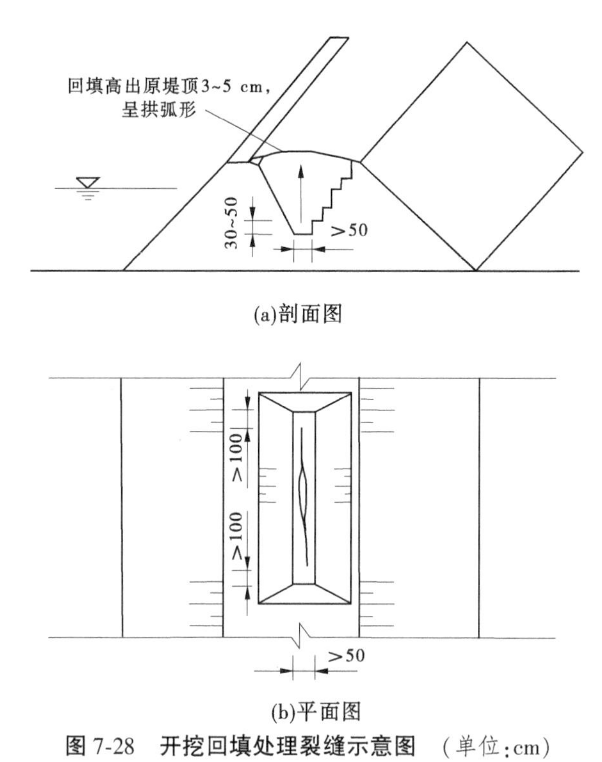

(a)剖面图

(b)平面图

图 7-28　开挖回填处理裂缝示意图　(单位:cm)

应小于 50 cm。开挖和回填的其他要求与上述开挖回填法相同(见图 7-29)。

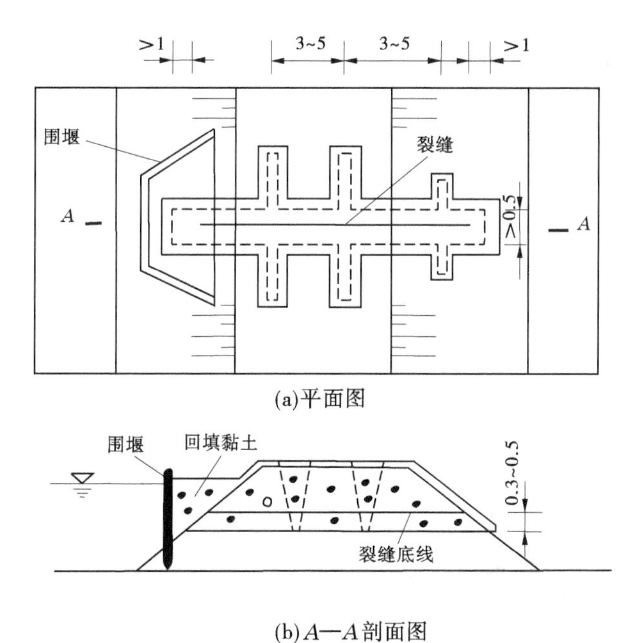

(a)平面图

(b) A—A 剖面图

图 7-29　横墙隔断处理裂缝示意图　(单位:m)

(2)如裂缝临水端已与河水相通,或有连通的可能,开挖沟槽前应先在堤防临水侧裂缝前筑前戗截流。若沿裂缝在堤防背水坡已有水渗出,应同时在背水坡修反滤导渗,以免将堤身土颗粒带出。

(3)当裂缝漏水严重、险情紧急,或者在河水猛涨,来不及全面开挖裂缝时,可先沿裂缝每隔3~5 m挖竖井,并回填黏土截堵,待险情缓和后再伺机采取其他处理措施。

(4)采用横墙隔断是否需要修筑前戗、反滤导渗,或者只修筑前戗和反滤导渗而不做隔断横墙,应当根据险情具体情况进行具体分析。

3. 封堵缝口

1)灌堵缝口

裂缝宽度小于1 cm、深度小于1 m,不甚严重的纵向裂缝及不规则纵横交错的龟纹裂缝,经观察已经稳定时,可用灌堵缝口的方法。具体做法如下:

(1)用沙壤土由缝口灌入,再用木条或竹片捣塞密实。

(2)沿裂缝做宽5~10 cm、高3~5 cm的小土埂,压住缝口,以防雨水侵入。

未堵或已堵的裂缝,均应注意观察、分析,研究其发展趋势,以便及时采取必要的措施。如灌堵以后,又有裂缝出现,说明裂缝仍在发展中,应仔细判明原因,另选适宜方法进行处理。

2)裂缝灌浆

宽度较大、深度较小的裂缝,可以用自流灌浆法处理。在缝顶开宽、深各0.2 m的沟槽,先用清水灌下,再灌水土重量比为1:0.15的稀泥浆,然后灌水土重量比为1:0.25的稠泥浆,泥浆土料可采用壤土或沙壤土,灌满后封堵沟槽。

如裂缝较深,采用开挖回填困难,可采用压力灌浆处理。先逐段封堵缝口,然后将灌浆管直接插入缝内灌浆,或封堵全部缝口,由缝侧打眼灌浆,反复灌实。灌浆压力一般控制在50~120 kPa(0.5~1.2 kg/cm^2),具体取值由灌浆试验确定。

压力灌浆的方法适用于已稳定的纵、横向裂缝,效果也较好。但是对于滑动性裂缝,将促使裂缝发展,甚至引发更为严重的险情。因此,要认真分析,采用时须慎重。

八、堤防决口抢险

江河、湖泊堤防在洪水的长期浸泡和冲击作用下,当洪水超过堤防的抗御能力,或者在汛期出险抢护不当或不及时,都会造成堤防决口。堤防决口对地区经济社会发展和人民生命财产安全的危害是巨大的。

在条件允许的情况下,对一些重要堤防的决口采取有力措施,迅速制止决口的继续发展,并实现堵口复堤,对减小受灾面积和缩小灾害损失有着十分重要的意义。对一些河床高于两岸地面的悬河决口,及时堵口复堤,可以避免长期过水造成河流改道。

堤防决口抢险是指在汛期高水位条件下,将通过堤防决口口门的水流以各种方式拦截、封堵,使水流完全回归原河道。这种堵口抢险技术上难度较大,主要涉及以下几个方面:一是封堵施工的规划组织,包括封堵时机的选择;二是封堵抢险的实施,包括裹头、沉船和其他各种截流方式、防渗闭气措施等。

(一)决口封堵时机的选择

堤防一旦出现决口重大险情,必须采取措施,在口门较窄时,采用大体积物料,如篷布、石袋、石笼等,及时抢堵,以免口门扩大,险情进一步发展。

在溃口口门已经扩开的情况下，为了控制灾情的发展，同时要考虑减少封堵施工的困难，要根据各种因素，精心选择封堵时机。恰当的封堵时机选择，将有利于顺利地实现封堵复堤，减少封堵抢险的经费和减少决口灾害的损失。通常要根据以下条件综合考虑，作出封堵时机的决策。

(1)口门附近河道地形及土质情况，估计口门发展变化趋势。

(2)洪水流量、水位等水文预报情况，一段时间内的上游来水情况及天气情况。

(3)洪水淹没区的经济社会发展情况，特别是居住人口情况，铁路、公路等重要交通干线及重要工矿企业和设施的情况。

(4)决口封堵物料的准备情况，施工人员组织情况，施工场地和施工设备的情况。

(5)其他重要情况。

(二)决口封堵的组织设计

1. 水文观测和河势勘察

在进行决口封堵施工前，必须做好水文观测和河势勘察工作。要实测口门的宽度，绘制简易的纵、横断面图，并实测水深、流速和流量等。在可能情况下，要勘测口门及其附近水下地形，并勘察土质情况，了解其抗冲流速值。

2. 堵口堤线确定

为了减少封堵施工时对高流速水流拦截的困难，在河道宽阔并具有一定滩地的情况下，或堤防背水侧较为开阔且地势较高的情况下，可选择“月弧”形堤线，以有效增大过流面积，从而降低流速，减少封堵施工的困难。

3. 堵口辅助工程的选择

为了降低堵口附近的水头差和减小流量、流速，在堵口前可采用开挖引河和修筑排水坝等辅助工程措施。要根据水力学原理，精心选择挑水坝和引河的位置，以引导水流偏高决口处并能顺流下泄，降低堵口施工的难度。

对于全河夺溜的堤防决口，要根据河道地形、地势选好引河、挑水坝的位置，从而使引河、堵口堤线和挑水坝三项工程有机结合，达到顺利堵口的目的。

4. 抢险施工准备

在实施封堵前，要根据决口处地形、水头差和流量，做好封堵材料的准备工作。要考虑各种材料的来源、数量和可能的调集情况。封堵过程中不允许停工待料，特别是不允许在合龙阶段出现间歇等待的情况。要考虑好施工场地的布置和组织，充分利用机械施工和现代化的运输设备。传统的以人力为主采用人工打桩、挑土上堤的方法，不仅施工组织困难，耗时长、花费大，而且失败的可能性也较大。因此，要力争采用现代化的施工方式，提高抢险施工的效率。

堤防溃口险情的发生具有明显的突发性质。各地在抢险的组织准备、材料准备等方面都不可能很充分。因此，要针对这种紧急情况，采用适宜的堵口抢险应急措施。

(三)决口封堵的步骤

为了实现溃口的封堵，通常可采取以下步骤。

1. 抢筑裹头

土堤一旦溃决，水流冲刷扩大溃口口门，以致口门发展速度很快，其宽度通常要达

200~300 m 才能达到稳定状态,如湖北的簰州湾、江西九江的江心洲溃口。

如能及时抢筑裹头,就能防止险情的进一步发展,减少此后封堵的难度。同时,抢筑坚固的裹头也是堤防决口封堵的必要准备工作。因此,及时抢筑裹头是堤防决口封堵的关键之一。

要根据不同决口处的水位差、流速及决口处的地形、地质条件,确定有效抢筑裹头的措施。这里重要的是选择抛投料物的尺寸,以满足抗冲稳定性的要求;选择裹头形式,以满足施工要求。

通常,在水浅流缓、土质较好的地带,可在堤头周围打桩,桩后填柳或柴料厢护或抛石裹护。在水深流急、土质较差的地带,则要考虑采用抗冲流速较大的石笼等进行裹护。除传统的打桩施工方法外,可采用螺旋锚杆方法施工。螺旋锚杆的首部带有特殊的锚针,可以迅速下铺入土,并具有较大的垂直承载力和侧向抗冲力。首先在堤防迎水面安装两排一定根数的螺旋锚杆,抛下砂石袋,挡住急流对堤防的正面冲刷,减缓堤头的崩塌速度;然后,由堤头处包裹向背水面安装两排螺旋锚杆,抛下砂石袋,挡住急流对堤头的激流冲刷和回流对堤背的淘刷。亦有采用土工合成材料或橡胶布裹护的施工方案,将土工合成材料或橡胶布铺展开,并在其四周系重物使它下沉定位,同时采用抛石等方法予以压牢。待裹头初步稳定后,再实施打桩等方法进一步予以加固。

2. 沉船截流

根据以往堤防决口抢险的经验,沉船截流在封堵决口的施工中起到了关键的作用。沉船截流可以大大减小通过决口处的过流流量,从而为全面封堵决口创造条件。

在实现沉船截流时,最重要的是保证船只能准确定位。在横向水流的作用下,船只的定位较为困难,要精心确定最佳封堵位置,防止沉船不到位的情况发生。

采用沉船截流的措施,还应考虑由于沉船处底部的不平整使船底部难与河滩底部紧密结合的情况(见图 7-30)。这时在决口处高水位差的作用下,沉船底部流速仍很大,淘刷严重,必须立即抛投大量物料,堵塞空隙。在条件允许的情况下,可考虑在沉船的迎水侧打钢板桩等阻水。有人建议采用在港口工程中已广泛采用的底部开舱船只抛投料物(见图 7-31)。这种船只抛石集中,操作方便。在决口抢险时,利用这种特殊的抛石船只,在堵口的关键部位开舱抛石并将船舶下沉,这样可有效地实现封堵,并减少决口河床冲刷。

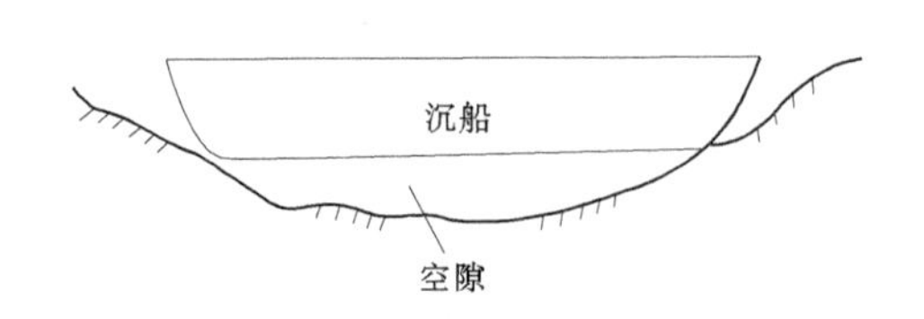

图 7-30 沉船底部空隙示意图

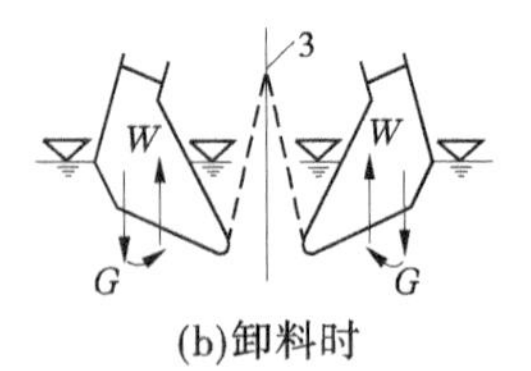

1—料舱;2—空舱;3—统舱;G—重心;W—浮心。

图 7-31 底部开舱船舶示意图

3. 进占堵口

在实现沉船截流减小过流流量的步骤后,应迅速组织进占堵口,以确保顺利封堵决口。常用的进占堵口方法有立堵、平堵和混合堵 3 种。

1)立堵

从口门的两端或一端,按拟定的堵口堤线向水中进占,逐渐缩窄口门,最后实现合龙。采用立堵法,最困难的是实现合龙。这时,龙口处水头差大,流速高,使抛投物料难以到位。在这样的情况下,要做好施工组织,采用巨型块石笼抛入龙口,以实现合龙。在条件许可的情况下,可从口门的两端架设缆索,以加快抛投速率和降低抛投石笼的难度。

2)平堵

沿口门的宽度,自河底向上抛投物料,如柳石枕、石块、石枕、土袋等,逐层填高,直至高出水面,以堵截水流。这种方法从底部逐渐平铺加高,随着堰顶加高,口门单宽流量及流速相应减小,冲刷力随之减弱,利于施工,可实现机械化操作。这种平堵方式特别适用于前述拱形堤线的进占堵口。平堵有架桥和抛投船两种抛投方式。

3)混合堵

混合堵是立堵与平堵相结合的堵口方式。堵口时,根据口门的具体情况和立堵、平堵的不同特点,因地制宜,灵活采用。在开始堵口时,一般流量较小,可用立堵快速进占。在缩小口门后流速较大时,再采用平堵的方式,减小施工难度。

在1998年抗洪斗争中,采用了“钢木框架结构、复合式防护技术”进行堵口合龙。这种方法是用40 mm左右的钢管间隔2.5 m沿堤线固定成数个框架。钢管下端插入堤基2 m以上,上端高出水面1~1.5 m做护栏,将钢管以统一规格的连接器件组成框网结构,形成整体。在其顶部铺设跳板形成桥面,以便快速在框架内外由下而上、由里向外填塞物料袋,以形成石、木、钢、土多种材料构成的复合防护层。要根据结构稳定的要求,做好成片连接、框网推进的钢木结构。同时要做好施工组织,明确分工,衔接紧凑,以保证快速推进。

4.防渗闭气

防渗闭气是整个堵口抢险的最后一道工序。因为实现封堵进占后,堤身仍然会向外漏水,要采取阻水断流的措施。若不及时防渗闭气,复堤结构仍有被淘刷冲毁的可能。

通常,可用抛投黏土的方法实现防渗闭气。亦可采用养水盆法,修筑月堤蓄水以解决漏水。土工膜等新型材料,也可用以防止封堵口的渗漏。

第二节　防汛抢险技术知识问答

1.什么是跌窝?原因及抢护原则是什么?如何进行跌窝抢险?

答:(一)险情说明

跌窝又称陷坑,是指在大雨前后堤防突然发生局部塌陷而形成的险情。

(二)原因分析

(1)堤防有隐患。

(2)堤防质量差。

(3)伴随渗水、管涌或漏洞形成。

(三)抢护原则

抓紧翻筑抢护,防止险情扩大。

(四)抢护方法

(1)翻填夯实法。

(2)堵塞封堵法。

(3)填筑滤料法。

2. 什么是坍塌?原因及抢护原则是什么?如何进行坍塌抢险?

答:(一)险情说明

堤防坍塌是水流冲刷造成的。

(二)原因分析

(1)堤防遭受主流或边流的冲刷。

(2)堤基为粉细沙土,受流势顶冲而被淘空,或因地震使沙土地基液化。

(三)抢护原则

以固基、护脚、防冲为主,阻止继续坍塌。

(四)抢护方法

(1)护脚防冲法:抛投块石、土袋、铅丝石笼或柳石枕等防冲物体。

(2)沉柳护脚法。

(3)桩柴护岸(散厢)法。

(4)柳石软搂法。

(5)柳石搂厢法。

3. 什么是裂缝?原因及抢护原则是什么?如何进行裂缝抢险?

答:(一)险情说明

堤防裂缝按其出现部位可分为表面裂缝、内部裂缝;按其走向可分为横向裂缝、纵向裂缝、龟纹裂缝;按其成因可分为沉陷裂缝、干缩裂缝、冰冻裂缝、振动裂缝。

(二)原因分析

(1)堤基土壤承载力差别大,引起干缩或龟裂。

(2)施工时土壤含水量大,引起干缩或龟裂。

(3)修堤中淤土、冻土、硬土块上堤,碾压不实,以及新旧土接合部未处理好,在浸水饱和时,易出现各种裂缝甚至蛰裂。

(4)高水位渗流作用下,背水堤坡特别是背水有塘坑、堤脚软弱时,容易发生。

(5)临水堤脚被冲刷淘空以及水位骤降时容易发生。

(6)堤防存在隐患,引起局部蛰裂。

(7)与建筑物接合处接合不良。

(8)地震破坏。

(三)抢护原则

纵向裂缝和表面裂缝可暂不处理。但应注意观察其变化和发展,堵塞缝口,较宽较深的纵缝则应及时处理。横向裂缝应迅速处理。龟纹裂缝,不宽不深时可不进行处理,较宽较深时可用较干的细土予以填缝,用水洇实。

(四)抢护方法

(1)灌严裂缝:①灌堵缝口;②裂缝灌浆。

（2）开挖回填。

（3）模墙隔断。

4. 什么是风浪险情？原因及抢护原则是什么？如何进行风浪抢险？

答：（一）险情说明

堤坡在风浪的连续冲击淘刷下易遭受破坏。

（二）原因分析

一是风浪直接冲击堤坡，形成陡坎，侵蚀堤身；二是抬高了水位，引起堤顶漫水冲刷；三是增加了水面以上堤身的饱和范围，减小土壤的抗剪强度，造成崩塌破坏。

（三）抢护原则

消减风浪冲力，加强堤坡抗冲能力。

（四）抢护方法

抢护方法有：①挂柳防浪；②挂枕防浪；③土袋防浪；④柳箔防浪；⑤木排防浪；⑥湖草排防浪；⑦桩柳防浪；⑧土工膜防浪。

5. 闸常见险情有哪些？

答：闸常见险情有9种：①闸与土堤接合部渗水及漏洞抢险；②闸滑动抢险；③防闸顶漫溢；④闸基渗水或管涌抢险；⑤建筑物上下游连接处坍塌抢险；⑥建筑物裂缝及止水破坏抢险；⑦闸门失控抢堵；⑧闸门漏水抢堵；⑨启闭机螺杆弯曲抢修。

6. 闸与土堤接合部渗水及漏洞出险原因及抢护原则是什么？抢险如何进行？

答：（一）出险原因

（1）土料回填不实。

（2）闸体与土堤不均匀沉陷、错缝。

（二）抢护原则

堵塞漏洞的原则是临水堵塞漏洞进水口，背水反滤导渗；抢护渗水原则是临河隔渗、背河导渗。

（三）抢护方法

（1）堵塞漏洞进口：①布帘覆盖；②草捆或棉絮堵塞；③草泥网袋堵塞。

（2）背河导渗反滤：①砂石反滤；②土工织物滤层；③柴草反滤。

（3）中堵截渗：①开膛堵漏；②喷浆截渗；③灌浆阻渗。

7. 闸滑动出险原因及抢护原则是什么？如何进行闸滑动抢险？

答：（一）出险原因

（1）上游挡水位超过设计挡水位，水平滑动力超过抗滑摩阻力。

（2）防渗、止水设施破坏，地基土壤摩阻力降低。

（3）其他附加荷载超过原设计限值。

（二）抢护原则

增加抗滑力，减小滑动力，以稳固工程基础。

（三）抢护方法

（1）加载增加摩阻力。

（2）下游堆重阻滑。

(3)下游蓄水平压。

(4)圈堤围堵。

8. 闸顶漫溢的原因是什么?如何进行闸顶漫溢防护?

答:(一)漫溢原因

(1)设计挡洪水标准偏低。

(2)河道淤积。

(二)防护措施

(1)无胸墙开敞式水闸:可用平面刚架或木板放于闸门槽内,近水面分层叠放土袋,外置土工膜布或篷布挡水。

(2)有胸墙开敞式水闸:在胸墙顶部堆放土袋,近水面压放土工膜或篷布挡水。

9. 闸基渗水或管涌原因是什么?抢护原则是什么?如何进行闸基渗水或管涌抢险?

答:(一)原因

(1)水闸地下轮廓渗径不足。

(2)地基表层为弱透水薄层,其下埋藏有强透水沙层。

(二)抢护原则

上游截渗、下游导渗和蓄水平压,以减小水位差。

(三)抢护方法

(1)闸上游落淤阻渗。

(2)闸下游管涌或冒水冒沙区修筑反滤围井。

(3)下游围堤蓄水平压,减小上下游水头差。

(4)闸下游滤水导渗。

10. 建筑物上下游连接处坍塌的原因是什么?抢护原则是什么?如何抢险?

答:(一)出险原因

(1)闸前遭受水流顶冲、风浪淘刷。

(2)闸下泄流不均匀,出现折流。

(二)抢护原则

填塘固基。

(三)抢护方法

(1)抛投块石或混凝土块。

(2)抛石笼。

(3)抛土袋。

(4)抛柳石枕。

11. 建筑物裂缝及止水破坏的原因是什么?如何抢护?

答:(一)出险原因

(1)建筑物超载或受力分布不均。

(2)地基土壤遭受渗透破坏。

(3)地震力超出设计值。

(二)抢护方法

(1)防水快凝砂浆堵漏。

(2)环氧砂浆堵漏。

(3)丙凝水泥浆堵漏。

12. 闸门失控原因是什么？如何进行闸门失控抢堵？

答:(一)失控原因

(1)闸门变形、丝杠扭曲、启闭装置故障或机座损坏、地脚螺栓失效以及卷扬机钢丝绳断裂等。

(2)闸门底部或门槽内有杂物卡阻。

(3)高水位泄流量引起闸门和闸体的强烈振动。

(二)抢堵方法

(1)吊放检修闸或叠梁。

(2)框架——土袋屯堵。

13. 闸门漏水原因是什么？如何进行闸门漏水抢堵？

答:(一)漏水原因

闸门止水安装不善或久用失效。

(二)抢堵方法

从闸下游接近闸门用沥青麻丝、棉纱团、棉絮等填塞缝隙,并用木楔挤紧。也可用直径约 10 cm 的布袋,内装黄豆、海带丝、粗沙和棉絮混合物填塞漏水处。

14. 启闭机螺杆弯曲原因是什么？如何进行启闭机螺杆弯曲抢修？

答:(一)事故原因

(1)开度指示器不准确。

(2)限位开关失灵。

(3)电动机接线顺序错误。

(4)闸门底部有障碍物。

(二)抢修方法

可用活动扳手、千斤顶、支撑杆件及钢橇等器具进行矫直。

15. 巡堤查险的范围是什么？

答:巡堤查险的范围主要是临、背河堤坡,堤顶和距背河堤脚 50~100 m 范围内的地面、积水坑塘。

16. 巡堤查险的方法是什么？

答:(1)巡查临河堤坡时,1 人背草捆在临河堤肩走,1 人拿铁锨在堤半坡走,1 人持探水杆沿水边走。沿水边走的人要不断用探水杆探摸,借波浪起伏的间隙查看堤坡有无险情。另外 2 人注意察看水面有无漩涡等异常现象,并观察堤坡有无险情发生。

(2)巡查背河堤坡时,1 人在背河堤肩走,1 人在堤半坡走,1 人沿堤脚走。观察堤坡及堤脚附近有无险情。

(3)对背河堤脚外 50~100 m 范围内的地面及积水坑塘,应组织专门小组进行巡查,检查有无管涌、翻沙、渗水等现象,并注意观测其发展变化情况。

(4)堤防发现险情后,应指定专人定点观测或适当增加巡查次数,及时采取处理措施,并向上级报告。

(5)巡查的路线,一般情况下先查临河堤坡,返回时查背河堤坡,当巡查到两个责任接头时,两组应交叉巡查10~20 m,以免漏查。

17. 巡堤查险的工作制度有哪些?

答:①巡察制度;②交接班制度;③值班制度;④汇报制度;⑤加强纪律教育;⑥奖惩制度。

18. 巡堤查险中的"五时""五到""三清""三快"是什么?

答:"五时":①黎明时;②吃饭时;③换班时;④黑夜时;⑤狂风暴雨时。

"五到":①眼到;②手到;③耳到;④脚到;⑤工具料物随人到。

"三清":①出现险情要查清;②报告险情要说清;③报警信号和规定要记清。

"三快":①发现险情要快;②报告险情要快;③抢护要快。

19. 警号及出险标志是怎样规定的?

答:(一)警号规定

(1)口哨警号:凡发现险情,吹口哨报警。

(2)锣(鼓)警号:在窄河段规定左岸备鼓、右岸备锣,以免混淆。

(二)出险标志

出险、抢险地点,白天挂红旗,夜间挂红灯,或点火作为出险的标志。

20. 堤防常见险情有哪些?

答:堤防常见险情有:①漫溢;②管涌;③漏洞;④滑坡;⑤渗水;⑥跌窝;⑦坍塌;⑧裂缝;⑨风浪。

21. 什么是堤防漫溢? 原因及抢护原则是什么? 如何进行堤防漫溢抢险?

答:(一)险情说明

洪水水位超过堤顶。

(二)原因分析

洪水水位超过堤防的实际高度;河道内存在阻水障碍物,河道严重淤积,风浪或主流坐湾,以及地震、潮汐等壅高了水位。

(三)抢护原则

堤顶抢筑子埝。

(四)抢护方法

(1)纯土子埝。

(2)土袋子埝。

(3)桩柳(木板)子埝。

(4)柳石(淤)枕子埝。

22. 什么是渗水? 原因及抢护原则是什么? 如何进行渗水抢险?

答:(一)险情说明

在汛期或高水位情况下,背水堤坡及坡脚附近出现土壤潮湿或发软,有水渗出的现象,称为渗水,又叫洇水或散浸。

(二)原因分析

水位超过堤防设计标准;堤身断面不足、堤身土质多沙,又无有效的控制渗流的工程设施;筑堤碾压不实,土中多杂质,施工接头不紧密,堤身、堤基有隐患。

(三)抢护原则

以"临水截渗,背水导渗"为原则。

(四)抢护方法

(1)导渗沟法:①砂石导渗沟;②梢料导渗沟;③土工织物导渗沟。

(2)反滤层法:①砂石反滤层;②梢料反滤层(又称柴草反滤层);③土工织物反滤层。

(3)透水后戗法(又称透水压浸法):①沙土后戗;②梢土后戗(又称柴土帮戗)。

(4)临水截渗法:①黏性土前戗截渗;②桩柳(土袋)前戗截渗;③土工膜截渗。

23. 什么是管涌?原因及抢护原则是什么?如何进行管涌抢险?

答:(一)险情说明

发生在背水坡脚附近或较远的潭坑、池塘或稻田中,呈冒水冒沙的状态,叫作管涌。

(二)原因分析

堤基为强透水的沙层,或透水地基表层土层因天然或人为的因素被破坏,或者背水黏土覆盖层下面承受很大的渗水压力,在薄弱处冲破土层,将下面地层中的粉细沙颗粒带走。

(三)抢护原则

"反滤导渗",防止渗透破坏,制止涌水带沙。

(四)抢护方法

(1)反滤围井法:①砂石反滤围井;②梢料反滤围井;③土工织物反滤围井。

(2)减压围井法(又称养水盆法):①无滤围井;②无滤水桶;③背水月堤(又称背水围埝)。

(3)反滤铺盖法:①砂石反滤铺盖;②梢料反滤铺盖;③土工织物反滤铺盖。

(4)透水压渗台法。

(5)水下管涌抢护法:①填塘法;②水下反滤层法;③抬高塘坑水位法。

(6)"牛皮包"的处理方法:在隆起的部位,铺一层青草、麦秸或稻草,厚10~20 cm,其上再铺芦苇、秫秸或柳枝一层,厚20~30 cm,铺成后用锥戳破鼓包表层,使内部的水分和空气排出,然后压块石或土袋。

24. 什么是漏洞?原因及抢护原则是什么?如何探找进水口?如何进行漏洞抢险?

答:(一)险情说明

在汛期或高水位情况下,堤防背水坡及坡脚附近出现横贯堤身或堤基的流水孔洞,称为漏洞。

(二)原因分析

堤身、堤基质量差,当高水位时,在渗流集中的地方,堤内土壤被带走,孔穴由小到大,以致形成漏洞。

(三)抢护原则

"前堵后导",要"抢早抢小",一气呵成。

(四)探找进水口

①查看漩涡;②水下探摸;③观察水色;④布幕、席片探漏。

(五)抢护方法

(1)临河截堵:①塞堵法,如软楔法、草捆法;②盖堵法,如铁锅盖堵、软帘盖堵、网兜盖堵、门板盖堵;③戗堤法,如填筑前戗法、临水月堤法。

(2)背水抢护(同管涌抢护方法)。

25. 什么是滑坡?原因及抢护原则是什么?如何进行滑坡抢险?

答:(一)险情说明

堤顶或堤坡上发生裂缝或蛰裂,随着蛰裂的发展,坡脚附近地面土壤往往被推挤外移、隆起的现象叫作滑坡。

(二)原因分析

(1)高水位引起的背水坡滑坡。

(2)水位骤降引起的临水坡滑坡。

(3)堤身堤基有缺陷而引起的滑坡。

(三)抢护原则

背水坡滑坡的抢护原则是导渗还坡,恢复堤坡完整。临水坡滑坡的抢护原则是护脚、削坡减载。

(四)抢护方法

(1)滤水土撑法(又称滤水戗垛法)。

(2)滤水后戗法。

(3)滤水还坡法:①导渗沟滤水还坡法;②反滤层滤水还坡法;③透水体滤水还坡法,如沙土还坡法、梢土还坡法(又称柴土还坡法)。

(4)前戗截渗法(又称临水帮戗法)。

(5)护脚阻滑法。

第八章　防洪工程巡查观测

第一节　概　述

堤防工程是河道防洪的主要工程设施之一,是江河防洪工程体系中的重要组成部分。堤防工程属于挡水建筑物,是河道防洪的屏障,其主要功能就是束范洪水。工程管理工作的基本任务是保证工程完整和安全,维持工程应有的功能不衰退,使之正常运用,发挥其应有的作用和效益。因此,搞好堤防工程管理的最终目的是保护河道防洪安全,保护人民群众生命财产安全,保护国家经济建设的安全。因而,堤防工程管理工作责任重大,任务艰巨,是一项十分重要的工作。

堤防工程一般战线很长,建设工程量巨大,由于历史堤防工程建设多是利用冬春农闲季节,动员农民投工投劳,千军万马齐上阵,靠人推肩挑在历史民堤的基础上逐步加修起来的,工程质量差,堤身内部存在着洞、缝、松等缺陷;同时,堤防工程长期暴露于旷野之中、工程本身的缺陷,再加上风雨的侵蚀、害堤动物的破坏、人类活动的影响等各种复杂因素,导致堤防工程隐患、明患都较为常见。堤防工程在复杂的自然因素作用下,其功能、状态也会逐渐发生变化,产生缺陷。因此,在管理运用中如不及时进行检查观测、养护修理,则缺陷必将逐渐发展,影响工程的安全运用,严重的甚至会导致工程失事。

工程的检查观测是做好工程维修养护的基础。通过对工程进行检查观测,及时发现各种异常现象,经分析研究,判断工程内部可能产生的问题,进而采取适宜的检查观测、养护修理措施,以消除工程缺陷,保证工程完整和安全。因此,检查观测成果是安排工程养护修理、除险加固的依据,应高度重视工程的检查观测。

第二节　工程检查

一、检查目的

工程的损坏,常有一个从小到大、从轻到重、由量变到质变的发展过程,对工程进行经常、全面的检查,以掌握工程的工作状况和变化状态,采取有针对性的养护修理措施,防止或延缓工程损坏的发展过程,从而才能保证工程的安全运用。

工程检查就是用眼看、耳听、脚手触摸等直觉方法或借助简单的工具对堤防进行观察,以发现工程外露的不正常现象。工程检查简单易行,及时全面,许多问题往往是通过工程检查发现的。因此,应给予足够的重视。堤防工程的检查包括工程外表检查和工程内部隐患检查;工程外表检查又分为经常检查、定期检查、特殊检查、汛期安全巡查及专项检查等。

二、经常检查

经常检查是指为保证工程设施正常运行,工程管理人员按岗位责任制要求进行的检查。经常检查的内容、次数和时间等,应根据工程的具体情况而定,一般每月应进行一次,特殊情况下可增加检查次数,必要时对可能出现险情的部位,应进行昼夜监视。经常检查应着重检查堤防险工、险段及其工程变化情况,堤身上有无雨淋沟、浪窝、洞穴、裂缝、塌坑;有无害虫、害兽的活动痕迹;堤岸有无崩坍,护坡工程有无松动、塌陷、架空现象;排水沟有无损坏、堵塞情况;堤基有无渗透破坏(渗水、管涌)现象;河道主流有无变化,对河岸、滩地有无影响;沿堤设施(各种标志、标桩、标点、通信线路、观测设施及其他附属设施等)有无损坏、丢失;护堤林、草的生长情况,有无损失等。

对在经常检查中发现的问题,应做好记录,并按规定标准及时进行修复处理。

三、定期检查

定期检查是指基层管理单位按有关规定组织进行的工程全面普查,每年汛前、汛后各进行一次。重点堤段的检查,必要时可报请上级主管部门派员参加共同进行。基层管理单位对定期检查要填写检查记录,并编写检查报告报上级主管部门备案。

汛前检查一般于春季进行,应着重检查岁修工程完成情况、存在的问题,包括工程情况、河势变化情况等。对检查中发现的问题,必须于汛前组织处理完毕。对于汛前确实无法处理解决的问题,则应制订完善的应急度汛方案或措施,汛期加强防守,确保安全度汛。汛前检查还应包括防汛各项准备情况,如防汛责任制的落实,各类防汛预案(包括防御洪水方案、工程抢险、交通、通信、照明、迁安救护等)的制订,切实做好各项防汛准备工作。

汛后检查应着重工程在经过汛期运用后出现的问题、工程变化和工程水毁情况,并据以拟编次年岁修工程建议计划。对于比较严重的问题,或情况比较复杂,或修复工程量、投资比较大的水毁项目,还应编制专题报告,并报上级主管部门。

四、特殊检查

特殊检查是指当发现工程存在较复杂的问题,或发生重大事故,或发生特大洪水、特大暴雨、台风、地震及其他非常运用情况时,需进行的检查。特殊检查一般由基层管理单位组织进行,必要时可报请上级主管部门及有关单位(如设计、科研等),邀请有关专家会同检查。亦可申请上级主管部门直接组织检查。

特殊检查要对检查的项目或问题作出准确的判断,对工程安全状况的影响作出评价,提出处理措施或处理方案,写出专题报告,报上级主管部门。

五、汛期安全巡查

堤防工程的汛期安全巡查是工程安全运用的一个重要环节,是及早发现险情苗头,及早采取措施处理,消除险情于萌芽状态的前提条件。

堤防安全巡查一般采取徒步拉网式方法,即由 5~7 人(根据堤防工程情况,巡查人员可适当增加或减少)沿堤防断面一字排开,同时前行,进行排查。巡查范围包括堤身、堤岸、近堤水面、与堤防相接的各种交叉建筑物、堤防背水坡脚及坡脚外一定范围内的坑塘、洼地、水井、房屋。检查的内容包括有无裂缝、滑坡、洞穴、塌滩、塌岸、渗水、管涌、跌窝等,近堤水面有无异常,背水地面坑塘、水井有无翻沙冒水、水位升高等现象,房屋裂缝或其他不正常现象,与堤防交叉的建筑物有无裂缝、蛰陷,与堤防接合部位有无渗漏等。

堤防巡查应注意以下几点:①加强领导,责任落实到人;②加强技术指导,统一巡查记录格式,发现险情后,记录的内容要全面,如出险时间、地点、位置、险情类别、险情描述(给出量的概念)、绘制草图,同时记录水位和天气情况,必要时进行相关测量、摄影、录像;③加强巡查人员的抢险意识,一旦发现险情,应立即应急措施,避免险情扩大,同时向上级部门报告;④报告的内容除前述记录的内容外,还包括采取的处理措施,下一步的措施建议,需要的人、物、工具设备及数量等;⑤要注意巡查人员的安全。

六、专项检查

专项检查主要包括隐患探查、根石探测等。

堤身内部经常发生的隐患主要有裂缝(不均匀沉陷、干缩、龟裂、施工工段接头、新旧堤接合面等)、空洞(动物洞穴、天然洞穴)、人为洞穴(藏物洞、墓穴)、松软夹层、植物腐烂形成的空隙、堤内暗沟、废旧涵管等。

在工程检查中,除凭人的感觉进行观察外,还应采取必要的手段措施进行工程探查,以达到早发现并消除堤身隐患、保证堤防安全运用的目的。常用的方法有人工或机械锥探、地球物理勘探(主要是电法探测)。

(1)人工锥探的方法是黄河修防工人在工作实践中创造的,是了解堤身内部隐患的一种比较简单的钻探方法。

(2)机械锥探由人工锥探发展而来,由机械打锥机代替人工打锥。国内使用的打锥机械种类较多,尚无统一定型产品。

(3)电法隐患探测是地球物理勘探的一种方法。它根据地下岩土在电学性质上的差异,借助一定的仪器装置,量测其电学参数,通过分析研究岩土电学性质的变化规律,结合有关堤身土壤资料,推断堤身内部隐患存在情况。目前,国内采用地球物理勘探技术探测堤防隐患的方法主要是直流电阻率法、自然电场法、瞬变电磁法、放射性同位素示踪法、瞬态面波、地质雷达等,而应用比较广泛的是直流电阻率法,近年来高密度电阻率法的使用尤为普遍。

第三节　工程观测

一、堤防工程观测

(一)观测内容

堤防工程观测的内容主要有以下方面:

(1)渗流观测。包括堤身渗流(浸润线)、堤基渗流及渗流量观测。

(2)堤防临河水位观测。

(3)堤身及基础位移观测。包括垂直位移(沉陷、塌陷)、水平位移(堤身滑动、软弱夹层滑动等)观测,若有裂缝,还有裂缝监测。

(4)堤身隐患探测(包括洞穴、裂缝、松弱夹层)。

(5)穿堤建筑物对堤身影响观测。

(6)近堤水流形态及河势变化观测。

(7)河道冰情观测。

(二)观测现状

堤防工程观测的目的是了解、掌握工程及附属建筑物的运用和安全状况,在工程检查的基础上,依靠对观测资料的分析研究,掌握工程在运用过程中的变化规律和变化原因,及时采取相应的工程措施,消灭工程险情于萌芽状态,防止事故发生,从而保证工程的安全运用。同时通过原型观测资料的积累,检验工程设计的正确性和合理性,为科研积累资料,提高堤防工程设计水平。

结合河流具体情况,堤防工程观测应开展的基本观测项目主要有工程变形观测,包括垂直位移(沉降、沉陷)和堤身裂缝等;渗流观测,包括堤身浸润线和堤基渗透压力、渗流量及水质观测;水位观测等。对于重要河流,根据工程安全和运行管理的需要,还应有选择地设置堤身水平位移、河道水流形态及河势变化、河床冲淤、河岸坍塌、防浪林带消浪防冲效果、附属建筑物的水平位移及垂直位移、波浪、冰情等项目的观测。

目前黄河下游防洪工程观测设施设置较少,堤防、河道整治工程运行安全动态信息主要靠每年汛前的徒步拉网普查和一线管护人员日常巡视检查获得。反映河势信息的河势图主要靠眼观手描绘制;根石断面信息靠人手持竹竿探摸获得;水闸工程虽布设有测渗流的测压管和监测沉降的水准点设施,但设备起点低,且大部分已超期服役,设备陈旧、老化、损毁现象严重,测值可信度较低。1998 年起黄河下游各水管单位都采用电法对部分堤防进行了堤防隐患探测,但探测结果受人为解析、经验不足等因素影响,使隐患成果的可靠性与指导作用受到限制。

黄河堤防的安危关系到黄河健康生命,关系到黄淮海平原亿万人民群众生命财产的安全,历来为世人所瞩目。为及时掌握黄河下游各类防洪工程的实际运行状态,及时发现险情,真正做到对险情“抢早抢小”,保证工程安全,必须配备相应的观测设施。

1. 垂直位移观测

垂直位移观测主要观测堤身沉降量。观测断面桩点的设置可利用沿堤埋设的里程碑,也可专门设固定测量标点。地质条件比较复杂的堤段,应适当加密测量标点。

堤防工程竣工后,无论是运行初期还是正常运行期,都应定期进行堤身沉降量的观测。工程运行初期,堤身填土尚未固结稳定,大部分沉降量将在这一阶段发生,因此要加强对堤身沉降量的观测,以了解土体的沉降速度和稳定性。当工程进入正常运行阶段后,堤身填土逐步趋于稳定,年观测次数可以减少,但至少每年汛后要进行一次全面观测,以为工程次年岁修提供依据。

2. 裂缝观测

裂缝观测是堤防工程常见的一种险情观测，它是外界因素使其内部应力作用大大超过允许值，从而使其损伤达到危险程度的集中表现，是堤防出现结构性危险的最明显的信号，它很可能是其他险情(如滑坡、崩岸等)的前兆，由于它的存在，雨水或洪水易于入侵堤身，常会引起其他险情。一旦发现裂缝，应分析判断裂缝类别及产生的原因，并进行观察、观测，了解其发展趋势，为采取处理措施提供依据。出现裂缝后，内部应力在各个部位重新分配，如果未及时发现、处理，就有可能危及堤防的安全。因此，要加强对裂缝的发展情况和活动规律的观测，及时、准确地掌握裂缝活动的有关情况，才能有效地提高安全监测系统的耳目作用和预警作用，才能防患于未然。

1)裂缝的产生原因和一般分类

堤顶、堤坡和浆砌石护坡裂缝产生的主要原因有材料、施工、使用与环境、结构及作用(荷载)和其他等5个方面。按成因分，有沉陷裂缝、滑坡裂缝和干缩裂缝；按方向分，有纵向裂缝、横向裂缝和龟纹裂缝。纵向裂缝(平行堤轴线或呈弧形)有两类：一种是沉陷裂缝，另一种是滑坡裂缝。沉陷裂缝和滑坡裂缝的主要区别是：沉陷裂缝的形状接近直线(多由堤基的一均匀沉陷引起)，它基本上是铅垂地向堤身内部延伸，错位不大；滑坡裂缝由堤坡的滑坡引起，一般呈弧形向坡面延伸，缝的发展过程逐渐加快，跌坝明显，错距较大，在裂缝发展后期，可以发现在相应部位的坝面或坝基上有带状或椭圆状隆起。横向裂缝(垂直堤轴线)：沿轴线方向的堤段由于不均匀沉陷，产生横向裂缝，这种裂缝比较危险。龟纹裂缝：主要由于干缩引起，其方向无规律、纵横交错，缝间距较均匀。龟纹裂缝一般不影响堤防的安全。

裂缝按部位分有表面裂缝和内部裂缝。其中内部裂缝是堤防内部产生的裂缝，从外表看很难察觉。明确了裂缝的分类，就可以知道什么裂缝的危害性大，从而在裂缝的观测工作中抓住重点，有的放矢。

2)裂缝的观测

裂缝的观测包括位置、走向、缝宽、缝长和缝深等项目。常用的方法为人工观测，条件允许时，还可利用堤防隐患探测仪进行探测。人工观测，可在裂缝堤段以定长间隔撒白灰网格线的方法，每间隔一定时间，测记缝长和缝宽，并按适当比例绘制平面图。需要了解缝深时，一般采取坑深法，探坑的开挖须经上级主管部门批准后方可进行。探坑的开挖应注意坑壁支撑，防止发生事故。事后要及时按照筑堤质量要求，分层夯实回填。

3. 渗流观测

堤防工程在汛期高水位时极易发生堤坡滑移、堤基翻沙涌水等渗透破坏现象，而这些渗透破坏所造成的后果往往是非常严重的。因此，进行渗流观测，要了解浸润线的位置和变化情况，了解渗流量及渗流水质的变化情况，从而判断堤防工程运用过程中的渗流是否正常。渗流观测还应结合现场观测和实验室的渗流破坏性试验，测定和分析堤基土壤的渗流出逸坡降和允许水力坡降，判断堤基渗流的稳定性。

1)堤防浸润线观测

堤防浸润线是判断堤身稳定性的重要参数，常用的观测方法是测压管法。

(1)观测断面的布置原则。应根据堤防工程情况,在有显著地形地质弱点、堤基透水性大、渗径短、对控制渗流变化有代表性、最有可能出现异常渗流的堤段布设观测断面,埋设测压管。每个有代表性的堤段布置观测断面应不少于3个,断面间距一般为300~500 m,若堤段内地形地质条件无异常变化,间距还可适当放宽。观测断面一般应统一考虑,多项目观测结合布置。当然,视情况也可进行单一项目的观测。

(2)测压管的布置。观测断面上测压管的布置应以能反映断面上浸润线的情况为原则,其位置、数量、埋深、测压管的结构等,应根据堤段的水文地质条件、堤身断面的结构形式以及采取的渗流控制措施等情况进行综合分析确定。

(3)测压管的结构组成。测压管一般由透水管、导管和管口保护设备三部分组成。透水管要求能进水滤土,起反滤作用;导管与透水管连结,引出堤表与管口保护设备连接,用于量测测压管内水位;管口保护设备用于防止杂物进入管内堵塞测压管。

(4)测压管水位观测。常采用吊索法和电测水位器法。通过量测测压管管口到水面的距离,由管口高程换算出测压管内水位。注意,为保证量测精度,应定期校测管口高程和吊索长度。

2)渗流量观测

渗流量观测主要了解堤防工程在运用过程中渗流量的大小及其变化规律,以监测堤基、堤身的渗流安全状态。观测方法一般采用容积法或量水堰法。容积法是将水渗入引水容器,量测渗水体积,根据记录时间,计算渗水流量。如果渗水流量比较大,可用量水堰法,一般采用直角三角堰或梯形堰。

正常渗流的渗水是清澈的,如果渗水中含有泥沙颗粒,或含有某种可溶盐成分,则表现为浑浊不清。这说明堤身或堤基土料中有部分细颗粒被渗水带出,或土料受到溶滤,而这些常常是有害渗流或管涌等渗透破坏的前兆。故经常检测渗水的透明度,根据其变化情况了解堤防是否安全,是重要手段之一。因此,根据需要,可结合渗流量的观测,测验渗水的透明度。如果事先率定出透明度和含沙量的关系曲线,检测出透明度,即可判断渗水的含沙量。

透明度的观测一般用透明度管检测。透明度管由直径3 cm、高35 cm的平底玻璃制成,管壁刻有刻度。检测时,用一块印有5号字体的汉语拼音字母板,置于管底以下4 cm处,从管口通过检测水样观看,看清字体时的管中水深值即为透明度。透明度为30 cm时为清水,透明度愈小,则含沙量愈大。

二、河道整治工程观测

河道观测的目的在于及时掌握河道纵、横向变化,河道防洪工程的作用,分析研究河道变化规律,预估河道发展变化趋势,进而研究河道治理的工程措施,以使河道防洪及河道治理工作建立在科学可靠的基础上。河道观测的内容包括河势观测、河道断面测量、水下河道地形测量等。这里简要介绍河势观测及河道断面测量。

（一）河道整治工程观测的内容

（1）根石位移（走失）观测。

（2）坝垛位移监测信息（分裹护段和非裹护段）。

（3）坝前水位、流速、流向观测。

（二）河势观测

河势观测一般采用目估河势法和实测河势法。

1. 目估河势法

目估河势法即用眼观察估计，将水边线、主流线绘制在已测绘的河道地形图上。这个方法较为简单，技术要求低，速度快，但精度较差。如果查勘时所用的河道地形图准确，又能利用无标尺测距仪测距，则目估河势图也能满足要求。黄河上采用的就是目估河势法。

目估河势法可乘船观测，也可沿滩岸步行或利用代步工具（自行车、汽车等）进行观测。在观测过程中，目估水边线位置、水面宽度、塌滩还滩情况时，可借助河道两岸滩地上相对稳定的自然地物地貌（必要时可设置专门的断面桩）确定，并对基层管理单位和沿岸居民进行调查访问。主流线的测绘主要是根据河道水流特征，依靠观测者的经验进行估计。如果有河道断面测量成果，可参照断面深泓点位置，对目估主流线进行校绘。

2. 实测河势法

实测河势法是应用测量仪器进行观测，一般采用经纬仪或六分仪进行测绘，有条件的也可用平板仪进行测绘。该方法的优点是测量成果精度高，准确可靠，但施测过程较为复杂，技术要求高，工作进度较慢。

注意，不论采取什么观测方法，绘制河势图都应注明观测时间、河道控制站的流量和水位等。

（三）河道断面测量

通过断面测量可以确定河道断面形态、河段比降及河道深泓线比降。对不同时间的测量成果进行比较，可以反映两测次间河道断面的冲淤变化，计算其冲淤量。河道断面测量成果是分析研究河道纵横向冲淤变化规律、研究河道排洪能力的重要依据。河道断面测量，首先要布设测量断面，确定测量范围和施测次数。测量断面的布设应按照河道防洪要求和河道平面形态确定；测量范围包括水道断面测量和岸上水准测量两部分，有堤防河道应测至堤防背水侧的地面，无堤防河道应测至历史最高洪水位以上；比较稳定的河床，一般每年实测一次，不稳定的河床，除每年汛前、汛后各测一次外，每次较大洪水均应增加测次。

三、水闸检查观测

按照黄委会1985年颁发的《黄河下游涵闸工程观测办法》，对涵闸进行检查和观测。同时按照《水闸技术管理规程》（SL 75—2014）、《水工钢闸门和启闭机安全检测技术规程》（SL 101—2014）、《水闸设计规范》（SL 265—2016）、《水闸安全评价导则》（SL 214—2015）等规定的要求执行。

(一)水闸检查观测的主要任务

(1)监视水情和水流形态、工程状态变化和工作情况,掌握水情、工程变化规律,为正确管理提供科学依据。

(2)及时发现异常现象、分析原因、采取措施,防止事故发生。

(3)验证工程规划、设计、施工及科研成果,为发展水利科学技术提供资料。

(二)工程观测的内容

涵闸工程观测项目包括沉陷和水平位移、扬压力、裂缝及伸缩缝、绕渗、混凝土碳化、水流形态、涵闸上下游冲淤和冰情等;涵闸工程水文测验项目包括上下游水位、闸门开启高度、孔数、引水流量、含沙量、水流形态等。各项工程观测及水文测验按相关规范要求执行。

具体到黄河下游防洪工程的实际情况,应具备下列内容:

(1)水闸与大堤接合部渗流观测。

(2)水闸与大堤接合部开合、错动位移观测。

(3)上、下游水位观测。

(4)闸基扬压力观测。

(5)水闸建筑物位移(包括垂直位移、水平位移)观测。

(6)闸体裂缝观测。

(三)涵闸检查的方式

涵闸工程检查工作,包括经常检查、定期检查、特别检查和安全鉴定。

(1)经常检查的范围和周期:涵闸管理单位应经常对涵闸各部位、闸门、启闭机、机电设备、通信设施、管理范围内的河道、堤防、水流形态等进行检查。检查周期:每10天检查一次。

(2)定期检查的范围和周期:每年汛前、汛后或引水期前后,应对涵闸各部位及各项设施进行全面检查。汛前着重检查岁修工程完成情况、度汛存在的问题及措施;汛后着重检查工程变化和损坏情况,据以制订岁修工程计划。冬季引水期间,应检查防冻措施落实及其效果等。

(3)特别检查:当涵闸工程遭受特大洪水、风暴、强烈地震和发生重大工程事故时,必须及时对工程进行特别检查。

(4)安全鉴定的周期:涵闸工程投入运用后每隔15~20年应进行一次安全鉴定;若单项工程达到折旧年限,应适时进行安全鉴定;对影响安全运行的单项工程,必须及时进行安全鉴定。

引黄涵闸的安全鉴定工作由管理单位报请山东局、河南局组织实施,分泄洪闸的安全鉴定工作由黄委会组织实施。

定期检查、特别检查、安全鉴定结束后,应根据成果作出检查、鉴定报告,报上级主管部门。

(四)水闸检查观测的基本要求

(1)检查观测应按规定的内容或项目、测次和时间执行。

(2)观测成果应真实、准确,精度符合要求,资料应及时整理分析,定期整编。检查资料应详细记录,及时整理、分析。

(3)检测设施应妥善保护;检测仪器和工具应定期检验、维修。

第九章 黄河下游河道和滩区综合治理

第一节 对黄河下游河道输沙能力的再认识

一、高含沙水流特性

黄河高含沙水流之所以具有强大的输沙能力,是由于细颗粒的存在改变了流体的性质,使水流黏性大幅度增加,粗颗粒的沉速大幅度降低,使得很粗的泥沙粒在高含沙水流中输送也变得很容易。而河床对水流的阻力没有明显的改变,仍可用曼宁公式进行水力计算,在同样比降、水深的情况下,产生的流速不会减小。因此,利用黄河高含沙水流特性输送黄河泥沙,是十分经济理想的途径。

二、多沙并非一定形成坏河

以黄河中游发源于粗泥沙区的主要支流渭河、北洛河下游河道为例。渭河、北洛河下游河道的流量与比降均比黄河干流小,含沙量比黄河高。以流量最小的北洛河为例,多年平均流量仅 25.4 m^3/s,含沙量 128 kg/m^3,与黄河下游相比,流量差 5.3 倍,含沙量差 3.4 倍;河道比降为 1.7,略缓于黄河下游。但是前者却形成窄深稳定的弯曲性河流,而后者却形成宽浅游荡性堆积的河道。其缘故如下:

根据对北洛河、渭河水沙条件与河床演变资料分析,主要是后者的来水来沙组合有利于后者形成,其泥沙主要由高含沙洪水输送,含沙量大于 300 kg/m^3 的洪水挟带的泥沙量分别占年总沙量的 72.4%和 40.3%,丰沙年份常达 80%甚至 90%以上。而造成塌滩的低含沙洪水很少发生,平水期流量小,含沙量低,河床不仅不淤,还会发生冲刷。造成塌滩的低含沙洪水,北洛河 1958—1988 年的 31 年中,仅于 1976 年、1983 年发生两次。在这样特殊的条件下,塑造出比渭河更窄深的断面形态,河宽与水深的比值甚至小于 10,看上去宛如一条规顺弯曲的渠道。显然这样窄深河槽适合高含沙洪水的输送。由此可见,在一定的条件下,含沙量高的河流也可形成稳定的河流。

三、窄深河槽的输沙特性

系统分析黄河主要干支流不同河段大量实测资料可知,河道具有窄深河槽是保证高含沙洪水长距离稳定输送的必要条件。

低含沙洪水期粗泥沙的输移特性表明,在流量大于 2 000 m^3/s 以后,随着流量的增大,平均河底高程不断降低,粒径在 0.05~0.1 mm 的粗颗粒泥沙在洪水期也可顺利输送,水库若利用洪水期排沙,就不必拦粗排细。

以上分析计算表明，目前的山东河道在发生流量为3 000 m^3/s 的洪水时，不仅能够顺利输送含沙量约为200 kg/m^3 的泥沙，即使含沙量增加到300～800 kg/m^3，也能顺利输送。黄河窄深河槽存在的巨大输沙潜力，为解决黄河下游泥沙问题指明了方向。

四、淤区放淤作用

针对黄河下游"二级悬河"不断加剧、堤河串沟隐患犹在、村台标准多未达标、低洼地段常年积水、沙荒区域遇风弥漫、控导工程单薄难助、坑塘（村塘）星罗棋布的现状，在黄河下游有计划地实施滩区放淤，是治理黄河的重要举措之一，通过引洪放淤，特别是挖河与淤滩相结合，可以达到主河槽与滩地同步治理的目标。黄河下游淤区放淤与逐步消除"二级悬河"、塑造维持中水河槽、增强黄河堤防安全、提高控导工程抵御洪水能力、改善滩区安全建设等息息相关、相辅相成。

五、逐步消除"二级悬河"

黄河以"善淤、善冲、善陡"闻名于世，下游河道长期处于强烈的淤积抬升状态，河床平均每年抬高0.05～0.10 m，现行河床一般高出堤外两岸地面4～6 m，最多高出100 m以上，形成"地上悬河"。采用自流引洪放淤技术是治理"二级悬河"的有效途径。黄河下游滩区引黄灌溉工程较多，利用控导工程或险工下延修建的引水闸，有计划地开展滩区放淤，不断抬高低滩地面高程，逐步减弱"二级悬河"带来的潜在威胁。

六、塑造与维持下游中水河槽

塑造与维持下游中水河槽是一项长期的治黄任务。靠调水调沙与采用人工扰沙解决卡口段过流能力小的问题，是受条件限制的。主河槽河床泥沙一般较粗，被冲起的较粗泥沙还会在一定的距离内重新淤积在河床上，参加造床作用。要改善河床粗化局面，达到治本的目的，就要在卡口河段实施挖河试验，将较粗泥沙淤筑到堤河、串沟，可实现增大河道行洪能力，提高堤防安全、改善滩区生态环境的多重目标。因此，黄河下游滩区放淤形成中水河槽，是黄河下游形成中水河槽的重要途径之一。

第二节　黄河下游河道的治理方向

一、黄河下游河道治理方向

实测资料分析表明，游荡性河道的河槽形态，随着来水来沙变化，会发生相应的调整，来沙量大幅度减少，河槽冲刷趋向窄深；小水带大沙淤积河槽；高含沙洪水塑造窄深河槽；较大的清水基流冲刷塌滩。在游荡性河道比降陡、水沙变幅大的情况下，各种水沙相互制约，相互破坏，使游荡性河道经常呈现宽浅散乱的形态，河势变化呈现随机性，在目前整治条件下不能形成稳定的中水河槽。

由于河槽宽浅河段输沙能力低，是造成目前高含沙洪水在黄河下游严重淤积的主要原因。同时河槽宽浅无法约束洪水期河势的突然变化,常造成平工出险,险工脱流,产生十分被动的防洪局面。因此,从减淤与防洪河道整治上考虑,都需要把宽浅游荡河段治理成具有窄槽宽滩的规顺河道。

二、改造宽浅游荡性河段的可行途径

对于宽浅游荡性河段的改造,首先要改变来水来沙条件,控制小水淤槽,泥沙应主要由洪水输送,自行塑造窄深河槽,然后充分利用其功能实现输沙入海。从渭河、北洛河形成的水沙条件与黄河下游高含沙洪水期间河槽形态的调整分析,是经济可行的,只要能人为地产生历时较长、流量比较稳定的高含沙洪水,则可产生显著的改造河道和减少淤积的效果。

三、小浪底水库的调水调沙任务与运用方式

由于近年来黄河水沙条件的不利变化,下游河道萎缩,产生一系列的严重问题,应主要通过水库调水调沙改变进入下游的水沙组合来解决。这是因为冲积河流具有自动调整的功能,即水流塑造河槽,河槽约束水流。河槽特性决定水流强弱,从而决定河流的输沙特性。小浪底水库应当承担此项调水调沙任务。

从黄河下游河道输沙规律、防洪和水资源充分利用出发,小浪底水库调水调沙的任务是:尽量把黄河小水挟带的泥沙调节成主要由大流量高含沙量洪水输送,防止小水挟沙过多淤积河槽。为此,应采取泥沙多年调节的运用方式,平枯水年蓄水拦沙,兴利发电,在丰水年的洪水期,流量大于3 000 m^3/s 时集中进行泄空冲刷,形成黄河泥沙主要由大流量高含沙洪水输送,利用其滩淤槽冲改造宽浅河道为窄深河槽,并利用窄深河槽在大水时输沙能力大的特点,使输沙用水量集中在小浪底水库无法调节利用的丰水年的洪水期,一般年份取消输沙用水,从而实现输送高含沙洪水入海的目标。

四、加速宽河道整治的必要性

在制定小浪底水库调水调沙运用规则时,按照冲积河流形成的原理,根据不同的来水来沙条件会形成不同的河槽形态,从而发展成不同的河型,选择最优的水沙组合宽浅河道进行改造,尽量控制小水挟沙对河槽造成的淤积。但河流的调整与稳定往往需要较长的时间,其中游荡性河道比降陡、河岸抗冲能力差的特点,在短期内不会有大的改变,且流量小于1 500 m^3/s 的清水进入下游河道,还会造成上段河道冲刷,流量较大的清水基流会造成游荡性河段塌滩,破坏新河槽的稳定。因此,需要对游荡性河段双岸同时进行整治。双岸整治可防止水库运用初期清水冲刷塌滩,有利于形成具有较大滩槽高差、窄槽宽滩的新河道。既有利于河道输沙,又可利用滩地滞洪,使出库的高含沙洪水能长距离稳定输送大量泥沙入海,而不淤积河槽,可基本控制下游河道长期内不淤积。同时,由于窄槽对河势的控导作用,游荡性河道也可以逐渐稳定,使河型发生根本性变化。泥沙淤积与防洪问题都能得到较为彻底的解决。

第三节　放淤技术

一、滩区放淤条件

实施滩区放淤，除必须具备一定的水沙条件、滩区地形条件和社会经济条件外，还必须具备放淤工程措施、机械设备和放淤控制技术。

（一）水沙条件

小浪底水库是以防洪、防凌、减淤为主，兼顾供水、灌溉和发电，确保黄河下游防洪（凌）安全、处理黄河泥沙的控制性工程。水库总库容 126.5 亿 m^3，其中防洪库容 40.5 亿 m^3，调水调沙库容 10.5 亿，拦沙库容 75.5 亿 m^3，其减淤效益相当于黄河下游河床 20 年不抬高。

近年来，黄河下游来水来沙情况发生了较大变化。在汛期，除进行调水调沙外，其他情况下一般下泄清水。所以，在近些年，要尽量利用水库泄放大流量且有一定含沙量时的水沙条件，特别是在调水调沙期间，相机实施引洪放淤。例如：2004 年 8 月中旬，受中游降雨影响，小浪底水库及时进行调水调沙，24 日花园口水文站洪峰流量为 3 550 m^3/s，最大含沙量为 394 kg/m^3，洪水历时 13 d。根据黄河水情信息网站资料计算，花园口断面输水量为 17.4 亿 m^3，输沙量为 1.51 亿 t。像这样的洪水，对引洪放淤十分有利。

（二）地形条件

由于黄河下游滩区横比降较大，对自流引洪放淤十分有利。放淤（灌溉）闸依托控导护滩工程或险工下延而建。渠道可纵向、横向布置，基本上都满足渠道比降要求。

（三）工程条件

引洪放淤工程包括渠首引水工程和淤区工程两部分。

1. 渠首引水工程

永久性引洪放淤必须由渠首引水工程控制，这是放淤安全的重要保证。黄河下游中低滩区灌溉引水工程依托控导护滩工程或险工下延建闸，其中一部分引水闸按淤灌结合模式设计，其渠首闸和输水干渠具有灌溉、放淤的功能。渠首闸的设计，同时符合对引洪放淤的引水流量和枯水季节灌溉引水水位的要求。

2. 淤区工程

滩区引洪放淤根据淤筑部位（或目的）可分为淤临固堤、淤滩改土、淤村塘洼地、淤串沟、淤沙荒地等类型。其针对性较强，不同的放淤目的有不同的放淤标准和要求，所采用的放淤技术措施也就不尽相同。根据地形和淤区实际情况，需对淤区进水口门、围堤、退排水及交通衔接工程等进行统一规划。

（四）机械设备

随着科技的发展，机械设备开发研制水平不断提高，适用于黄河下游河道疏浚和淤滩的机械设备也在不断改进和完善。目前，放淤机械设备主要有如下几种。

1. 清淤及绞吸式抽沙泵

河道射流清淤是在清淤船上配置一系列射流喷嘴，由水泵形成高速水流，将河底泥沙冲起，然后由河道水流将冲起的泥沙送往下游。其作用包括冲起泥沙、增加河道的输沙量，也包括为河道水流创造良好的边界条件，提高河道水流的输沙能力，促进河道洪水冲刷。射流清淤船由船舶载体（作业平台）和射流系统两大体系组成。

LQS250-35-1 绞吸式抽沙泵是2004年黄河第三次调水调沙试验期间由河南黄河河务局、黄河水利科学研究院等单位引进开发的比较适合黄河下游情况的一种扰沙、抽沙设备，不仅适用于边流区，同时适用于主流区作业，并已通过专家鉴定。该泵标称流量为250 m^3/h，扬程为35.0 m，总功率为45 kW，单泵扰沙能力为300 m^3/h。

2. 绞吸式挖泥船

绞吸式挖泥船工作系统主要包括船舶载体（作业平台）和泥沙搅动系统。绞吸式挖泥船在国内外江河湖泊疏浚中均有广泛的应用，通过其绞刀搅动河床泥沙，形成高含沙量的泥浆，利用泥浆泵和输沙管道将搅动起的泥沙输送到预定地点。

国内江河疏浚拖淤使用的大中型挖泥船主要有海狸1600型、海狸600型、B1600型、国产120型和国产80型五种型号，其中海狸船型由荷兰生产，其他船型多为国内生产。近年来，国内外江河湖泊及港口疏浚使用的以海狸1600型、海狸600型和国产120型挖泥船为多。

3. 泥浆泵组合接力设备

泥浆泵组合接力施工方法就是利用高压水泵形成高压水流，通过水枪将土冲成泥浆，用若干小泥浆泵将泥浆吸出，然后集中起来，再由大泥浆泵将泥浆输送到指定位置。利用水力开挖，并用泥浆泵输送是一种广泛应用的施工方法，常用于河道疏浚、堤防加固等。泥浆泵组合接力则是将大小泥浆泵有机组合在一起，进行远距离输送，以达到开挖、运输、填筑的施工目的。

（五）管理技术

多年来，黄委会在防汛指挥、调度、工程运行管理方面积累了丰富经验，尤其是黄河小北干流放淤实践，为大规模实施放淤调度提供了经验和科学依据，对黄河下游滩区放淤具有重要的借鉴作用。

对引洪放淤全过程实施科学管理是保证放淤工程顺利运行的关键。首先，应成立放淤指挥部，按放淤计划和分工，各司其职。其次，放淤工程要由专人负责，加强对淤区进水闸、输水渠、围堤、退水闸的巡查，遇到险情及时上报，并采取有效措施加以抢护。对涉及淤区淹没和退排水的问题，应按有关政策统筹解决，安排好群众生产生活。

二、引洪淤滩技术

引取高含沙水流通过自流方式进行放淤称为引洪放淤。引洪放淤主要应用在背河洼地、盐碱地、沙荒地和滩区的洼地、堤河、串沟、坑塘等处。

（一）淤区设计原则

引洪淤滩技术是一项系统工程。放淤效率与引水引沙条件和沉沙、放淤控制技术等有关。放淤工程规划设计遵循如下原则：

（1）要综合利用江河水沙资源，充分发挥粗沙固堤填洼、细泥沙改土肥田、一水多用的综合效益。

(2)通常采取分区分期轮番放淤,力争当年放淤、当年耕种。

(3)健全排水和截渗系统,消除或减小放淤对附近地区地下水位的影响,避免次生盐碱化,并要考虑大量引洪放淤对干流河道用水和通航的影响。

(4)选择地势低洼、土地贫瘠、人烟稀少、引水排水条件较好的地方作为放淤区,并要尽量利用原有的引水和排水设备,不改变自然流势,还要尽量利用原有的堤防、高岗作为围堤,减少工程投资。

(5)力求放淤区落淤分布均匀,土壤颗粒级配良好,利于农业耕种。

(二)放淤工程

引洪放淤针对性较强,不同的放淤目的有不同的放淤标准和要求,所采取的放淤技术措施也就不尽相同。放淤工程包括引水口门、输水渠道、围堤、退排水及交通衔接工程等,利用已有的渠首引水闸和输水干渠进行放淤,可以节约大量工程投资。

1.引水口门

黄河下游中低滩区灌溉引水工程均建在控导护滩工程或险工下延工程上,其中一部分引水闸按淤灌结合模式设计,这种引水闸为砌石和混凝土混合式的永久性涵闸。淤灌引水闸的设计既要满足引洪放淤的引水流量要求,又要考虑枯水季节灌溉引水水位。例如:菏泽地区黄河滩区的一些灌区引黄闸,设计引水放淤流量一般为 20 m^3/s,灌溉引水的设计引水水位为大河枯水流量 400~450 m^3/s 时对应的水位。这些工程的修建,为黄河下游引水淤临固堤、淤滩改土实施控制提供了可靠条件。

在一些需要引洪放淤的滩区,只要有控导护滩工程依托,就可根据淤筑地段的引水和淤筑条件,因地制宜地进行引水闸的设计。

2.输水渠道

根据引洪放淤要求,采用输沙冲淤平衡原理设计断面尺寸和比降,确定渠道的水流挟沙力。渠道断面采用梯形水力最佳断面,渠道的设计流速应满足不冲和不淤条件。设计时以临界不冲流速条件为依据,用临界不淤流速作为核验。在引洪放淤完成以后,按灌溉面积所需的引水能力修改渠道断面。

1)渠道断面设计

引洪渠道的横断面设计主要是设计渠道的横断面形状。引洪渠道自身的特点决定了在其横断面设计上具有以下特点:①为了保持水流的稳定,对于坡度大的渠道一般采用宽浅式断面,水深最多不超过 1.5 m,对于坡度较小的渠道则采用窄深式断面为宜,以减少渠道的淤积;②渠道边坡比清水渠道要陡些,一般来说,黏性土壤渠床采用 1:0.3~1:0.5 的边坡较好,壤土或沙性壤土渠床采用 1:0.5~1:1的边坡较好;③渠道的超高和顶宽可比清水渠道略大一些,使渠道有较大的安全值;④引洪渠道横断面的形状可视渠道材料采用矩形或梯形断面,以增加稳定性,一般不提倡采用 U 形断面;⑤渠道表面可根据使用时间长短和地基土质状况,采用不同的衬护防渗形式或不必衬护。

2)渠道允许不冲流速

渠道允许不冲流速是指渠床土粒将要移动而尚未移动时的临界流速,是渠道允许过流的上限值。计算允许不冲流速值的经验公式很多,如适用于沙质土、砾石土、砂卵石渠床的列维公式,适用于黄土渠床的沙玉清公式和西北水利科学研究所公式,以及适用于缺乏有关水力要素时的吉尔什坎公式等。这些公式都有一定的适用条件,不可盲目使用。对于渠道允许不冲流速值的计算可参考相关规范。

3)渠道水流挟沙能力计算

渠道水流在某一特定条件下能够挟运某种粒径泥沙不致使渠道发生淤积的最大数量,称为渠道水流挟沙能力,或称渠道水流饱和含沙量。渠道水流的挟沙能力与水流流速、水力半径、泥沙粒径及沉降速度有关。由于水流中泥沙运动规律的复杂性,目前还没有完善的理论计算公式,而用于计算渠道水流挟沙能力的经验公式虽然比较多,但都有一定的局限性。

沙玉清公式适用于黄河中游地区渠道泥沙中值粒径为0.02 mm左右及水流弗劳德数 $F_r \leqslant 0.8$ 的情况;当 $F_r > 0.8$ 时,这一公式不能使用。黄河水利科学研究院公式适用于黄河中、下游地区,但因适用范围覆盖的面积很大,条件很复杂,因此按这一公式计算的结果误差会大一些。山东省水利科学研究院公式仅适用于黄河下游地区的衬砌渠道,适用范围相对更小一些。

3. 淤区布置形式

淤区的布置形式分为湖泊式、条渠式和格田式等。

(1)湖泊式淤区是沿洼地边缘围堤而成的,其形状均不规则,当含沙水流进入淤区后,突然扩散,流速骤减,泥沙大部分在较短的流程内呈扇形淤积,横向淤积分布递减较快。

(2)条渠式淤区流速在纵向、横向的分布都较均匀,纵向淤积发展快,横向淤积厚度差异小。条渠式又分带形、菱形和香蕉形三种。带形宽度基本上沿程不变,两端呈喇叭口状。菱形两头窄、中间宽,状似织布梭。香蕉形外形略呈弯曲,可使主流始终靠近凹岸。上述三种形式中以香蕉形较理想,淤区流速沿程减小,有利于泥沙淤积的沿程均匀分布。

(3)格田式淤区由许多格堤围成的格田组成,外形一般不规则,而淤积发展均匀。

4. 围堤、隔堤

淤区围堤分基础围堤和后续围堤两种,一般用推土机推淤土堆筑。基础围堤用壤土或黏土修筑,分层夯实;后续围堤是在基础围堤所控制的淤区淤满后,逐次向上加高的围堤。当淤区接近计划淤筑高程时,需用好土修筑封顶围堤,以防围堤工程被风雨侵蚀崩塌而造成淤区水土的流失。淤区隔堤设计与围堤相同。围堤设计应符合下列规定:

(1)对于陆地围堤,可采用泥土围堤、沙土围堤、塘土围堤、土工织物袋装围堤和混合材料围堤等形式,应本着经济实用的原则就地取材建造,必要时应考虑地基处理。

(2)对分期、分区竣工的淤区,以及为了淤筑土沉淀需要分隔的淤区,应根据工程要求设计子围堤。

(3)当淤筑厚度较大需要分层淤筑时,为了节省围堤投资,若条件允许,宜采取分期、分层筑埝的方式进行设计,同时要采取措施,利用淤筑土修筑围堤。

(4)非永久性围堤的尺度设计应按下列规定确定:

①不同材料的围堤尺度见表9-1。

表 9-1　不同材料的围堤尺度

材料	边坡坡度		顶宽/m
	内	外	
泥土埝	1:2	1:2.5	1.0~1.2
沙土埝	1:1.5	1:2.5~1:3	1.2~2.0
片石埝、碎石埝	1:1	1:1.5	1.0~1.5
袋装土埝	1:1	1:1.5	1.5~2.0

注：当机械运送架接排泥管线时，埝顶宽度应根据需要适当加宽。

②围堤顶标高按式(9-1)确定：

$$h = h_T + h_c + h_A \tag{9-1}$$

式中　h——围堤顶标高，m；

h_T——淤筑设计标高使用标高加预留量，m；

h_c——预留沉降量，根据原地基及淤筑土质确定，m；

h_A——安全超高，m。

③在软基上筑埝或当埝高超过 3 m 时，应对围堤进行稳定性计算。

④围堤工程量应包括子围堤。

5. 退排水工程

退排水工程是淤滩工程的重要组成部分，也是能否放好淤的保证。要求退排水渠道畅通，必要时可修建临时工程。退排水形式有两种：一种是退水直接入河流，不能自排时由机泵提排；另一种是结合穿堤涵闸排入背河，供堤外农田灌溉或城市工矿利用。但在淤区末端进入穿堤涵闸前，需要修建退水闸，以控制淤区水位，保证淤积均匀和退水安全。

(三)引水引沙

引洪放淤流量及淤积量是进行控制放淤和检验淤积效果的重要指标。在中小洪水有控制地引洪放淤之前，应对淤区进行地形测量，然后根据来水来沙情况，做好放淤计划。引洪放淤一般采用动水或动静水结合方式，在放淤过程中要利用渠首闸进行控制，以保持一定的流量。进入淤区的引水量和泥沙淤积量需根据渠道引水流量、水流含沙量、引洪时间、放淤面积、淤深等因素计算。

随着小浪底水库的投入运用，黄河下游来水来沙发生了较大变化。在汛期，除水库来水来沙满足调水调沙条件时相机进行调水调沙外，其他情况下均下泄清水。滩区引洪放淤要抓住小浪底水库调水调沙的有利时机来进行。

小浪底水库下泄清水时，可采用如下两种方法进行引洪放淤：

(1)在引洪放淤口门附近的河道内，利用高速射流原理，实施人工扰动，塑造含沙水流，使入渠水流含沙量达到渠道设计挟沙能力。

(2)在引水口附近，利用绞吸式吸泥船，通过其铰刀搅动河床泥沙，形成高含沙量的泥浆，利用输沙管道将搅动起的泥沙输送到输沙渠中，与输沙渠水流汇合后，输送到淤区。

(四)输水输沙

在放淤过程中,一是要防止引水口脱流,保证适时把水沙引入闸后输沙渠道;二是将引进的水沙及时有效地送到淤区,使泥沙在进入淤区以前的渠道中不淤或少淤。前者主要有引水口位置选择和闸前防淤问题,后者主要有输水输沙总干渠的设计问题。引水口脱流和闸前泥沙淤积可通过射流清淤船加以疏通。输沙渠道设计一般按设计的引水引沙条件和要求,用输沙平衡的原理计算渠道的断面尺寸和挟沙能力,以保持渠道的正常通水和不淤。实际情况是,由于种种原因,引水引沙量的变化很大,所设计的渠道断面尺寸很难适应这种多变的引水引沙过程,输沙渠道极难不发生淤积。

为了减轻输沙渠的淤积,根据长期引黄灌溉的经验,采取调整渠道比降和进行硬化衬砌渠道,以加大渠道比降和流速来增大渠道的挟沙能力。但是,对引洪放淤而言,硬化衬砌渠道投资较大,采用编织布衬砌是可行的。温孟滩在放淤过程中,对输沙渠进行编织布衬砌,渠道糙率降低,渠道水流的挟沙能力较土渠提高20%左右。

泥沙在淤区的分布与淤区挟沙水流的水选作用有关。主流区流速较大,含沙量沿程变化小,滩边流速较小,含沙量均沿程降低。河南开封淤区实测资料表明,粒径大于0.01 mm的泥沙颗粒90%以上沉积在入口淤积三角洲上,粒径小于0.01 mm的泥沙颗粒仅有40%左右继续向下游扩散。由于水的分选作用,淤沙粒径沿程变化的趋势,不论主流还是滩边,都是逐渐减小的,只是在挟沙能力显著增加的局部地区例外。

(五)淤区调控

黄河下游滩区放淤区按其平面形状可分为带形、菱形和湖泊形三种形式。不同形式的淤区内水流演进和泥沙运动情况不同,其沉沙效果也不相同。带形或菱形沉沙池一般用于淤筑堤河和窜沟,只要求将粗颗粒泥沙沉下,细颗粒泥沙则送往河道;湖泊形淤区多用于淤滩改土,其粗细颗粒泥沙大部分沉淀下来,出淤区水流的含沙量很小,沉淤后的土地有良好的耕种条件。人民胜利渠的实测资料表明,当条池长5 000 m、宽80~120 m时,其初期运用的拦沙效率可在70%以上。根据引黄沉沙实践,获得较好沉沙效果时,引水流量同条池长度及主要水力因素的关系见表9-2。

表9-2 下游引黄沉沙池流量、池长关系

引水流量/(m^3/s)	<2	2~3	4~9	10~25	26~50	51~70
条池长度/m	2 500	3 000	3 500~4 000	5 000	6 000~7 000	7 000~8 000
h_1/h	1.0	0.91	0.67	0.64	0.73	1.12
v_1/v	1.0	0.91	0.67	0.50	0.48	0.62

注:1. h、v为进口断面平均水深和流速。

2. h_1、v_1为出口断面平均水深和流速。

黄河下游滩区引洪放淤需由工程控制,进水口用引水闸门控制引水量,在一个大的淤区内,还可划分若干个小淤区,由隔堤分开,实行轮淤。在淤区出口处利用叠梁闸控制水位,可以调节淤区内水沙运行情况和泥沙淤积部位。在放淤过程中,根据大河流量、水位、河势情况、含沙量的变化,及时观测进水、退水的含沙量、流速等参数,控制进水、退水口门的流量,调节淤区的蓄水量,以达到最佳效果。

三、机械淤滩技术

(一)挖沙机械的选择

在黄河下游淤背固堤工程中经常使用的机械有简易冲吸式挖泥船、绞吸式挖泥船、水力冲挖机组、挖泥泵,以及挖掘机、自卸汽车,这些机械设备都具有各自的特点。在机淤形成相对窄深河槽的施工中,要想取得最大的效益,需要根据工程的具体情况择优选择。

1. 选择原则

1)因地制宜

黄河淤滩工程建设的主要目的是形成相对窄深的主河槽,对土质的要求并不十分严格。应该说,在河道中能取到的所有土质基本都能满足工程建设的需要。但是,在淤填完成以后,要对淤筑体进行盖顶,对盖顶土质的要求就相对严格,需要具有一定的黏粒含量。如前所述,冲吸式挖泥船仅适应于沙性土,若选择用其放淤盖顶,就很难达到工程建设的目的。由于在开挖河槽方面水下作业是主要形式,应根据河底土质和河道形态选择使用的机械设备。

2)技术上可行

不同的机械在作业条件、技术性能、适应范围等方面都会有所差别,在选择时必须予以考虑。对于一定的工程条件和施工环境,必须首先考虑施工机械可行与否。机械淤滩形成相对窄深河槽的第一项作业是挖取河道中水下泥沙。因此,考虑施工机械技术上是否可行,主要是看其技术性能能否适合挖河这一客观的工作条件和作业范围。据此,选择不同的船型和泵型,采取不同的开挖方式。

3)经济上合理

在技术可行的前提下,用尽量少的工程投入能够达到同样的工程建设目的,是选择施工机械应遵循的最基本原则。在同样可行的施工机械中,选择工程投入最少的那种装备,往往具有十分现实的意义,也是人们普遍追求的目标。特别是对于施工企业,用较少的资金投入完成工程建设,可以降低工程成本,增加企业的直接效益。

2. 选择方法

选择施工机械应遵循的技术路线是:从技术可行方面着手,在造价合理方面作经济比较,在社会影响和环境影响方面进行评价,综合考虑,选择最优方案。技术可行是前提,失去了技术上的可行性,就失去了选择的基础。如果通过分析,只有一种机械可行,此时的选择就变得十分简单。但在实际生产中,有时往往是几种机械在技术上都是可行的,而且就其中某一种机械而言,也有若干种具体的施工方案。这是因为在实际中存在着较多的影响因素,尤其是影响工程造价的因素较多,例如:不同的机械具有不同的作业效率和运转费用;不同的取沙地点会带来不同的排距(输沙距离),而排距的远近也直接影响设备的效率和运转费用;取沙地点的不同,对应的土质会有所不同,同样会影响生产效率;不同的方案也会带来其他费用的变化,如附属设施、场地占用和施工赔偿等。

对于工程量较大的项目,由于受地理、环境、施工单位的设备、挖河地点的土容量和其他客观情况等因素影响,有时采用单一的施工机械计算出的最低工程造价并不一定是最优方案,也可能存在使用两种或两种以上的机械进行组合的方案为最优的情形。因此,对于工程量较大的工程,其具体的实施方案往往还需要在工程造价分析的基础上,根据运行情况进行必要的组合方案分析,从中选取最优方案。这时,利用运筹学原理在可行的若干方案中进行优选应是比较明智的。表 9-3 列出了不同机械设备在黄河淤滩工程中的适用情况,在实际生产中可以参考。

表 9-3　不同机械设备在黄河淤滩工程中的适用情况

机械设备	适应土质	工作条件	适用情况
简易冲吸式挖泥船	沙性土	水下开挖	在河槽内或靠近水流的边滩施工,主要是挖沙淤滩。排距较近者优先采用,排距较大时可以考虑进行接力输送
绞吸式挖泥船	各种土质	水下开挖	在河槽内或靠近水流的边滩施工,适用于排距较近,且因土质原因简易船不易施工的河段;可挖取含黏量较高的土质用于淤区的盖顶
水力冲挖泥泵	沙性土、壤土	水上开挖	有施工水源,大河断流时可开挖河槽,水小时可开挖边滩、嫩滩,沙性土可用作淤滩,黏性土可用作包边盖顶
挖泥泵	沙性土、壤土	水下开挖	挖取水下泥沙,适用于静水区,也可在靠近水流、流速较小的边滩处施工,主要用于挖沙淤滩。在输送距离较近时也可考虑接力输送

(二)挖沙技术

挖沙技术随着挖沙地点、挖沙时间和挖沙条件的不同,又分为水下挖沙、半水半旱挖沙和旱地挖沙 3 种技术。

1. 水下挖沙技术

水下挖沙技术主要用于从黄河河道、灌区内排水沟和沉沙池中取沙。挖沙工具主要有冲吸式挖泥船、绞吸式挖泥船和挖泥泵 3 种。冲吸式挖泥船适宜在黄河河道内挖沙,主要用于沙性土河床,其主要设施为一艘载重机船,配以 10EPN-30、YZNB250M 等型号的泥浆泵和相应的电机或柴油发电机,以及冲淤和输泥管道等。这类泵型的设计泥浆浓度(相对浓度)为 10%,产量为 80~150 m^3/h,设计排距为 1 000~2 500 m。随着淤临淤背由险工段向平工段发展,泥浆输送距离增加,挖土范围扩大,如挖滩区的黏性淤土盖淤封顶,又建造了不同型号的绞吸式挖泥船。这种挖泥船适宜挖取河道、沉沙池和滩区的黏质性淤积物或中轻两合土淤积物。主要机型有 260 型、JYP250 型,以及开封、郑州等地自来水厂挖沉沙池淤泥的较大型挖泥船。这些绞吸式挖泥船的设计泥浆浓度(相对浓度)一般为 10%,产量为 80~250 m^3/h,输距为 500~2 000 m。挖泥泵适用于静水区,也可在流速较小的边滩处施工,挖取沙性土、壤土。

2. 半水半旱挖沙技术

半水半旱挖沙技术是一种半机械半人力性质的施工,只要有一定的水源供需,就可在旱地和半水半旱条件下展开群众性的机械施工。它可以挖滩,挖沉沙池中的泥沙以及输沙渠、排水沟等旱地机械难以进入场地的淤沙(均在停水期)。在机械化程度尚不十分普及和劳力资源比较丰富的情况下,这种半机械半人力施工方式在挖滩、清淤、挖塘中具有广泛的用途。20 世纪 80 年代初开始采用的是 4PNL-250 型泥浆泵,近期已发展到 6PNL-265 型。它具有产量高、排沙距离适中、造价低、施工容易、维修简单、易搬迁移动、活动范围广泛等优点。在网电或柴油机发电供应动力条件下,先由高压清水泵抽水冲淤造浆,再由泥浆泵将泥浆通过管道或明渠输送到堆沙淤筑区。该机组扬程在 10 m 以下,输距在 200 m 内,产量为 20~30 m^3/h。利用该机组施工的灵活性,尚可组织群众大规模挖滩清淤。同时,可由大小泵组成的群泵施工,即组合泵施工。其组成形式为:小型泥泵清淤造浆,把泥浆先送至集浆池,然后由大型泥浆泵把集浆池的泥浆抽送到较远的淤筑区,这样不仅能充分发挥大小泵各自的特长与作用,同时对提高施工效率、加快施工进度也有很好的效果。目前,此种施工技术已在黄河下游沿黄两岸平原的沟河、坑塘、滩区、河口挖淤中广泛推广使用,并成了除机船水下挖淤外的重要清淤手段。

3. 旱地挖沙技术

随着清淤和各类淤筑工程的增多及机械化水平的逐步提高,旱地挖沙输沙的机械化程度也在不断提高。下游沿黄地区河道堤防修筑、灌区清淤以及其他水利和交通道路等的施工,均大量使用挖掘、推土、铲运等机械进行土源开挖、泥沙输运,在平整土地和淤区围堤修筑中发挥了重要的作用。同时,一些地区广泛利用挖掘机配以拖拉机、载重汽车等运送土料和小型翻斗车短距离挖土、运土代替了大量人力。一些灌区还采用中小型移动式抓斗机械清淤的方式正逐步发展。这说明,在各种吹填、清淤工程中利用和配以适当的旱地施工机械不仅是必要的,而且可以促进淤筑工程施工机械化的全面发展,其施工效率也可大大提高。

(三)输沙技术

在下游淤筑工程中,泥沙或泥浆的运输一般通过管道和旱地输送。由于挖淤性质不同,输送泥沙的方式各异。

1. 管道输沙

管道输沙方式主要适用于在河道、沉沙池和排水沟渠的机船水下挖淤中,半水半旱挖沙中也大都采用此方式输送泥浆。管道输送的泥浆一般是浓度在 200 kg/m^3 以上的高浓度泥浆,其输送距离除与机泵性能有关外,还与泥浆浓度、泥沙颗粒粗细和管道本身的规格、管材质地等也密切相关。一般情况下,当泥浆颗粒细、浓度低、管道光滑、阻力小时,输送的距离远。目前,所采用的管材主要是钢管,80 m^3/h 挖泥船输沙管道规格以直径 300 mm 为主,胶管只在接头或局部弯头上使用,若不经常拆卸搬运,采用水泥管道输送泥浆的效果也较好,因其阻力系数小,寿命也长。山东黄河河务局的观测试验表明:山东河道陶城铺以上,河道河床质泥沙的中值粒径为 0.1 mm,陶城铺至泺口河段河床质的中值粒径为 0.09 mm,泺口以下河段的中值粒径为 0.08 mm;用 80 m^3/h 挖泥船配 300 mm 管道的最大输距分别为 2 000 m、2 200 m 和 2 500 m。

为满足远距离段淤筑,可采用双泵接力输送泥浆的方式,即采用同型号的机泵,其中一台泵在挖淤点挖输,另一台泵在其后的近中点位置接前泵把泥浆输送至淤区。根据河南黄河河务局和山东黄河河务局的试验结果,这种接力输沙方式可把泥浆输至3 000~5 000 m处。

2. 旱地运输

在未开展机械化施工以前,黄河下游平原筑堤和灌区清淤的土料输送均以人力肩挑和独轮车、架子车等作为主要的运土工具。部分大型复堤和清淤场地,亦有采用辘轳绞车和兽力车代替人力输运。随着机械化施工的发展,筑堤、清淤的土料输运便有了较大进步。近距离施工多数以铲运机、推土机把土料直接铲推至用土点;远距离挖淤施工则以挖掘机配以载重汽车或拖拉机搬运至用土点;中近距离的小规模挖淤和运输,一般以人力挖土配以翻斗车运土。总之,视运距和施工条件采用不同的运具。

(四)淤筑技术

机械淤筑包括淤填和包边盖顶两部分。

1. 淤填

淤填包括淤区分块、淤区设计标高计算、放淤施工土方量计算、淤区围堤修筑、淤区排水及质量控制等技术环节。

1)淤区分块

为使淤筑质量均匀和淤面平整,淤区分块不宜过大过长,以便不同含沙浓度和不同粒径组成的含沙水流能均匀地在淤区落淤。根据经验,一般淤块的长度为150~200m,宽度则以淤区大小而定。同时,确定淤区分块还应考虑淤填方式,即串淤和轮淤。串淤效率较高,但要通过上下淤块,当距离过长时,水流泥沙分选,落淤不很均匀;轮淤效率较低,但能补充串淤的不足,故淤筑时宜根据实际情况灵活采用淤填方式。

2)淤区围堤修筑

围堤按修筑的时间顺序可分为基础围堤和后续围堤两种。对于基础围堤,要求用壤土或黏土修筑,分层夯实,高约2.5 m,顶宽为2.0 m,临水坡为1:2.0,背水坡为1:1.0,超高为1.0 m。后续围堤是在基础围堤所控制的淤区淤满后,逐次向上加高的围堤。一般利用推土机推淤土堆筑,每次围筑的高度为0.5~1.0 m。当淤区接近计划淤筑高程时,即需修筑封顶围堤,此围堤一般高1.0~1.5 m,内、外边坡均为1:2.0,顶宽为1.0 m,土料以亚黏土、壤土为宜,以防围堤工程为风雨侵蚀坍塌而造成淤区水土的流失。

3)淤区排水

为保证淤区进水、排水、渗水的平衡,防止周边地区发生内涝积水和次生盐碱等,淤填以后的清水要有计划地退排到排水河(或用于灌溉)。为此,在淤筑区的外侧20~30 m处修建截渗沟,截渗沟与地区排水沟道连通,以利余水的顺利排泄。

4)质量控制

质量控制主要是指合理控制一次淤筑的最大土层厚度和间隔的淤筑时间,这是保证淤筑体长期稳定的重要环节。因为淤筑体的沉降、固结要经过含水量消失、密度增大、孔隙水压力消散和强度增强等过程。时间短了土体难以沉降固结,淤筑体不稳定,在此基础上连续向上淤筑极易造成滑塌等安全问题。在下游挖河、挖滩淤筑中,对于黏粒含量低于

15%的沙性淤土,一次可淤厚3.0 m左右,经过5个月时间即基本固结。因此,在黄河下游堤防淤筑中,多按此标准控制堤防淤筑层次和淤筑的间隔时间。若淤筑土料黏粒含量大于15%,沉降固结的时间还应适当延长。最后,应在表层淤上一层0.5 m以上黏粒含量大于15%的壤土或黏土,以利于耕作和固沙。

2.包边盖顶

包边盖顶是淤筑工程的最后一道工序,目的是防止淤区土壤沙化并能使新淤出的土地更好地为农业生产服务。所以,应十分重视淤区包边盖顶的土料选择和淤筑技术。根据长期淤临淤背和沉沙筑高区土地还耕的经验,封顶土料以两合土或高于两合土的较黏土为好。抽洪水盖淤需掌握黄河洪水水沙特性和选择好船泵的设置位置,以能抽到适合盖顶的土料和提高抽洪盖淤效率。盖淤前应事先平整淤区,划分淤块,修筑淤区围堤和格田,采用轮换放淤方式淤平淤匀。挖土包边盖顶宜分层填筑。同时,要注意做好淤区的排水、水土保持和土地的整体利用规划,以便适时恢复淤区土地的利用。从土地利用角度来看,盖土比盖淤更有利,但要视土源条件选择,才能取得投资少、见效快的效果。

四、综合放淤技术

在黄河下游滩区开展放淤,主要采用引洪放淤和机械放淤。这两种形式各有不同的适用条件和自身特点。综合放淤技术是将引洪放淤和机械放淤有机结合,达到节约投资、缩短周期、事半功倍的效果。综合放淤技术在时空上优势明显。

(一)时间上的优势

黄河下游东坝头—陶城铺河段现有堤河长302.23 km,全部淤平需土方0.83亿m^3。由于堤河远离大河,多数在4.0 km以上,有的甚至达到8.0 km。从淤筑投资来看,引洪放淤是比较经济的。

引洪放淤主要靠引用汛期洪水泥沙资源,由于小浪底水库运用初期的20年内,除汛期水库来水来沙满足调水调沙条件时相机进行调水调沙外,其他情况下均下泄清水。因此,满足引洪放淤的水沙条件发生了变化,只有利用小浪底水库调水调沙来实现,而且调水调沙的时间是有限的。非调水调沙期间,利用挖泥船将高含沙水流输送到渠道里,与渠道低含沙水流汇合后输送到淤区。上述方法引洪放淤将不受调水调沙时间的限制。需要指出的是,在进行人工加沙时,由于此时的泥沙颗粒较粗,因此必须对输沙渠道进行设计,选定合理的渠道断面、流量、加沙量等,尽量使渠道能达到断面稳定、冲淤平衡。

(二)空间上的优势

淤筑堤河处距大河多在4 km以上,在有引洪放淤条件时,可先采用引洪放淤方式,当淤筑高程达不到设计要求时,可在引洪放淤的基础上采用机械淤筑的方式淤填,直至淤面达到设计高程。机械放淤受排距、扬程的限制,需要根据情况,采取加力措施。机械淤筑堤河在垂直尺度上一般能满足工程设计要求。

第四节　引洪放淤数学模型

众所周知,黄河是世界上著名的多泥沙河流。由于泥沙淤积,黄河下游河道高悬于两岸地面之上,洪水威胁十分严重。处理和利用黄河泥沙是治理黄河的重要途径。黄河下游滩区放淤是继小浪底水库调水调沙后,在处理黄河泥沙问题上的又一重大战略措施。黄河下游滩区放淤数学模型研究,以引黄灌溉沉沙池泥沙运动规律和调控运用为研究基础,利用 Visual Fortran 语言开发工具建立沉沙池(淤区)泥沙数学模型,结合黄河水沙特性和调控运用要求,修改、调试模型,并根据淤区设计边界条件和水沙过程资料,为滩区放淤工程提出一套优选的淤区平面布置和淤区运用方式,为大规模开展黄河下游滩区放淤提供技术支撑。

一、研究内容

黄河下游滩区放淤数学模型研究开发分为模型建立及验证和模型调试及应用两个阶段,主要研究内容包括以下几个方面:

(1)收集引黄灌区沉沙池及黄河下游放淤资料,主要包括:①边界条件,如纵断面资料、沿程横断面资料、阻力系数等;②水文资料,如进出口流量、水位和水温等;③泥沙资料,如进出口断面含沙量、泥沙颗粒级配、泥沙重率、泥沙容重、沉降系数等。

(2)根据水力学、泥沙运动理论,利用静水沉降法、一维超饱和不平衡输沙法、二维超饱和不平衡输沙法等方法,推算沉沙池各断面水位,计算各断面水力因素(水深、流速为断面平均值)、水面宽及水力半径、悬移质泥沙运行及粒径级配,并对沉沙池纵横断面进行修正。

(3)淤区数学模型验证。利用实测资料与计算值进行误差分析,调整计算方法和有关模型参数,通过水面线、出口含沙量、出口泥沙粒径和拦沙量的验证,使模型有较高的输出精度。

(4)建立黄河下游与引黄灌区沉沙池水沙特性相关关系,对计算方法和有关模型参数进行合理性调整,完成对黄河淤区数学模型的调试。

(5)根据淤区设计边界条件和水沙过程资料,对淤区不同平面布置进行泥沙淤积计算,分析计算粗、细颗粒泥沙的淤积分布及出口含沙量和悬移质颗粒级配,根据不同平面布置方案计算结果,分析、确定较优的平面布置方案。

(6)在淤区平面布置确定的条件下,根据不同引水引沙及悬移质颗粒级配,计算出口在不同水位流量条件下的淤区内沿程泥沙淤积分布和泥沙颗粒级配沿程分选,在保证"淤粗排细"的前提下,确定较优的淤区运用方式。

(7)在淤区平面布置确定的条件下,根据不同的引水引沙、悬移质颗粒级配及出口水位流量关系,分析计算淤区内淤积分布和分组泥沙淤积分布。

(8)根据放淤试验工程的实测资料,对淤区数学模型作进一步率定,并不断完善淤区数学模型。

二、泥沙数学模型研究现状

国内外已对含沙水流的数学模型开展了很多研究工作,提出了很多泥沙数学模型。国外比较著名的模型有 HEC-6 模型、杨志达流管模型及张海燕模型等。国内有韩其为、清华大学、武汉大学水利水电学院、陕西机械学院、黄河水利科学研究院等研制的泥沙数学模型，这些模型都有各自的特点和适用性。一般来说，国外数学模型仅适用于少沙河流，国内数学模型使用范围限于一些特定河流。例如：韩其为数学模型适用于长江，清华大学和黄河水利科学研究院数学模型根据黄河中、下游特点而建立，适用于黄河中、下游。目前，关于黄河，开发研制的泥沙数学模型很多，主要包括三门峡水库和小浪底水库一维恒定流泥沙数学模型、黄河下游一维恒定流和非恒定流泥沙数学模型、黄河河口二维潮流泥沙数学模型等。下文对一些具有代表性的数学模型作简要介绍。

（一）HEC-6 模型

美国陆军工程兵团水文中心开发研制的 HEC-6 模型是一个基于水动力学的一维泥沙数学模型，该模型的主要特点有以下几个方面：

（1）水面线计算基于一维恒定水流运动方程，并且考虑了分流和汇流计算，在水力学计算中的阻力问题采用固定糙率。

（2）采用固定的动床和定床。将每一河床断面划分为动床部分和定床部分，冲淤仅限于动床部分。

（3）考虑了床沙交换问题，采用床沙分层计算，对每一河床断面和水流状态引入平衡深度的概念，把动床部分的河床分成上、下两层，深度小于平衡深度的活动层和大于平衡深度的不活动层，所有冲刷和淤积都发生在活动层内。

（4）部分地考虑了不平衡输沙，模型对黏土、粉沙采用平衡输沙计算，对粗沙则在某种程度上采用不平衡输沙计算。

（5）挟沙能力公式采用 Toffaleti 公式、改进的 Mauren 公式、杨志达河流公式、Duboys 公式及经验公式等 5 种。

（二）三门峡库区数学模型

武汉大学水利水电学院河流模拟教研室给出的三门峡库区数学模型是一维恒定非饱和输沙模型。计算区域分为两种情况：第一种情况，模拟河段的上边界条件为进口控制断面龙门站流量过程线、悬移质含沙量过程线等水沙条件，下边界条件为出口控制断面潼关站水位过程线；第二种情况，计算区域选择了龙门、华县、河津到三门峡坝址作为研究区域。其特点如下：

（1）对河道断面进行概化，分滩槽为计算单元。

（2）在水面线计算中，采用固定糙率计算阻力。主槽糙率变化范围为 0.008～0.012，滩地糙率变化范围为 0.018～0.024。

为了模拟非均匀沙的挟沙力，采用李义天从平衡状态下悬沙平均含沙浓度与河底含沙浓度的级配关系以及泥沙与床沙的交换关系推导出分组挟沙力级配与床沙级配的关系。

（3）床沙级配随泥沙冲淤进行不断调整。

（4）滩槽含沙量分配是用含沙量与水流挟沙力之比建立关系。

（三）龙门—上源头一维恒定流数学模型

陕西机械学院给出的数学模型是一维恒定流，计算河段为龙门—上源头，不包括汇流区，其主要特点如下。

1. 高含沙不平衡输沙模式

将高含沙水流区分为高含沙均质流和高含沙非均质流。对于高含沙均质流，已没有挟沙力概念，其输沙规律按 $t_b = Y_m hJ$ 确定。对于高含沙非均质流，泥沙的沉速要进行修正，并采用不平衡输沙模式。

2. 游荡性河道处理

对于游荡性河道，认为河道形态随时序发生变化，因而对于有足够滩地变化区的冲积河段，河床变形计算必须考虑其横向变形。“揭河底”冲刷形成一窄深河道后，逐年塌滩展宽，展宽量呈衰减趋势，同时河底逐年抬高，抬高量也呈衰减趋势。这一过程一般需要5年以上才能形成相对稳定性的游荡性河道，再揭底冲刷，展宽抬高，周而复始。根据这一特点，提出三种典型断面概化：一是初始断面的概化；二是“揭河底”冲刷后断面的概化；三是“揭河底”冲刷后第6年相对稳定河道断面的概化。在模型中，计算到“揭河底”冲刷时，一次性改变断面为“揭河底”冲刷后的概化断面，之后分5年展宽和抬升，其值依据实际资料按经验关系进行分配，即逐年以第6年概化断面河宽与断面河宽之差的30%、25%、20%、15%、10%展宽，相应的河底抬升值以展宽时侧蚀坍塌面积乘以折减系数除以河宽得到。

3. “揭河底”冲刷横向泥沙输移规律的计算

根据“揭河底”冲刷横向泥沙输移规律，对泥沙的连续方程加上一个侧蚀项，其值在“揭河底”冲刷发生时作为断面总冲淤量和槽内冲淤量之差，在“揭河底”冲刷后的5年内分别按“揭河底”冲刷时的-30%、-25%、-20%、-15%考虑。

（四）黄河下游一维数学模型

张喜明、余奕卫给出的一维数学模型是根据黄河下游特点建立的，其主要特点如下：

（1）沿程各站流量的推求。由于洪水在演进过程中受槽蓄的影响很大，表明下断面 $n+1$ 时刻的出流是由上断面 n 时刻的流量乘以 C_1、上断面 $n+1$ 时刻的流量乘以 C_2 和下断面 n 时刻的流量乘以 C_3 组成的，C_1、C_2、C_3 为流量系数。存在的问题是水沙不同步，容易造成大冲大淤。

（2）滩槽断面划分。将每一个断面划分为滩、槽子断面，分别进行泥沙冲淤计算。

（3）阻力计算。冲积河流的河床为动床，床面阻力主要包括沙粒阻力。Engelund 研究提出了河床总阻力与沙粒阻力的关系，仅与水流条件有关。清华大学王士强研究发现，河床阻力与水流强度的关系不是单一关系，而与床沙粒径 d 有关，提出了以 f 为参数的关系曲线。本方法用于数学模型的阻力计算，克服了以往数学模型用固定糙率或 $n-Q$ 的关系，是一个很大的进展。

（4）床沙级配随泥沙冲淤进行不断调整。

（5）滩、槽水沙交换。在水面线的计算过程中，可以同时得到主槽及滩地的流量，然后考虑质量交换，合理地进行滩、槽水沙交换。

（6）采用不平衡输沙模式。

（五）黄河中游水库数学模型

梁国亭、张仁给出的数学模型属于黄河中游水库泥沙冲淤数学模型，为一维水动力学恒定流泥沙冲淤数学模型，研制目的主要在于模拟水库水流、泥沙运动过程，预测各种水库运用方式下库区泥沙冲淤变化及出库水沙变化过程。该模型采用非耦合解的方法进行水流计算和泥沙计算，其中水流计算考虑了断面不同部位的水力特征，泥沙计算既考虑了不平衡输沙，又考虑了泥沙的非均匀组成，并适合于明流及异重流不同输沙状态的计算。模型特点如下：

(1)黄河中下游河道形态十分复杂，为了反映河道断面不同部位的水力特征和冲淤性质，水流计算分断面进行，冲淤计算根据冲淤结果按水面下一定宽度等厚分布。

(2)适合黄河的来水来沙特点，能较好地模拟水库高含沙洪水的造床过程。

(3)采用分粒径组的方法计算泥沙冲淤，考虑了非均匀沙的影响及悬沙与床沙的交换，从而使整体的计算结果更趋合理。

(4)模型可根据进出口水沙条件以及断面冲淤量大小自动划分时段，避免了河床变形剧烈时断面之间冲淤交替跳变的缺陷，对库区强烈的溯源冲刷模拟也有较大的改善。

(5)用三门峡水库1960—1990年共31年的实测水沙系列资料对模型进行了验证计算，结果在冲淤总量、冲淤过程以及沿程冲淤分布等方面均与实测资料拟合良好。

(6)小浪底水库支流淤积计算模式程序设计简单，计算成果可靠，而且可使水库模型所具备的分组计算功能不受影响。

综上所述，各个模型都具有各自的特点，有许多好的处理方法值得吸取和改进，但是这些模型用于黄河下游滩区放淤还存在一系列问题，需要针对放淤特性作进一步研究。

三、黄河数学模型发展趋势

根据“数字黄河”工程建设要求，黄河数学模型系统研发主要内容如下：

一维模型系统构建。全面整合现有黄河中游水库和下游河道一维水动力学模型，同时与水质构件、流域产流产沙构件、河冰构件耦合，建立流域、水库及河网模拟系统。水库一维非恒定流水沙模型在考虑水库防洪运用和调水调沙运用方式后，可以用于黄河中游四库联合调度；若考虑浑水水库环境下泥沙群体沉降和异重流爬高行为下动能与势能转化过程，可以作为浑水水库模型；流域产流产沙构件主要考虑分布式水文模型，河冰构件可以采用已有构件。

二维模型系统构建。二维河道洪水演进模型拟采用质量及动量守恒性较好的有限体积法，通过求解黎曼近似解构造相应数值格式，同时考虑游荡性河道河岸冲刷和崩塌模拟，并与滩区及滞洪区灾情评估模型耦合；开发污染物迁移转化模拟构件，并作为共用构件；在二维河道模型的基础上，将模拟区域和功能适当扩展，开发水库泥沙输移和污染物迁移模型，主要进行库区水沙输移、库岸坍塌以及库区污染物对流扩散、水温、泥沙吸附、浮游植物和pH值模拟等。黄河口平面二维潮流输沙模型主要模拟盐水侵蚀、潮流、风生流、波浪流以及变化环境下海岸带动力变化过程。中游淤地坝溃坝分析模型主要作为水库安全评价及风险分析的工具，模拟分析中游大量淤地坝的安全情况和溃坝后洪水变化过程。

三维模型系统构建。开发多沙河流河道及水库三维水沙数学模型，建立小浪底库区三维模型，全面模拟干流洪水实时调度和水库调水调沙运用环境下，支流“拦门沙”形态、异重流产生及输移、浑水水库输沙变化，满足水库和下游河道减淤排沙洞、孔板洞和明流洞等泄水建筑物不同运用组合下出库流量、含沙量和级配过程。河道三维水沙模型将为河道整治工程规划、跨河桥涵建筑物设计和取水工程布设提供空间动力场。

黄河泥沙数学模型的发展方向是在进一步改进和完善一维泥沙数学模型的同时,研究和开发二维泥沙数学模型及三维泥沙数学模型。基于 GIS 的黄河下游二维水沙数学模型,为黄河下游数学模型可视化提供了强大的技术支撑。

随着近几年黄河泥沙数学模型的迅速发展和不断完善,黄河泥沙数学模型已在黄河流域规划、工程建设和管理运用等生产中得到应用。随着黄河滩区放淤数学模型的研究、开发,将不断扩大数学模型的应用范围,更好地为治理黄河服务。尤其是数学模型、物理模型和原型黄河的相互验证,也有利于数学模型精度的提高。

四、开发环境及模型设计

黄河淤区数学模型设计包括开发环境选择和模型设计两项内容。

(一)开发环境选择

Visual Fortran 是美国 Compaq 公司下属的 DEC 公司推出的功能强大的 Fortran 开发工具。Visual Fortran 基于 Microsoft 公司的 Developer Studio 集成开发环境,除具有 Fortran 语言擅长的科学计算优势外,还可以像 Visual C++甚至 Visual Basic 一样轻松开发基于 Windows 风格的用户界面,这无疑为科学计算的用户提供了极大方便。Visual Fortran 具有创建应用程序(包括动态链接库)、编辑和链接程序、调试和优化程序、创建对话框、使用图形模块、与其他语言混合编程、创建多线程以及使用 IMSL 数学库和统计库等功能,可满足黄河淤区数学模型研究需求。

(二)模型设计

黄河淤区数学模型研究以引黄灌溉沉沙池泥沙运动规律和调控运用为研究基础,利用 Visual Fortran 语言开发工具建立沉沙池(淤区)泥沙数学模型,结合黄河淤区调控运用要求,修改、调试模型,并根据淤区设计地形及水沙资料,为第一阶段(2004 年)放淤试验工程提出了一套优选的淤区平面布置和淤区运用方式。随后进行的放淤野外观测为淤区数学模型的改进和率定提供了比较系统的完整资料,同时与物理模型试验、原型观测进行对比验证,进一步解决了淤区数学模型中存在的理论问题和实际问题,并使之不断完善,从而为大规模开展黄河放淤提供了技术服务。

五、淤区数学模型基本理论

水动力学泥沙数学模型是以水力学、河流动力学和河床演变学为基础建立的,通过质量守恒定律和动量守恒定律推导出水流连续方程、水流运动方程、泥沙连续方程和河床变形方程。

一般把来水、来沙过程划分为若干时段,使每一时段的水流接近恒定流。同时,根据淤区形态把来水、来沙过程划分为若干段,使每一段内的水流接近均匀流,然后按恒定流、均匀流进行计算。

六、程序结构化设计

黄河滩区放淤数学模型采用结构化程序设计。结构化程序设计是当今程序设计的先进方法和工具，是一种仅仅使用三种基本控制（顺序、选择和重复）结构实现程序的设计方法。结构化程序设计遵循模块化原则、自顶向下原则和逐步求精原则。

要使应用系统具有良好的可扩充性、可复用性和可维护性，系统的结构应该非常灵活，也就是说要做到模块化。模块化的软件构造方法可以使得设计人员通过组合简单的软件元素来构成复杂的软件系统。

在淤区数学模型结构化程序设计中，把程序要解决的总目标分解为分目标，再进一步分解为具体的小目标（模块）。

根据黄河滩区放淤数学模型结构化程序设计，将淤区数学模型分解。

（一）永流运动模块

（1）断面水力要素模块：储存计算横断面、纵断面地形资料，横断面水位、流量、水温。

（2）断面概化模块：将主槽和滩地概化成阶梯形断面，概化后的断面应尽量符合实际。

（3）水面线计算模块：在淤区下游断面水位已知的情况下，根据一维恒定能量方程式，用试算法计算上游断面的水位。

（二）泥沙运动模块

（1）断面泥沙要素模块：储存、计算横断面含沙量、泥沙颗粒级配、泥沙重率、泥沙容重、沉降系数等。

（2）泥沙沉速计算模块：由于黄河含沙量变幅大，特别是在高含沙水流情况下，对泥沙颗粒沉速的影响很大，一般在水流挟沙力计算中对沉速计算进行修正，计算床沙质和冲泻质沉速。

（3）河床阻力计算模块：根据实测流量资料，运用恒定水流能量方程推求淤区主槽、滩地糙率。由淤区主槽糙率变化特点，提出用分流量级的办法推算其平均糙率，然后根据滩槽不同部位确定各子断面的初始糙率。

（4）水流挟沙力计算模块：利用黄河中下游实测挟沙力基本资料，用全沙床沙质进行线性拟合，确定挟沙力公式指数和系数，并进行断面挟沙力计算。

（5）悬移质颗粒级配沿程计算模块：主要计算淤积过程中悬移质颗粒级配的分选和冲刷过程中悬移质颗粒级配的变化。

（6）断面形态计算模块：淤区冲淤变化引起断面不断调整，断面宽度变化及沿横断面冲淤变化量用冲淤高度计算。

（三）计算结果输出模块

断面水、沙要素计算结果保存或打印。

程序设计的步骤为问题分析、确定算法、编写程序和调试程序。问题分析是按程序开发书中用户要求进行具体的分析，确定编程的目标；确定算法就是选择较好的计算方法解决问题；而编写程序是按选定的计算机语言（淤区数学模型采用 Visual Fortran 语言）和确定的算法进行编码，最后把编好的程序输入计算机运行，并反复调试检查，纠正错误，直到输出正确的结果。

七、计算方法与模拟

黄河滩区放淤数学模型的主要功能是在给定淤区设计边界条件和水沙过程的情况下，计算出淤区各断面的流量、水位、含沙量变化过程和各淤区、各时段的滩槽及粗、中、细各粒径组冲淤量。淤区数学模型的计算区域是进水闸、退水闸之间的淤区。淤区初始条件为沿程各实测大断面资料和床沙级配。进口控制条件为淤区进水闸的流量过程线、含沙量过程线以及悬移质颗粒级配过程线。出口控制条件为退水闸的水位过程线。为此，模型的计算方法与模拟技术采用了如下处理手段。

（一）断面概化

断面概化正确与否对淤区数学模型的水力计算和河床变形计算影响很大，概化后的断面应尽量符合实际。黄河引黄灌区沉沙池（淤区）地形复杂，其类型有湖泊式、条渠式两种。沉沙池（淤区）内水流宽浅散乱，沙滩密布，主流摆动不定，不同断面的主槽宽度和滩槽高差各不相同，一般中小流量时，水流在主槽内流动，冲淤均发生在主槽内；大流量时，水流漫滩，主槽中水流的流速和水深较大，相应的水流挟沙力也较大，而滩地上的水流流速和水深较小，其挟沙力也小。因此，主槽和滩地的水力特性有较大差异，冲淤往往朝不同的方向发展。为了模拟沉沙池（淤区）的这一冲淤特性，根据各个断面实际情况，在计算中就必须将沉沙池（淤区）断面划分成主槽和滩地两部分。由于放淤流量变幅较大，因此为了使模型适应每一级的流量，将主槽和滩地概化成阶梯形断面。

（二）水面线推算

在淤区下游断面水位已知的情况下，根据一维恒定流能量方程式，用试算法计算上游断面的水位。

1. 沿程水头损失

沿程水头损失是由于克服摩擦阻力做功消耗能量而损失的水头，它是随着流程的增加而增加的。

2. 局部水头损失

边界形状的突然改变，使流动结构进行急剧的调整，水流内部摩擦阻力所做的功增加了，这种在流动结构急剧调整过程中消耗能量所造成的水头损失称为局部水头损失。

3. 水面线推算

推算水面线从下游向上游逐段进行。沿程各断面的流量以及出口断面的水位为已知条件。

（三）泥沙沉速计算

由于黄河含沙量变幅大，特别是在高含沙水流情况下，对泥沙颗粒沉速的影响很大，一般在水流挟沙力计算中对沉速计算进行修正。常用费祥俊给出的公式对沉速进行修正。

（四）动床阻力变化的模拟

淤区的河床为动床，床面阻力主要由沙粒阻力组成，它随着淤区冲淤在不断地发生变化。当淤区发生淤积时，床沙细化，床面阻力减小；当淤区发生冲刷时，床沙粗化，床面阻力增大。因此,模型考虑了淤区阻力随淤区冲淤不断变化这一特点。

(五)水流挟沙力计算

利用黄河中下游实测挟沙力基本资料,用全沙床沙质进行线性拟合,其回归系数 K 和 m 分别为 0.52 和 0.81,相关系数为 0.91。

(六)悬移质颗粒级配沿程变化的模拟

悬移质颗粒级配沿程变化可从两个方面加以分析:①淤积过程中悬移质级配的分选;②冲刷过程中悬移质级配的变化。一般采用韩其为提出的非平衡输沙悬移质级配沿程变化的计算方法。

(七)断面形态模拟

1. 河相关系

河相关系有两种不同的类型:一种是反映不同河流或者同一条河流上下游之间,由于水流、泥沙和边界条件的不同所引起的河床形态的变化,称为沿程河相关系。它是通过平滩流量或某一个频率的流量把不同断面的资料统一起来的。另一种是研究某一个短淤区段或某一个断面在不同流量下断面尺寸和坡降的变化,称为断面河相关系。通过以往大量沿程河相关系经验公式,可以知道沿程河相关系主要与河道的平滩流量和来沙量有直接关系,来沙量的影响主要反映在河流的比降上。

2. 河宽变化模拟计算

假设 ΔA 为本断面的冲淤面积(冲刷取负值、淤积取正值),A、B、h 分别为本时段主槽的面积、宽度和水深,则利用河相关系可以计算出新的主槽宽度 B_c。

3. 河床断面形态模拟

横断面的冲淤厚度沿湿周的分布通常是不均匀的,一般而言,淤积趋于从最低处开始。由于淤积时泥沙趋向于逐层水平分布,因此淤积时的横向分布比较均匀,并通常伴之以河流的展宽。与此相反,河床的冲刷沿周界变化较大,一般在深泓线附近冲刷量较大。在冲刷过程中河槽逐渐刷深,所以常伴之以河宽的减小。当河流向新的平衡发展时,这种河流调整的特点会有效地减小水流功率沿程的差异。在本模型中,假设在一个计算时段 Δt 内,沿横断面冲刷或淤积的分配遵循有效拖曳力的幂函数。

各点床面的改正量 Δz 随所在处拖曳力的变化而变化,或者随水深而变化。对每一计算时段 Δt,需重新确定 β 值,以便通过断面的调整尽快达到水流功率损失沿程均匀化,或者水面线趋于线性化。

第五节　滩区放淤模式及淤筑潜力

一、滩区淤滩模式

黄河下游滩区由于客观原因,形成了唇高、滩低、堤根洼的特殊地形,造成大水漫滩后,洪水很难自排。因此,通过滩区放淤,有计划地淤筑堤河、串沟、村台、坑塘、洼地、沙荒地、控导工程淤背,降低滩面横比降,减缓或消除“二级悬河”,使漫滩洪水能够自排入河。不同的淤筑部位和范围,不仅有淤筑量和淤筑后滩区形态的差别,而且对河道洪水演进有不同影响,因此滩区放淤模式按淤筑部位或范围区分,并分述如下。

(一)全滩淤筑模式

黄河下游河道内槽高、滩低、堤根洼,“二级悬河”发育明显,尤其是东坝头至陶城铺河段最为严重。目前,滩唇一般高于黄河大堤临河地面3~5 m。其中,东坝头—陶城铺河段滩面横比降达1‰~20‰,而河道纵比降为0.14‰,是下游“二级悬河”最为严重的河段。由于“二级悬河”的存在,河道横比降远大于纵比降,一旦发生较大洪水,滩面过流增大,更易形成“横河”“斜河”,增加了主流顶冲堤防,产生顺堤行洪甚至发生“滚河”的可能性,严重危及堤防安全;同时使滩区受淹概率增大,对滩区群众生命和财产安全也构成了威胁。

基于以消除黄河下游“二级悬河”为目的的全滩淤筑模式,是在一个自然滩区内,以滩唇高程为控制点,由滩区上段向下逐段淤筑,最终使新淤筑的滩面纵比降与河道纵比降相同,横比降逐步趋于零。这一淤筑途径,从长远上讲,可以消除黄河下游“二级悬河”造成的危害,但涉及的社会制约因素较多,需统筹考虑。

(二)堤河淤筑模式

堤河是指靠近堤脚的低洼狭长地带。其形成原因:一是洪水漫滩时,泥沙首先在滩唇沉积,形成河槽两边滩唇高、滩面向堤根倾斜的地势;二是培修堤防时,在临河取土,降低了地面高程。堤河常年积水、杂草丛生,无法耕种。由于堤河的存在,洪水漫滩后,水流顺堤河而下,形成顺堤行洪,对堤防防守极为不利。采用引洪放淤或机械放淤途径,将堤河淤至与堤河附近滩面平,可消除或减缓漫滩洪水顺堤行洪对黄河大堤的影响。堤河淤平后表层用耕植土盖顶,以满足群众复垦需要。因此,淤筑堤河可提高堤防抗渗能力,减缓顺堤行洪威胁,改善临河生态环境,具有显著的社会效益和经济效益。

(三)串沟淤堵模式

串沟是指水流在滩面上冲蚀形成的沟槽。滩地上的串沟多与堤河相连,有的直通临河堤根,有的则顺河槽或与河槽成斜交。洪水漫滩时,则顺串沟直冲大堤,甚至夺溜而改变大河流路。据初步统计,黄河下游滩区较大的串沟有89条,总长约368.5 km,沟宽50~500 m,沟深0.5~3.0 m。当洪水达到平滩流量时,易发生串沟过水情况,应在洪水到达之前进行淤堵。由于串沟多属独立存在的沟槽,进行淤堵时需根据串沟距河槽距离、进退水条件分别规划设计,淤堵途径采用机械淤筑或引洪放淤途径进行。考虑到实用性、经济性以及淤筑体的自然沉降,淤积面高程以高于邻近滩面0.5 m为宜,淤堵工程宽度按串沟实际宽度实施,长度以500 m为宜。

(四)村台淤筑模式

黄河下游滩区村庄较多,安全建设标准偏低,许多村庄很难搬迁到堤外,特别是大滩。要想解决其防洪保安全的问题,可在滩区中部淤筑长1 km左右、宽300~500 m的村台,将附近的村庄集中搬迁到村台上居住。利用黄河泥沙淤筑村台,一方面可疏浚河道,改善河道淤积状况;另一方面可提高滩区群众居住村台标准。

村台的设计防洪标准为20年一遇,相应黄河花园口站洪峰流量为12 370 m^3/s,台顶设计高程为设计洪水位加超高1.0 m。新建村台台顶设计面积按18 m^2/人计,村台周边增加3 m的安全宽度,边坡为1:3.0,台顶和周边用壤土包边盖顶,盖顶厚0.5 m,包边水平宽 1.0 m。

(五)洼地淤筑

河下游滩区不少地方地势低洼,漫滩积水和降雨积水长期难以自排,影响滩区群众的生产、生活,易造成土地盐碱化,需要进行放淤改土,抬高滩面,增加耕地面积,提高土壤肥力,改善滩区生态环境。洼地淤改一般采取自流放淤方式,利用已建的滩区灌溉渠系,临时修筑淤区围堤、隔堤、退水等工程措施。

(六)坑塘淤筑

在黄河下游中低滩区,修建避水村台、房台需大量取土,村庄四周形成许多坑塘(村塘),小则 1 hm^2 左右,大的可达 10 余 hm^2。这些坑塘常年积水或季节性积水,既影响土地利用,又为漫滩洪水淹没村庄提供条件,宜充分利用黄河洪水泥沙资源适时引洪淤平,改善滩区群众的生存环境。

(七)沙荒地淤筑

黄河下游滩区沙荒地的形成,一是由于河流决口泛滥留下的大片沙荒地,二是因洪水漫滩或临时分洪在滩唇附近遗留下的局部沙荒地。沙荒地土地贫瘠,作物难以生长,是下游主要风沙来源区。沙荒地地势较高,一般采用机泵淤筑,并进行壤土盖顶,以满足保水保肥的耕作要求。

(八)控导工程淤背模式

黄河下游控导工程(简称控导工程)是为引导主流沿设计治导线下泄,在凹岸一侧的滩岸上按设计的工程位置线修建的丁坝、垛、护岸工程。控导工程在控制主流稳定河势、减少不利河势的发生、减少平工段冲塌险情方面发挥了不可替代的作用。

黄河下游控导工程修建于不同时期,由于受河道冲淤变化的影响,黄河下游各处控导工程设计水位所对应的设计流量发生了较大变化。当黄河下游突发漫滩洪水时,大多数控导工程因抢险道路淹没而处于“孤岛”状态,抢险人员和设备进场、撤离以及抢险料物的供应十分困难,特别是抢险作业场地狭小,无法满足抢大险的要求。

针对上述情况,在控导工程背水侧,淤筑宽 50 m、长度与工程相等的带状淤筑体,可起到加固控导工程的作用。同时,若有可能,还可以结合村台建设进行淤筑。

二、放淤模式评价

黄河下游滩区放淤涉及因素较多,主要涉及工程量和投资、防洪生态环境影响,各种淤筑模式的综合评价。从黄河防洪安全出发,考虑到生态环境影响和技术条件的可行性,滩区放淤近期重点应放在淤筑堤河、淤堵串沟和淤筑村台上;控导工程淤背一方面可提高工程防洪能力,另一方面可结合淤筑村台,有事半功倍之效。

三、放淤综合潜力与放淤规划

根据黄河下游滩区不同放淤潜力,重点分析黄河下游滩区放淤综合潜力,提出近期(2008—2050 年)和远期(2050—2107 年)黄河下游滩区放淤规划。

(一)滩区放淤综合潜力

在黄河下游滩区放淤中,消除黄河下游“二级悬河”的全滩淤筑实施以后,在花园口—利津河段内进行堤河、串沟、坑塘、洼地与全滩一并淤筑,滩区放淤潜力中仅包含村台淤筑、控导工程淤背和沙荒地淤筑。由于全滩淤筑实施后滩面抬高,村台淤筑高度可按3 m计算。沙荒地本身地势较高,应考虑其淤筑量。在小浪底—花园口河段和利津—清6断面河段,由于不考虑全滩淤筑,还应增加堤河淤筑、串沟淤筑、洼地淤筑、坑塘淤筑。黄河下游滩区放淤潜力工程量为43.254 9亿t(不包括小浪底—花园口河段的温孟滩放淤量)。

(二)近期滩区放淤规划

短期内实施全滩淤筑有一定困难,因此暂不考虑,仅考虑堤河淤筑、串沟淤筑、坑塘淤筑、洼地淤筑、控导工程淤背、沙荒地淤筑和村台淤筑。

1.淤筑能力分析

黄河下游滩区放淤中,实施堤河淤筑、串沟淤筑、坑塘淤筑、洼地淤筑、控导工程淤背、沙荒地淤筑和村台淤筑后,总的淤筑量为21.442 5亿t。

2.近期滩区放淤规划

在黄河下游滩区放淤泥沙中,按照2008—2020年、2020—2030年、2030—2050年3个时段进行安排。不同时期适度规模泥沙处理主要考虑年平均方案和逐年增长方案。

1)年平均方案

在2008—2050年43年中,总处理泥沙量为21.442 5亿t,以年均处理泥沙0.510 6亿t为基数,进行不同时期泥沙处理。

2)逐年增长方案

根据黄委会2005—2007年黄河下游基建规模统计情况,结合黄河下游滩区放淤处理能力,起始年(2008年)确定为0.3亿t是合理的,按照年增长2.42%测算,到2050年,放淤处理泥沙能力为0.799 4亿t。

逐年增长方案:2008—2020年黄河下游滩区放淤可处理泥沙4.119 8亿t,占总量的19.2%;2020—2030年可处理泥沙4.461 1亿t,占总量的20.8%;2030—2050年可处理泥沙12.861 6亿t,占总量的60%。

3)方案比选

在近期放淤方案中,年平均方案以每年处理泥沙0.510 6亿t,与现阶段处理泥沙能力相当;逐年增长方案,以起始年(2008年)处理泥沙0.3亿t为基数逐年增大。在黄河下游滩区实施放淤,应以典型示范、逐步推广为原则,因此推荐逐年增长方案作为黄河下游滩区放淤优先实施方案。

(三)远期滩区放淤计划

在远期滩区放淤方案中,以黄河下游滩区综合放淤潜力工程量为基础,扣除近期滩区放淤量部分。2050—2107年远期放淤中,实际放淤量为21.812 3亿t,年均放淤量为0.382 7亿t/年。

第六节　滩区放淤试验方案

黄河下游滩区放淤是维持黄河健康生命的又一重要实践。因此,有必要对淤筑模式进行综合分析评价,客观合理地分析典型河段试验方案,为滩区放淤的实施提供技术支持。黄河下游滩区放淤试验方案着重分析论证对防洪工程影响较大的堤河淤筑、串沟淤筑试验方案和漫滩洪水对滩区群众威胁最大的村台淤筑试验方案。

一、试验方案选择

(一)试验河段选择原则

黄河下游滩区放淤试验河段应在符合如下条件的河段中选择:

(1)易发生夺溜、滚河、顺堤行洪的河段。

(2)“二级悬河”态势严峻的河段。

(3)串沟直通堤河,洪水漫滩后难以自排的河段。

(4)洪水漫滩后对滩区群众影响较大的河段。

(二)试验方案

根据上述选择条件,结合现场调查情况,提出三个试验方案:

(1)范县陆集滩河段挖河试验方案。

(2)东明南滩村台淤筑方案。

(3)引洪放淤辅助人工加沙淤筑堤河试验方案。

本节以范县陆集滩河段挖河试验方案为例,简要介绍滩区放淤试验。

二、范县陆集滩河段挖河试验方案

长期以来,由于受河道淤积萎缩的影响,黄河下游河道行洪能力不断降低。根据2004年汛前大断面测验资料分析,黄河下游河段平滩流量为:花园口以上河段4 000 m^3/s左右,花园口—夹河滩河段3 500 m^3/s左右,夹河滩—高村河段3 000 m^3/s左右,高村—艾山河段2 500 m^3/s左右,艾山以下河段3 000 m^3/s左右。其中,由于自然情况下泥沙在下游河道淤积的空间分布不合理,高村—艾山河段主河槽淤积偏多(或冲刷偏少),平滩流量较小,部分断面平滩流量小于2 600 m^3/s(2 600 m^3/s为一般含沙水流在黄河下游河道冲淤的临界流量),尤其是邢庙—杨楼(其间有史楼、李天开、徐码头、于庄等断面)和影唐—国那里(其间有梁集、大田楼、雷口等断面)平滩流量不足2 400 m^3/s,徐码头和雷口断面平滩流量分别只有2 260 m^3/s和2 390 m^3/s,是两个明显的卡口“驼峰”河段,徐码头河段(邢庙—杨楼)和雷口河段(影唐—国那里)长度分别为20 km和10 km。

2004年6月19日至7月13日小浪底水库进行调水调沙期间,在徐码头河段和雷口河段进行了人工扰沙试验。扰沙方式主要采取抽沙扬散和水下射流相结合的措施。

试验过程中,高村水文站流量为2 900 m^3/s时扰沙河段未出现漫滩,与扰沙前徐码头断面、雷口断面平滩流量(分别为2 260 m^3/s、2 390 m^3/s。)相比,两河段平滩流量增加了510~640 m^3/s。

由于卡口段的形成是泥沙长期淤积的结果,虽然经过调水调沙,河段过流能力已恢复至3 000 m^3/s左右,但卡口段仍是防洪能力薄弱的河段。

卡口段的治理是一项长期任务,采用人工扰沙的方法是有条件的,受调水调沙时间的限制。主槽河床泥沙一般较粗,被冲起的粗颗粒泥沙还会在一定距离内重新淤积在河床上,参加造床作用。要改善河床粗化局面,达到治本的目的,就要在卡口河段实施挖河试验,将较粗泥沙淤筑堤河、串沟,实现既增大河道行洪能力,又改善滩区生态环境的双利目标。

(一)试验河段选择

徐码头河段位于雷口河段上游,两处均为"二级悬河"卡口地段、卡口河段河道、卡口河段滩区。

由上述两河段河道、滩区情况的分析比较可知:徐码头河段"二级悬河"较为严重,平滩流量比雷口河段小;徐码头河段中的陆集滩堤河较长,串沟与堤河相连,洪水漫滩后可直通堤河,堤河常年积水无法自排;徐码头河段滩区人口多,房台、村台多数达不到设防标准。

徐码头河段符合滩区放淤试点选择原则,由此确定徐码头河段为挖河试验河段,范县陆集滩为淤滩试点。

(二)试验内容

1.挖河方式

目前,挖河方式主要包括水挖和旱挖两种,水挖方式的施工工具主要为挖泥船和泥浆泵,旱挖方式的施工工具主要有挖掘机、自卸汽车及推土机等。在徐码头河段采用挖泥船疏浚河槽方式。

2.淤筑项目

试点工程位于河南省范县的陆集滩。该滩从邢庙险工到于庄闸,对应大堤桩号为125+000~141+200,长16.2 km。滩内近堤处形成一条堤河,对应大堤桩号为128+000~140+275。滩内有两条大的串沟,一条为宋楼南串沟,自宋楼起至前张庄止,长4 km,宽100 m,深1.4 m;另一条为白庄串沟,自白庄起至李菜园止,全长12 km,宽200 m,深1.2 m。两条串沟的下游均止于堤河前。

陆集滩试点工程主要开展堤河、串沟的淤筑项目,工程量列于表9-4。

表9-4 堤河、串沟的淤筑工程量

序号	工程名称	土方量/万 m^3	说明
1	堤河	460.3	长×宽×深:12 275 m×250 m×1.5 m
2	串沟	19.0	长×宽×深:500 m×100 m×1.4 m, 500 m×200 m×1.2 m
合计		479.3	

此次试验工程计划安排堤河、串沟淤筑,淤筑量共计479.3万 m^3,2年内完成。

(三)工程设计

工程施工现场总体布局要满足以下两个方面的要求:一是满足工程设计的要求,既要满足疏浚断面的要求,又要满足淤填堤河、淤堵串沟的要求;二是要满足现场施工条件的要求,既在水中采用挖泥船施工,又在旱地采用泥浆泵疏浚河槽。根据设计和现场的具体情况,淤填堤河区划分为16个工段,每个工段架设独立的排泥管线。管线布设在考虑绕开建筑物的情况下,力求保证顺直,以减少沿途水头损失。共布设各类管线16条,管线总长度为80 km。

宋楼南串沟、白庄串沟各淤堵500 m,在中部设横向格堤一道,设计中选用2艘80 m^3/h 型挖泥船施工。

1. 设计标准

1)疏浚河槽实际标准

采用2004年汛前实测断面成果。点绘徐码头断面上下游实测河槽深泓线、左右岸滩唇线。以调水调沙期间高村水文站实测成果为依据,推算流量为4 000 m^3/s 时该河段的设计水位,原则上以不超过河道实际深泓点并与设计流量相应水面比降一致为控制条件,通过开挖河槽,使该河段河槽过流能力扩大到与小浪底枢纽运用方式基本相适应。由经验证明,疏浚段偏短,减淤效果并不明显,建议挖河长度控制在10~12 km。

2)淤填堤河设计标准

淤填堤河位于相应黄河大堤桩号128+000~140+275的临河侧,长度约12.3 km。堤河淤筑体顶部高程比当地滩面高约0.5 m,淤面宽度以堤河实际宽度为准,在90~260 m,北边线紧靠临河堤脚,南边线以堤河南岸为基准。为保证淤区的完整性,淤面纵比降与滩面纵比降一致。

围堤和格堤:围堤布置在淤区南侧和工程的端头,堤顶高于相应位置处淤面高程0.5 m,堤顶宽度为1.0 m,临、背水侧边坡均为1:2;格堤共11条,堤顶高程和设计断面同围堤。

淤区退水:退水渠距围堤1 m。断面尺寸如下:渠底宽2.0~2.5 m,边坡为1:2,退水渠底比降与滩面纵比降基本一致,约为0.015‰。渠道最大断面深度经计算取1.7 m。

盖顶解决方案:为满足土地复耕的土质要求并节约投资,放淤前将淤区表层土推除40 cm,其中一部分用来修做围堤、格堤,另一部分作为淤区表层盖土,考虑到土料损耗,淤区盖顶厚度30 cm。

3)淤堵串沟设计标准

淤面高程:为达到小水不漫滩的治理目标,考虑工程完工后当地群众可以耕种的要求,淤面高程与邻近滩面平。

淤堵范围:考虑到淤堵土方来源及其他因素,淤堵宽度按宋楼南串沟、白庄串沟的实际宽度,长度为串沟沟口处500 m。

2. 淤区设计

排泥场尺寸是指淤区内不再设置格堤,即通常所说的小淤区的大小。排泥场尺寸的确定以能使进入排泥场的泥沙落淤为原则。

为了使泥沙充分沉淀,一般取排泥场的长度为泥沙沉降距离的2~3倍,但淤区又不宜过长,过长的淤区会带来自然分选问题。

3. 围堤高度

当吹填泥沙的黏粒含量小于10%时,因沉沙固结较快,所以上部围堤和格堤一般是边淤筑、边用淤区沙土加修,围堤比淤区顶面超高0.5~1.0 m;当吹填泥沙黏粒含量大于

10%时,因沉沙固结较慢,中间不能加修,围堤和格堤应按确定的高度一次修够标准。

4. 淤区退水

退水能力与进水能力应相适应,力求退清不退浑。泄水口宜布置在排泥场泥浆不易流到的地方,同时应远离排泥管出口。泄水口不应少于两个,结构应稳定、经济、易于维护,运用中能调节淤填区水位,通常采用溢流堰结构形式,也可采用跌水或涵管形式。启动工程淤填土属沙性土,退水含沙量要求不超过 3 kg/m^3。根据以往观测经验,工程初期尾水含沙量能达到标准,后期尾水含沙量增大,严重淤积在排水渠。为此,应增加富裕水深,抬高泄水口高程,从而降低出口含沙量。

(四)设备选择

实施淤堵堤河和串沟工程的目的:一方面是要消除洪水隐患,更重要的是要疏浚河槽并且塑造出一个合适的中水河槽,所以在工程设备选择上应优先选取挖泥船直接从河床中挖取泥沙。另外,由于试验河段较长,淤填工程要分段进行,采用船淤方法便于设备的整体移动并且无须临时占用滩地,减少赔偿。

考虑到该河段整治河宽范围内可能有嫩滩,为加快施工进度,提高效率,可选择组合泵施工作为淤填工程的后备方案。

总体来讲,徐码头河段淤填工程的设备选择为挖泥船结合组合泵。设备选型上主要参考濮阳“二级悬河”治理和标准化堤防施工中的成熟设备。

1. 挖泥船选择

应结合徐码头河段各个疏浚地点的施工条件,分别选用绞吸式挖泥船、冲吸式挖泥船和潜水泥浆泵组。由于施工期水深较浅、挖泥厚度较薄、泥沙回淤快等,因而所选船型不宜过大,也不宜过小。船型过大容易搁浅,船型过小又不能满足较长排距要求。由于黄河不同于一般的清水河流,挖河任务艰巨,施工条件极其复杂,挖泥船选择考虑如下要求:

(1)减小船体的吃水深度。由于疏浚河段水深较浅,为避免挖泥船搁浅,保证施工的顺利进行,要求船体的吃水深度要小,船体吃水深度宜控制在 1.0 m 左右。可考虑适当增加浮箱的宽度或长度,以减少吃水深度,改进后浮箱的尺寸应满足陆路运输的要求。

(2)提高船体的抗流速能力。由于黄河挟带大量泥沙,水流速度较大。根据黄河下游施工经验,国产 120 型挖泥船适宜在大河流量为 1 500 m^3/s、流速小于 2.1 m/s 条件下施工。为保证挖泥船的施工天数,应提高船体的抗流速能力,初步考虑将挖泥船适宜的最大施工流速提高至 1.7~2.0 m/s。

(3)挖泥船的功率分配。现有挖泥船泥泵和铰刀功率分配是为了适应多种土质的清淤要求而设计的,而黄河泥沙密度小,易松动,泥浆浓度容易保证。因此,在船的总功率确定以后,可适当降低铰刀功率,增大泥泵功率,以提高挖泥船的产量。

(4)泥泵及排泥管。疏浚河段河床土质为非黏性粉细沙、石,可通过优化泥泵的内特性和管路的外特性,如适当加大吸、排泥管直径,降低管内流速,来减少管内水头损失,达到远距离输沙的目的。

对于淤填堤河施工,由于堤河远离河槽,排距较长,采用 120 m^3/h 型绞吸式挖泥船加接力泵的方案;对于淤堵串沟,由于淤堵长度仅有串沟口处的 500 m,距离河槽相对较近,采用 80 m^3/h 型绞吸式挖泥船。

2. 挖泥船辅助配套设备选择

为了保证挖泥船的正常施工,必须配置一定数量的辅助配套设备,如辅助船舶、排泥管、浮筒等,对于排距较远的河段,还要配置接力设备。

(1)排泥管选择。排泥管内径应与挖泥船的排泥管内径相同,选用管径为 300 mm 的钢管,排泥管长度参照实际排距,并考虑备用,每条船需配置的排泥管长度为 3 000~6 000 m;胶管按排泥管长度的 1/20 配置;浮筒用于排设水上排泥管,其数量依水上浮管长度确定。

(2)接力设备选择。由于挖河排距较远,为保持船的挖泥效率,需要增设接力设备进行加压,以延长排距。目前加接力主要是陆地加压,即在输泥浆管道的适当位置处串联一台泥泵进行接力,接力设备安置在排距的 40%处,泵船距离为 1 100~2 500 km,其优点是安装简单,增加了排距,提高了输沙能力。每只挖泥船配接力泵 2 套,接力泵型号选用 250ND-22 型或 10EPN-30 型。

3. 组合泵选择

组合泵站具有结构简单、轻便灵活、操作方便、成本低、见效快等优点,其挖泥机具一般采用 6PNL-265 型泥浆泵,输泥机具常用 250ND-22 型与 10EPN-30 型接力泵。

4. 辅助设备

除以上施工设备外,还需以下施工辅助设备:

(1)推土机。道路施工、围堤修筑、淤区填土碾压平整和退水渠开挖需要配备推土设备,如湿式推土机、山推、东方红推土机等。

(2)拖船。挖泥船施工应配备拖船 1 艘,完成生产与生活供应、拖带挖泥船进入施工区和进行抛锚、起锚等工作。

(五)施工布置

1. 挖泥船数量确定

假设每条挖泥船台班生产率为 P_t,则可得

$$P_t = P_s t k_1 k_2 \tag{9-2}$$

式中　P_s——挖泥船台时生产率,m^3/h;

t——每个台班工作时数,一般取 8 h;

k_1——台时利用率;

k_2——台班利用率。

挖泥船台日生产率 P_r 为:

$$P_r = P_t t k_3 k_4 \tag{9-3}$$

式中　k_3——台日利用率;

k_4——一个台日的台班数。

则挖泥船的数量如下:

$$n = W/TP_r \tag{9-4}$$

式中　n——挖泥船的数量；

W——开挖方量，m^3；

T——施工工期，d。

2. 挖泥船定位与抛锚

绞吸式挖泥船采用定位桩定位，在驶近挖槽起点 20~30 m 时，航速应减至极慢，待船停稳后，应先测量水深，然后放下一个定位桩，并在船首抛设两个边锚，逐步将船位调整到挖槽中心线起点上，船在行进中严禁落桩，横移地锚必须牢固，当逆流向施工时，横移地锚的起前角不宜大于 30°，落后角不宜大于 15°。当挖泥船抛锚时，易先抛上风锚；当收锚时，应先收下风锚，后收上风锚。

3. 挖泥船布置及施工方式

由于开挖河段较长，断面较宽，需分段分条开挖。为减少暗管拆移，将暗管布置在两工段中间，再按二段施工，暗管固定不动，靠船的 500 m 浮管可随船的移动加长。

4. 排泥管线的架设

排泥管布置要保证排泥管线顺直，弯度力求平缓，避免死弯，尽管缩短管道距离。应尽量沿路边布设，以减少压占耕地。出泥口伸出围堤坡脚以外，且不宜小于 5 m，并应高出排泥面 0.5 m 以上。整个管线接头不得漏泥、漏水，若发现泄漏，应及时修补或更换。排泥管连接应采用柔性接头，以适应水位变化。水上浮筒排泥管线应力求平顺，为避免死弯，可视水流条件，每隔适当距离抛设一只浮筒锚。

（六）施工安排与要求

（1）根据黄河下游放淤固堤的实践，施工一般在 3—6 月和 10—12 月。

（2）利用淤区内的 40 cm 厚表层土推作淤区围堤，淤区淤成后，所推表层土作为淤区表层盖土。

（3）淤区淤填采用分块（条）交替淤筑方式，以利于泥沙沉淀固结。淤区施工按照自上而下的顺序分段施工。

（4）退水口高程应随着淤面的抬高不断调整，以保证淤区退水通畅，并控制退水含沙量不超过 3 kg/m^3。

（5）淤区的施工排水均通过设在（防）浪林内的排水渠排入于庄引黄闸。排水渠堤一次修筑到设计高程，施工采用推土机就近推土，履带式拖拉机碾压。

（七）试验河段的观测与分析

1. 测验断面布设

测验断面布设要符合挖河减淤效果分析要求，目前在邢庙—杨楼河段有史楼、李天开、徐码头、于庄等 4 个观测断面，在疏浚河段内，达到每千米一处观测断面；在试验河段的下游还要适当布置观测断面。

2. 观测要求

河槽疏浚的过洪能力与减淤效果观测，主要是通过观测河道断面变化、沿程水位变化,控制断面输沙率增减,了解疏浚河段及其上下河段的冲淤变化,了解试验河段的过洪能力变化,研究不同挖沙疏浚情况下的河道演变及减淤效果。

3. 河道过洪能力及减淤效果分析内容

河道过洪能力及减淤效果分析内容如下:

(1)河势变化;

(2)平滩流量变化;

(3)同流量水位变化;

(4)河底高程变化;

(5)减淤效果分析。

第十章　工程管理考核机制研究

第一节　考评办法

一、等级和标准

水利工程管理考核的对象是水利工程管理单位（指直接管理水利工程，在财务上实行独立核算的单位），重点考核水利工程的管理工作，主要是组织管理、安全管理、运行管理和经济管理。

水利工程管理考核实行1 000分制。考核结果为920~1 000分的（含920分，其中各类考核得分均不低于该类总分的85%），确定为国家一级水利工程管理单位；考核结果为850~920分的（其中各类考核得分均不低于该类总分的80%），确定为国家二级水利工程管理单位。

水利工程管理考核，按工程类别分别执行《河道工程管理考核标准》《水库工程管理考核标准》和《水闸工程管理考核标准》。

二、权限和程序

水利工程管理考核工作按照分级负责的原则进行。水利部负责全国水利工程管理考核工作。县级以上地方各级水行政主管部门负责所管辖区域的水利工程管理考核工作。流域管理机构所属水利工程管理考核工作由流域管理机构及所属单位分级负责，部直管水利工程管理考核工作由水利部负责。

水利工程管理单位根据考核标准每年进行自检，并将自检结果报上一级主管部门。上一级主管部门及时组织考核，将结果逐级报至省级水行政主管部门。流域管理机构所属工程管理单位自检后，经上一级主管部门考核后，将结果逐级报到至流域管理机构；部直管水利工程管理单位自检后，将结果报水利部。

大型水库、大型水闸、七大江河干流、省级管理的河道堤防工程（包括湖堤、海堤工程）的考核结果由省级水行政主管部门汇总后报流域管理机构备案。

国家一级水利工程管理单位由水利部组织验收，也可委托有关单位组织验收；国家二级水利工程管理单位由水利部委托流域管理机构组织验收。

省级水行政主管部门负责本行政区域内国家一、二级水利工程管理单位的初验、申报工作。省级水行政主管部门对自检、考核结果符合国家一、二级水利工程管理单位标准的单位进行初验，初验符合国家一级标准的，向水利部申请验收，并抄报流域管理机构；初验符合国家二级标准的，向流域管理机构申报验收，验收合格的报水利部批准。水利部和流域管理机构接到申报后要及时组织验收。

流域管理机构负责所属工程国家一级水利工程管理单位的初验、申报工作和国家二级水利工程管理单位的验收、申报工作。流域管理机构对自检、考核结果符合国家一级水利工程管理单位标准的单位进行初验,初验符合国家一级标准的,向水利部申报验收批准;对自检、考核结果符合国家二级水利工程管理单位标准的单位进行验收,验收合格的报水利部批准。

水利部负责部直管工程国家一、二级水利工程管理单位的验收工作。水利部对自检结果符合国家一、二级水利工程管理单位标准的单位进行验收,验收合格的予以批准。

水利部建立水利工程管理单位考核验收专家库,国家一、二级水利工程管理单位验收专家组从专家库抽取验收专家的数额不得少于验收专家组成员的三分之二;被验收单位所在的省(自治区、直辖市)或流域管理机构的验收专家不得超过验收专家组成员的三分之一。

经考核验收确定为国家一、二级水利工程管理单位的,由水利部颁发标牌和证书。各级水行政主管部门及流域管理机构可对获国家一、二级的水利工程管理单位给予奖励,具体奖励办法自行制定。

已确定为国家一、二级的水利工程管理单位,由流域管理机构每 3 年组织一次复核,水利部进行不定期抽查;部直管工程由水利部组织复核,对复核或抽查结果达不到原确定等级标准的,取消其原定等级,收回标牌和证书。

黄委会负责黄河河道目标管理考评工作。按照分级管理原则,河南、山东黄河河务局负责本辖区范围内的河道目标管理考评工作。

河道管理考评以县(区)级河道管理单位为单元,分自检、初验、验收发证等三个阶段进行。

县(市、区)河道主管机关进行自检;市(地)河道主管机关负责三级管理单位的初验和推荐,指导县级河道主管机关做好一、二级管理单位的自检工作;河南、山东黄河河务局负责三级河道管理单位的考评验收和二级河道管理单位的初验、推荐工作;黄委会负责二级河道管理单位的验收认定和一级河道管理单位的初验和推荐工作。

河南、山东黄河河务局每年年底须向黄委会报送阶段考评成果和工作总结以及次年的工作计划。需申请验收的单位,应按规定权限上报申请报告、考评成果和工作总结等材料。被验收的单位应准备好如下材料:工作总结、自检报告(包括自检评分原始记录)、初验后整改结果和评分情况、各类管理运行的技术资料和规定的文件或证书。

河道堤防工程的考评验收采取抽验方式。堤防工程抽验长度不少于河道管理单位管辖总长度的 20%,坝(垛、护岸)抽验数量(以坝、垛道数为单位)不少于管理总数的 30%。

河道管理单位等级评定的初验和验收,采取“看、听、问、查”的方式。

看:外看现场,内看资料。看现场采取全面看和重点看相结合,重点察看平均每 5~10 km 一个点,其中一半由管理单位安排,一半由考评组随机确定。看资料分三种情况:一是复印发给考评组成员的资料;二是不便印发的资料,可集中摆放,供考评人员翻阅;三是考评人员认为需要提供的资料,管理单位应尽量提供。

听:听取管理单位情况介绍,包括集中介绍和现场介绍。

问:边看边问,边听边问。由负责汇报的单位负责人和有关业务部门负责人回答,问谁由谁回答。

查:指考察管理单位有关领导对管理范围基本情况、技术指标、有关法规政策等的熟悉和掌握程度。

等级认定后,被考评单位应认真落实考评组提出的整改措施,并将整改后的情况按权限逐级上报。

对已认定等级的河道管理单位,应按验收的权限进行复查,每3年复查一次,复查单位数量不少于已评定数的20%~30%,复查采用和验收评定同样的方式。复查后发现不符合原等级标准的单位,限期达到原等级标准,否则将给予降级处理。

三、奖励与激励政策

奖励:根据部有关规定,一、二级河道目标管理单位证书和奖牌均由水利部统一制作发放,省河务局可以给予适当物质奖励。

激励政策:对获得一级河道目标管理单位的县(区)局,各级主管部门要在岁修经费安排上予以倾斜,使这些单位在管理上保持较高水平。

第二节　考评内容

一、组织管理

(一)管理体制和运行机制

理顺管理体制,明确管理权限;实行管养分离,内部事企分开;分流人员合理安置;建立竞争机制,实行竞聘上岗、优化组合;建立合理、有效的分配激励机制。

(二)机构设置和人员配备

管理机构设置和人员编制有批文;岗位设置合理,按部颁标准配备人员;技术工人经培训上岗,关键岗位要持证上岗;单位有职工培训计划并按计划实施,职工年培训率达到30%以上。

(三)精神文明

管理单位领导班子团结,职工敬业爱岗;庭院整洁,环境优美,管理范围内绿化程度高;管理用房按要求设置,管理有序;配套设施完善;单位内部秩序良好,遵纪守法,无违反《中华人民共和国治安管理处罚条例》的行为发生;近三年获县级(包括行业主管部门)以上精神文明单位称号。

(四)规章制度

建立健全并不断完善各项管理规章制度,包括人事劳动制度、学习培训制度、岗位责任制度、请示报告制度、检查报告制度、事故处理报告制度、工作总结制度、工作大事记制度等,关键岗位制度明示,各项制度落实,执行效果好。

(五)档案管理

档案管理制度健全,有专人管理,档案设施齐全、完好;各类工程建档立卡,图表资料等规范齐全,分类清楚,存放有序,按照一定的标准和规范归档;档案管理获档案主管部门认可或取得档案管理单位等级证书。

（六）工程标准

河道堤防工程达到设计防洪标准。

（七）河道安全

在设计洪水（水位或流量）内，未发生堤防溃口或其他重大安全责任事故。

（八）工程隐患及除险加固

对堤防进行有计划的隐患探查；工程险点隐患情况清楚，并根据隐患探查结果编写分析报告；有相应的除险加固规划或计划；对不能及时处理的险点隐患要有度汛措施和预案。

（九）防汛组织

各种防汛责任制落实，防汛岗位责任制明确；防汛办事机构健全；正确执行经批准的汛期调度运用计划；抢险队伍落实到位。

（十）防汛准备

按规定做好汛前防汛检查；编制防洪预案，落实各项度汛措施；重要险工、险段有抢险预案；各种基础资料齐全，各种图表（包括防汛指挥图、调度运用计划图表及险工险段、物资调度等图表）准确规范。

（十一）防汛物料

各种防汛器材、物料齐全，抢险工具、设备配备合理；仓库分布合理，有专人管理，管理规范；完好率符合有关规定且账物相符，无霉变、无丢失；有防汛物料储量分布图，调运方便。

（十二）工程抢险

能及时发现、报告险情；抢险方案落实；险情抢护及时，措施得当。

二、河道防洪安全与保护

（一）确权划界

划定河道管理范围及工程管理和保护范围；划界图纸资料齐全；工程管理范围边界桩齐全、明显；工程管理范围内土地使用证领取率达95%以上。

（二）建设项目管理

河道滩地、岸级开发利用符合流域综合规划和有关规定；河道管理范围内新建、改建、扩建项目等情况清楚；对建设项目审查严格；无越权审批项目，审查程序符合有关规定，手续完备；审查、审批及竣工验收资料齐全，按有关规定对新建、改建、扩建项目的施工、运行进行有效监督。

（三）河道清障

了解河道管护范围内阻水生物以及建筑物的数量、位置和设障单位等情况，及时提出清障方案并督促完成清障任务，无新设障现象。

（四）水行政管理

定期组织水法规学习培训，领导和执法人员熟悉水法规及相关法规，做到依法管理；水法规等标语、标牌醒目；河道采砂等规划合理，无违章采砂现象；配合有关部门对水环境进行有效保护和监督;案件取证查处手续、资料齐全、完备,执法规范,案件查处结案率高。

三、运行管理

(一)日常管理

堤防、河道整治工程和穿堤建筑物由专人管理,按章操作;管理技术操作规程健全;定期进行检查、维修养护,记录完整、准确、规范;按规定及时上报有关报告、报表。

(二)堤顶与堤身

堤顶高程、宽度、边坡、护堤地(面积)保持设计或竣工验收的尺度;堤坡平顺;堤身无裂缝、冲沟,无洞穴、无杂物垃圾堆放;草皮整齐,无高秆杂草。

(三)堤顶道路

堤顶(后戗、防汛路)路面满足防汛抢险通车要求;路面完整、平坦,无坑、无明显凹陷和波状起伏;堤肩线直弧圆;雨后无积水,便于防汛检查和抢险。

(四)河道防汛工程

河道防护工程(护坡、护岸、丁坝、护脚等)质量达到设计要求;无缺损、无坍塌、无松动;备料堆放整齐,位置合理;工程整洁美观。

(五)穿堤建筑物

穿堤建筑物(桥梁、涵闸、各类管线等)位置、尺寸、质量符合安全运行要求;金属结构及启闭设备养护良好、运转灵活;混凝土无老化、破损现象;堤身与建筑物连接可靠,接合部无隐患、无渗漏现象。

(六)害堤动物防治

在害堤动物活动区有防治措施;防治效果好,无獾狐、白蚁等及其洞穴。

(七)生物防护工程

工程管理范围内(包括护堤、护坝、护闸地)宜绿化面积中绿化覆盖率达95%以上;树、草种植合理,宜植防护林的地段要形成生物防护体系;堤肩草皮(有堤肩边埂的除外)每侧宽0.5 m以上;林木缺损率小于5%,无病虫害;有计划对林木进行间伐更新。

(八)工程排水系统

各类工程排水沟、减压井、排渗沟齐全、畅通,沟内杂草、杂物清理及时,无堵塞、破损现象。

(九)工程观测

按要求对堤防、涵闸等进行工程观测,以及对河势变化进行观测;观测资料整编成册;根据观测提出有利于工程安全、运行、管理的建议;观测设施完好率达90%以上。

(十)河道供排水

河道(网、闸、站)供水计划落实,调度合理;供、排水能力达到设计要求;防洪、排涝实现联网调度,效益显著。

(十一)标志、标牌

各类工程管理标志、标牌(里程桩、禁行杆、分界牌、警示牌、险工险段及工程标牌、工程简介牌等)齐全、醒目美观。

(十二)管理现代化

积极引进、推广使用管理新技术;引进、研究开发先进管理设施,改善管理手段,增加管理科技含量;工程观测、监测自动化程度高;积极应用管理自动化、信息化技术。

四、经济管理

(一)费用收取

根据有关法规及授权积极收取河道工程修建维护管理费、采砂管理费(砂石资源费)等各种规费及供、排水费,收取率达95%以上。

(二)财务管理

维修养护、运行管理等费用来源渠道畅通,财政拨款及时足额到位;开支合理,严格执行财务会计制度,无违章、违纪现象。

(三)工资、福利及社会保险

人员工资及福利待遇达到当地平均水平以上,并能及时兑现;按规定落实职工养老、医疗等各种社会保险。

(四)河道资源利用

有水土资源开发利用规划,可开发水土资源利用率达到70%以上,经营开发效果好。

第三节　黄河堤防(河道整治)工程检查观测工作指南(试行)

1　总则

1.0.1　为规范黄河堤防工程、河道整治工程检查观测工作,根据《堤防工程养护修理规程》《黄河水利委员会直属水利工程现场管理办法》《黄河水利工程管理考核办法》《黄河堤防工程管理标准》《黄河河道整治工程管理标准》等有关规定,编写本指南。

1.0.2　本指南适用于黄委管辖的堤防、河道整治工程检查观测工作。

1.0.3　检查观测范围包括堤防、河道整治工程管理范围和保护范围。

1.0.4　检查观测应当明确人员、频次、项目和内容,记录真实完整、符合要求。

2　工程检查

2.1　检查分类

2.1.1　工程检查分为经常检查、定期检查、特别检查。

2.1.2　经常检查主要指日常外观检查,由基层一线运行管理人员负责进行。检查人员对所管堤段每1~3 d巡查1次;基层管理组织(段、班)每10 d检查1次;水管单位每月组织检查1次。汛期应根据汛情增加检查频次。检查工作要点如下:

(1)堤防、河道整治工程外部完整性。

(2)工程运行管理是否符合相关技术标准和制度。

(3)有无其他危害工程安全的活动。

2.1.3　定期检查由水管单位组织技术人员进行，包括汛前检查、汛期检查、汛后检查、凌汛期检查等。一般情况下，汛前、汛后各检查1次，遇特殊情况增加检查频次；汛期当洪水漫滩、偎堤或达到警戒水位时，按防汛要求组织巡查；凌汛期，按防凌要求进行检查。

(1)汛前检查工作要点如下：

①堤身断面及堤顶高程是否符合设计标准，有无冲沟、洞穴、裂缝、陷坑、残缺，有无影响防汛安全的违章建筑等；

②对重要堤段，穿堤建筑物与堤防接合部，险工险段及其他可能出现险情的堤段进行重点检查；

③河道整治工程通过查勘河势，掌握河势变化、工程靠河情况，预估工程可能出险情况，检查根石、护坡完整情况以及历次检查发现问题的处理情况。

(2)汛期检查工作要点如下：

①堤顶、堤坡、堤脚有无裂缝、坍塌、滑坡、陷坑、浪坎等险情发生；

②迎水坡砌护工程有无裂缝损坏和崩塌，退水时临水边坡有无裂缝、滑塌；

③堤防背水坡脚附近或较远处积水潭坑、洼地渊塘、排灌渠道、房屋建筑物内外容易出险又容易被忽视的地方有无管涌(泡泉、翻沙鼓水)现象；

④河道整治工程有无根石走失、根石蛰陷、坝体坍塌、坝身蛰裂和洪水漫顶等；

⑤查险报险按照防汛抢险责任制有关规定执行。

(3)汛后检查工作要点如下：工程水毁情况、雨毁情况、险情记录、观测设施有无损坏等。

2.1.4　当发生大洪水、大暴雨、台风、地震等工程非常运用情况或发生重大事故时，应及时进行特别检查。特别检查由水管单位组织技术人员进行，必要时应报请上级主管部门和有关单位共同开展检查。检查工作要点如下：

(1)事前巡查：在大洪水、大暴雨到来前，对防汛各项准备工作和工程存在问题及预估分析可能出险的工程进行检查。

(2)事后巡查：检查大洪水、大暴雨、地震等工程非常运用情况及发生重大事故后工程及附属设施的损坏和防汛物料及设备动用情况。

2.2　检查方法

2.2.1　检查前应做好准备，检查人员应相对固定、分工明确、各负其责。

2.2.2　检查人员通过步行方式对工程进行全面细致检查，外观检查通过眼看、耳听、手摸、脚踩等直觉方法，或辅以锹、锤、尺、杆等简单工具进行检查或量测。

(1)眼看即看清工程管理范围内有无垃圾杂物、高秆杂草、垦植、私搭乱建等。

(2)耳听即细听水流有无异常声音。

(3)手摸即用手对土体、渗水、水温进行感测。

(4)脚踩即检查堤脚、堤坡土质松软、鼓胀、潮湿或渗水等。

2.2.3　工程检查以人工巡查为主，辅以必要的仪器和工具，同时积极推广利用无人机、遥感、视频监视等信息化技术进行检查。

2.3　检查内容

2.3.1　堤防工程检查部位包括堤顶、堤坡、堤脚、排水设施、前后戗、淤区、护堤地、边界、上堤辅道、备防土和备防石、防浪林和护堤林、标志标牌、管理庭院、观测设施等，还需检查有无其他危害工程安全的活动。

(1)堤顶检查主要包括：

①路面有无杂物、雨后积水、坑槽、裂缝、起伏、翻浆、脱皮、泛油、龟裂等；

②是否存在硬化堤顶与土堤或垫层脱离现象等；

③路缘石有无蜂窝、破损、裂缝等；

④堤肩是否平顺规整，有无凹陷、裂缝、残缺、垃圾杂物，堤肩线是否线直弧圆、明显、清晰；

⑤行道林是否存在病虫害、缺株、人为损坏、枯枝干梢、干旱缺水等问题；

⑥堤肩草皮是否有缺损、高秆杂草、病虫害、老化现象等；

⑦防护墩是否整齐，有无损坏、缺失；

⑧堤顶道路设置的限宽限高设施等是否完好。

(2)堤坡检查主要包括：

①临、背河边坡是否平顺；

②有无雨淋沟、裂缝、塌坑、残缺、洞穴，有无害堤动物洞穴和活动痕迹；

③有无垃圾杂物、垦植、取土现象；

④草皮是否有缺损、高秆杂草、病虫害、老化现象等。

(3)堤脚检查主要包括：

①地面是否平坦，有无水沟浪窝、残缺、洞穴等；

②堤脚线是否平顺规整、明显、清晰。

(4)排水设施检查主要包括：

①排水设施是否完好、顺畅，有无孔洞暗沟，沟身有无蛰陷、断裂，出口有无冲坑悬空；

②排水设施内有无杂物、堵塞。

(5)前(后)戗检查主要包括：

①戗台顶面是否平整，有无水沟浪窝、裂缝、塌坑、残缺、垃圾杂物；

②草皮是否有缺损、高秆杂草、病虫害、老化现象等。

(6)淤区检查主要包括：

①顶部是否平整，有无水沟浪窝、高秆杂草、垃圾杂物；

②围堤、隔堤有无残缺、水沟浪窝等，是否有草皮防护；

③淤区边坡是否平顺、植树、植草，有无雨淋沟、裂缝、塌坑、残缺、洞穴，有无垃圾杂物、高秆杂草，有无害堤动物洞穴和活动痕迹，有无垦植、取土现象。

(7)护堤地检查主要包括：

①是否平整，有无洞穴、残缺、水沟浪窝等；

②有无高秆杂草、垃圾杂物、垦植现象等。

(8)边界检查主要包括：

①界沟或界埂是否完整、明显、顺直；

②界桩尺寸是否符合要求，界桩是否埋设坚固、标识清晰，有无缺失、倾倒、损毁等。

(9)上堤辅道检查主要包括：

①与堤坡交线是否顺直、整齐、分明，道路是否保持完整、平顺，有无沟坎、凹陷、残缺，有无蚕食堤身；

②辅道口两侧警示桩，位置、尺寸、漆条是否符合要求，是否有缺失、倾倒、损毁等。

(10)备防土和备防石检查主要包括：

①备防土(土牛)是否符合集中存放要求，是否保持表面平整、边棱整齐，有无明显凹凸、水沟浪窝、高秆杂草、杂物现象；

②备防石有无缺石、坍塌、倒垛、杂草，有无勾缝勾带脱落，石垛标牌是否完好、标注清楚等。

(11)防浪林和护堤林检查主要包括：

①树木是否修剪、浇水，有无病虫害、人为损坏、枯枝干梢；

②林木是否存在缺损断带、老化等问题。

(12)标志标牌检查主要包括：

①交界牌、指示牌、标志牌、责任牌等，是否标识清晰、醒目美观、埋设坚固，有无涂层脱落、损坏和缺失；

②千米桩、百米桩、警示桩是否标注规整清晰，有无损坏和缺失。

(13)管理庭院检查主要包括：

①管理房是否坚固、完整，门窗是否齐全、有无损坏，墙体有无裂缝，墙皮有无脱落；

②绿化布局是否合理，树木、花卉、草皮是否生长茂盛、修剪整齐，菜园管理情况等；

③是否有垃圾或杂物堆放，厨房和卫生间卫生管理情况，工器具管理和安全消防器材配备情况等；

④资料整理和录入情况，视频监视和网络运行情况等。

(14)观测设施检查主要包括：

①监视监控设备是否清洁，有无短路、放电等故障；监测监控设备是否工作正常，数据是否准确，图像是否清晰；有无按规定保养云台及设备的防雷设施；

②观测设施是否完好，能否正常观测；标志、锁盖、围栅是否损坏或缺失；周围有无动物洞穴。

(15)其他危害工程安全的活动，主要包括：

①工程管理范围内有无破坏工程完整、工程面貌的违规现象，如放牧、垦植、破坏植被、破坏树株、盗土取土、垃圾堆放等，有无草皮焚烧等现象。

②有无未经批准私自挪动堤顶限宽墩现象；限高设施是否发挥作用，有无损坏、失效；有无在堤顶道路上行驶履带式车辆或者超载车辆；有无破坏或盗窃工程标志桩(牌)和测量、监测监控、水文、电力、通信等设施行为发生。

③工程管理范围内有无未经上级批准的非防洪工程建设项目的建设行为，如私搭乱建、私设广告牌等。

④工程保护范围内有无爆破、打井、采砂、取土、挖塘等危害堤防安全的活动。

2.3.2　河道整治工程检查部位包括坝顶、坝坡、联坝、排水设施、上坝路、护坝地、行道林和护坝林、标志标牌、边界、管理房、观测设施等，还需检查有无其他危害工程安全的活动。

(1)坝顶检查主要包括:

①坝面是否平整,有无凹凸、陷坑、洞穴、水沟、乱石、垃圾、杂物等;

②坝顶草皮是否有缺损、高秆杂草、病虫害、老化现象等;

③沿子石、防冲沿有无残缺,表面是否清洁,有无杂草杂物,勾缝有无脱落,有无凹凸、墩蛰、塌陷、空洞、残缺、活石,沿子石与土坝基接合部有无集中渗流;

④备防石有无缺石、坍塌、倒垛、杂草,有无勾缝勾带脱落,石垛标牌是否完好、标注清楚等。

(2)坝坡检查主要包括:

①干砌、浆砌坦坡是否平顺、砌缝紧密,已勾缝坝垛灰缝有无脱落,坡面是否清洁,有无残缺、凹凸、松动、变形、塌陷、架空等;

②散抛石坦坡坡面是否平顺,有无塌陷、架空、浮石、杂物;

③根石是否平顺,有无浮石、凹凸、松动、变形、塌陷、架空等,根石台是否整洁、有无高秆杂草;

④坝裆地面有无零石、垃圾、杂物、违章取土;

⑤踏步有无破损、凹凸、墩蛰、塌陷、活石;

⑥土坝坡是否平顺,有无残缺、水沟浪窝、洞穴、杂物、高秆杂草,有无垦植及取土现象。

(3)联坝检查主要包括:

①坝顶有无积水、损坏、裂缝、残缺、冲沟、陷坑、浪窝;

②硬化路面有无龟裂、翻浆等损坏,是否需要洒水养护;

③坝坡有无水沟浪窝、洞穴、陷坑、垃圾、杂物,草皮是否缺失、老化,有无高秆杂草;

④路缘石有无缺失、损坏。

(4)排水设施检查主要包括:

①排水设施是否完好、顺畅,有无孔洞、暗沟,沟身有无蛰陷、断裂,出口有无冲坑悬空;

②排水设施内有无杂物、淤堵。

(5)上坝路检查主要包括:

①是否保持完整、平顺,无沟坎、凹陷、残缺;

②上坝路口两侧警示桩,位置、尺寸、漆条是否符合要求,是否倾斜、损毁、缺失。

(6)护坝地检查主要包括:

①是否平整,有无洞穴、残缺、水沟浪窝等;

②有无垃圾、杂物堆放、垦植等现象。

(7)行道林和护坝林检查主要包括:林木是否存在病虫害、倒伏、缺损断带、人为损坏、枯枝干梢、干旱缺水等问题。

(8)标志标牌检查主要包括:

①是否符合相关标准要求,整齐美观,规范一致;

②有无涂层脱落、内容模糊不清、倾倒、损坏和缺失。

(9)边界检查主要包括:

①界沟或界埂是否完整、明显、顺直;

②界桩尺寸是否符合要求,界桩是否埋设坚固、标识清晰,有无缺失、倾倒、损毁等。

(10)管理庭院检查主要包括:

①管理房是否坚固、完整,门窗是否齐全、有无损坏,墙体有无裂缝,墙皮有无脱落;

②绿化布局是否合理,树木、花卉、草皮是否生长茂盛、修剪整齐,菜园管理情况等;

③是否有垃圾或杂物堆放,厨房和卫生间卫生管理情况,工器具管理和安全消防器材配备情况等;

④资料整理和录入情况,视频监视和网络运行情况等。

(11)观测设施检查主要包括:

①监视监控设备是否清洁,有无短路、放电等故障;监测监控设备是否工作正常,数据是否准确,图像是否清晰;有无按规定保养云台及设备的防雷设施。

②水尺安装是否牢固,表面是否清洁,标尺数字是否清晰、有无损坏。

③根石断面桩、滩岸观测断面桩是否按规定设置,桩体是否完整无残缺,标志是否清晰。

(12)其他危害工程安全的活动,主要包括下列内容:工程管理范围内有无取土、爆破、打井、钻探、挖沟、建房、葬坟或者进行其他危害工程安全的活动;有无放牧、垦植、破坏植被、破坏树株等现象发生;有无破坏或盗窃工程标志桩牌和测量、监测监控、水文、电力、通信等设施行为发生;有无未经批准动用备防石等防汛抢险物料行为发生;有无垃圾、杂物堆放等现象发生,有无草皮焚烧等现象;有无未经上级批准的非防洪工程建设项目的建设行为。

2.4 检查记录

2.4.1 工程检查记录应清晰、完整、准确、规范,包括必要的照片或录像视频等影像资料。每次检查完毕后,应及时整理资料,结合观测、监测资料分析,如有异常,应及时报告。

2.4.2 检查记录应符合下列规定:

(1)经常检查应填写经常检查记录表,堤防工程经常检查记录表格式见附件1,河道整治工程经常检查记录表格式见附件2。

(2)定期检查应填写定期检查记录表或编写检查报告,堤防工程定期检查记录表格式见附件3,河道整治工程定期检查记录表格式见附件4。

(3)特别检查应编写检查报告。

2.4.3 检查报告应包括下列内容:

(1)检查基本情况:包括检查目的、参加人员(签名)及职务职称以及检查日期、检查环境条件等。

(2)检查结果分析:包括检查过程、方法和结果(文字记录、图表、影像资料等),与以往检查结果的对比分析,发现的特殊或异常问题及原因分析。

(3)检查结论与建议:包括对检查工作的总体评价,发现的问题及处理意见。

3 工程观测

3.1　**观测项目**

3.1.1　堤防工程观测由水管单位负责，项目主要包括水位观测、堤身沉降、渗流观测等，观测频次为非汛期每月不少于1次，汛期每月不少于2次，涨水期或退水期等水位变化过大时增加测量次数。

3.1.2　河道整治工程观测由水管单位负责，项目主要包括水位、河势、滩岸坍塌观测等。

(1)及时掌握汛期洪水涨落情况，按照防汛有关规定的间隔时间进行水位观测。

(2)河势观测分为汛前、汛期及汛后观测。

(3)及时掌握汛期洪水对河岸淘刷及造成坍塌等情况，对滩岸坍塌进行观测。

3.2　**观测要点**

3.2.1　水位观测

(1)观测时，一般应整点观测，观测人员尽量接近水尺且与水尺保持平视。

(2)观测时间、观测频次按上级规定执行。

(3)读数精度要求准确至0.01 m。水位=水尺读数+该水尺零点高程。

(4)水面平稳时，直接读取水面截于水尺上的读数；有波浪时，应分别读记波峰、波谷两个读数，取平均值作为最终读数；也可除读取波峰、波谷读数外再捕捉瞬时平稳时机及时读数，以用于校正波峰和波谷的平均数，为消除因时机选择不当而带来的误差，可多次测读再取平均数。

3.2.2　河势观测

(1)河势是河道水流的平面形势和发展趋势。主要包括滩岸线位置、河道整治工程的靠水位置、水流的态势、主溜的位置走向以及可能的变化趋势等。

(2)河势观测一般是沿河进行目视观测，在河道整治工程处或河势变化较大的河段进行重点观测，目测确定主溜线、水边线。

(3)河势观测前要充分做好准备工作。一方面要了解河段特别是重点河段的特性，历年河势变迁和工情变化情况，收集与查勘河段有关的河势观测资料，以便观测更具有针对性，提高观测准确性。另一方面要携带河势观测必要的工具和仪器，如望远镜、测距仪、钢卷尺等。

(4)重点查看险工、控导工程靠主溜的部位及坝垛等。

(5)河道河势不断变化，要求单次单点观测时间不少于10 min，取现象明显趋势进行记录。

3.2.3　滩岸观测

(1)滩岸观测主要是对滩岸坍塌情况进行观测，一般采用整点观测。

(2)滩岸观测首先选定固定的观测点位置，选择原则是选取具有代表性的位置，同一滩区至少选定上、中、下三个观测断面。

(3)观测断面须设置固定的标识物，即参照物。参照物可设置多个，应为不易被损坏或移动的物体，并特征明显，一般采用滩岸桩或树株，测量出参照物与滩岸线的距离。

(4)参照物与滩岸线之间距离的变化即为滩岸坍塌宽度或淤积宽度。滩岸坍塌长度以实际发生滩岸坍塌的顺水流方向长度为准。

3.2.4　冰凌观测

(1)黄河凌汛期共分三个阶段:流冰期、封冻期和开河期。冰凌观测是掌握冰凌情况,收集冰凌气象资料,以此来研究冰凌变化规律,采取防凌措施。

(2)冰情目测。冰情目测应选择视野开阔、便于观测、水面宽均匀、位置较高且尽量满足观测冰凌密度的河段。冰情目测的程序一般按照先远后近、先面后点、先岸边后河心、重点到局部再到特殊冰情的观测。测量项目一般为岸冰的宽度和厚度,棉冰、冰块和冰花等流冰现象,冰堆、冰塞、冰坝等特殊冰情发生的时间、地点(桩号)、范围(长度)及生消情况。

(3)固定点冰厚测量。测量冰厚一般每隔 5 日一次。测量地点一般应选择离开清沟、离岸边近、浅滩、道路、污水、冰堆、冰坝、冰上流水、冒水等处。

(4)冰流量测算。单位时间内流过某一断面的冰量称为冰流量。依次测量敞露河面宽、测量冰速及起点距、测量疏密度、测量冰厚度、测量冰花和冰花团厚度。最后将测量数据进行计算,从而得出冰流量。

3.3 观测记录

3.3.1 工程观测记录应清晰、完整、准确、规范,包括必要的照片或录像视频等影像资料。每次观测完毕后,应及时整理资料,结合观测资料进行分析,如有异常或重要情况,应及时报告。

3.3.2 工程观测结束后,应做好工作记录:

(1)水位观测、堤身沉降、渗流观测应填写观测记录。

(2)根据大河溜势情况,针对险工、控导坝垛做出大溜、边溜、靠水等判断,填报观测记录表,并在河道图上套绘河势溜向图,编写河势观测报告。

(3)对滩岸坍塌进行观测记录,编写滩岸坍塌观测报告。

4 专项探测

4.1 探测项目

4.1.1 专项探测由水管单位委托有资质或相应能力的单位承担,探测项目包括堤防隐患探测与根石探测。

4.1.2 堤防隐患探测要有规划、有计划地进行,每 10 年须对全部堤防探测一次。其探测方法和探测频次应根据探测对象的类型及其形成发展过程确定。

4.1.3 根石探测分为汛期、非汛期探测。

(1)汛期探测:对汛期靠溜时间较长或有出险迹象的坝垛进行探测,并适时采取抢险加固措施。

(2)非汛前探测:每年汛后至次年汛前进行,原则上应对所有靠河坝垛护岸进行探测,也可根据河势变化趋势对可能靠溜坝岸进行探测。

4.2 探测要点

4.2.1 堤防隐患探测内容宜包括堤身堤基的洞穴、裂缝、松散体、渗水以及护坡脱空、土石接合部渗漏等。

4.2.2 堤防隐患探测测线应根据堤防工程隐患特点和现场地形布置,可从上界桩号自上而下平行堤轴线布设,或自堤顶向堤脚垂直堤轴线布设。

4.2.3　根石探测内容应包括堤防险工、控导护岸工程的根石(抛石)的平面分布范围、顶界面位置等。

4.2.4　根石探测应符合下列规定:

(1)探测应以基准点为参照,基准点应布置在地形变化影响范围之外,且长期稳定、易于保存、便于测量的位置。

(2)探测断面应相对固定,间距宜为5~20 m。

(3)测点布置:水上部分沿探测断面水平方向对各突变点观测;水下部分沿探测断面水平方向每2 m探测一个点,遇根石深度突变时,应增加测点,当探测不到根石时,应再向外2 m、向内1 m各测1点。

4.3　探测记录

4.3.1　探测人员应按要求做好现场测试记录,保证位置信息、环境量等探测资料的准确与完整。

4.3.2　同一堤段(部位)的不同次探测,宜保证测线、仪器设备、操作人员、装置及参数设置的一致性。

4.3.3　探测过程中应做好探测数据的解释判断,随时检查和区分各种因素对探测结果的影响,必要时可补充探测。

4.3.4　探测外业结束后,应及时将探测结果与上次比较,判断隐患的类别及发展趋势。

4.3.5　堤防隐患探测报告应包括下列内容:

(1)探测基本情况:探测时间、探测位置(桩号)、探测目的、探测过程、探测队伍以及环境条件等。

(2)探测方法与仪器:隐患类型、探测方法、探测仪器(含参数设置)以及测线布置等。

(3)结果与分析:典型剖面成果图,与上次探测结果比较分析隐患变化情况,对异常变化的原因分析。

(4)探测结论与建议:对探测工作的整体评价,隐患变化情况及处理意见。

4.3.6　根石探测报告应包括下列内容:

(1)探测基本情况:探测时间、探测位置(桩号或坝号)、探测目的、探测过程、探测队伍以及河势、水位环境条件等。

(2)探测方法与仪器:探测方法、探测仪器以及测线布置等。

(3)探测结果与分析:典型剖面成果图,与上次探测结果比较分析根石分布变化情况。

(4)结论与建议:对探测工程的整体评价,根石变化情况及处理意见。

附件:1. 堤防工程经常检查记录表;

2. 河道整治工程经常检查记录表;

3. 堤防工程定期检查记录表;

4. 河道整治工程定期检查记录表;

5. 水位观测记录表;

6. 河势观测记录表;

7. 滩岸观测记录表。

附件 1

堤防工程经常检查记录表

工程名称：　　　　桩号：　　　　日　期：　　年　　月　　日

天　　气：　　　　记录人：

序号	检查项目	检查内容	检查发现问题(具体描述)及处理建议	备注
1	堤顶	路面有无杂物、雨后积水、坑槽、裂缝、起伏、翻浆、脱皮、泛油、龟裂等现象		
		是否存在硬化堤顶与土堤或垫层脱离现象		
		路缘石有无蜂窝、破损、裂缝等		
		堤肩是否平顺规整，有无凹陷、裂缝、残缺、垃圾杂物，堤肩线是否线直弧圆、明显、清晰		
		行道林是否存在病虫害、缺株、人为损坏、枯枝干梢、干旱缺水等问题		
		堤肩草皮是否有缺损、高秆杂草、病虫害、老化现象等		
		防护墩是否整齐，有无损坏、缺失		
		堤顶道路设置的限宽、限高设施等是否完好		
2	堤坡	临、背河边坡是否平顺		
		有无雨淋沟、裂缝、塌坑、残缺、洞穴，有无害堤动物洞穴和活动痕迹		
		有无垃圾、杂物、垦植、取土现象		
		草皮是否有缺损、高秆杂草、病虫害、老化现象等		
3	堤脚	地面是否平坦，有无水沟浪窝、残缺、洞穴等		
		堤脚线是否平顺规整、明显、清晰		
4	排水设施	排水设施是否完好、顺畅，有无孔洞暗沟，沟身有无蛰陷、断裂，出口有无冲坑悬空		
		排水设施内有无杂物、堵塞		
5	前后戗	戗台顶面是否平整，有无水沟浪窝、裂缝、塌坑、残缺、垃圾杂物		
		草皮是否有缺损、高秆杂草、病虫害、老化现象等		

续表

序号	检查项目	检查内容	检查发现问题(具体描述)及处理建议	备注
6	淤区	顶部是否平整,有无水沟浪窝、杂草、垃圾杂物		
		围堤、隔堤有无残缺、水沟浪窝等,是否有草皮防护		
		淤区边坡是否平顺、植树、植草,有无雨淋沟、裂缝、塌坑、残缺、洞穴,有无垃圾杂物、高秆杂草,有无害堤动物洞穴和活动痕迹,有无垦植、取土现象		
7	护堤地	是否平整,有无洞穴、残缺、水沟浪窝等		
		有无高秆杂草、垃圾杂物、垦植等现象		
8	边界	界沟或界埂是否完整、明显、顺直		
		界桩尺寸是否符合要求,界桩是否埋设坚固、标识清晰,有无缺失、倾倒、损毁等		
9	上堤辅道	与堤坡交线是否顺直、整齐、分明,道路是否保持完整、平顺,有无沟坎、凹陷、残缺,有无蚕食堤身		
		辅道口两侧警示桩,位置、尺寸、漆条是否符合要求,是否有缺失、倾倒、损毁等		
10	备防土和备防石	备防土(土牛)是否符合集中存放要求,是否保持表面平整、边棱整齐,有无明显凹凸、水沟浪窝、高秆杂草、杂物现象		
		备防石有无缺石、坍塌、倒垛、杂草,有无勾缝勾带脱落,石垛标牌是否完好、标注清楚等		
11	防浪林和护堤林	树木是否修剪、浇水,有无病虫害、人为损坏、枯枝干梢		
		林木是否存在缺损断带、老化等问题		
12	标志标牌	交界牌、指示牌、标志牌、责任牌等,是否标识清晰、醒目美观、埋设坚固,有无涂层脱落、损坏和缺失		
		千米桩、百米桩是否标注规整清晰,有无损坏和缺失		

续表

<table>
<tr><th>序号</th><th>检查项目</th><th>检查内容</th><th>检查发现问题(具体描述)及处理建议</th><th>备注</th></tr>
<tr><td rowspan="4">13</td><td rowspan="4">管理庭院</td><td>管理房是否坚固、完整,门窗是否齐全、有无损坏,墙体有无裂缝,墙皮有无脱落</td><td rowspan="4"></td><td rowspan="4"></td></tr>
<tr><td>绿化布局是否合理,树木、花卉、草皮是否生长茂盛、修剪整齐,菜园管理情况等</td></tr>
<tr><td>是否有垃圾或杂物堆放,厨房和卫生间卫生管理情况,工器具管理和安全消防器材配备情况等</td></tr>
<tr><td>资料整理和录入情况,视频监视和网络运行情况等</td></tr>
<tr><td rowspan="2">14</td><td rowspan="2">观测设施</td><td>监视监控设备是否清洁,有无短路、放电等故障;监测监控设备是否工作正常,数据是否准确,图像是否清晰;有无按规定保养云台及设备的防雷设施</td><td rowspan="2"></td><td rowspan="2"></td></tr>
<tr><td>观测设施是否完好,能否正常观测;标志、锁盖、围栅是否损坏或缺失;周围有无动物洞穴</td></tr>
<tr><td rowspan="4">15</td><td rowspan="4">安全管理</td><td>工程管理范围内有无破坏工程完整、工程面貌的违规现象,如放牧、垦植、破坏植被、破坏树株、种植农作物、盗土取土、垃圾堆放等,有无草皮焚烧、树株焚烧等现象</td><td rowspan="4"></td><td rowspan="4"></td></tr>
<tr><td>有无未经批准私自挪动堤顶限宽墩现象;限高设施是否发挥作用,有无损坏、失效;有无在堤顶道路上行驶履带式车辆或者超载车辆;有无破坏或盗窃工程标志桩(牌)和测量、监测监控、水文、电力、通信等设施行为发生</td></tr>
<tr><td>工程管理范围内有无未经上级批准的非防洪工程建设项目的建设行为,如私搭乱建、私设广告牌等</td></tr>
<tr><td>工程保护范围内有无爆破、打井、采砂、取土、挖塘等危害堤防安全的活动</td></tr>
<tr><td>16</td><td>其他</td><td></td><td></td><td></td></tr>
</table>

填表说明:

1. 本表采用黑色签字笔或黑色钢笔填写;

2. 本表由检查人员在现场根据检查情况如实记录填写;

3. 检查人员对照检查项目和内容细致进行检查,若未发现异常,检查发现问题(具体描述)及处理建议栏填写“正常”,若发现异常,则须描述清楚具体问题,记录异常的准确位置(桩号)、数量及范围等;

4. 若检查发现问题(具体描述)及处理建议栏填不下,可另附页;

5. 水管单位可根据实际情况删减不涉及的项目。

附件 2

河道整治工程经常检查记录表

工程名称：　　　　　　坝(垛)号：　　　　　　日　期：　　　年　　月　　日

天　　气：　　　　　　　　　　　　　　　　　记录人：

序号	检查项目	检查内容	检查发现问题(具体描述)及处理建议	备注
1	坝顶	坝面是否平整,有无凹凸、陷坑、洞穴、水沟、乱石、垃圾杂物等		
		坝顶草皮是否有缺损、高秆杂草、病虫害、老化现象等		
		沿子石、防冲沿有无残缺,表面是否清洁,有无杂草杂物,勾缝有无脱落,有无凹凸、墩蛰、塌陷、空洞、残缺、活石,沿子石与土坝基接合部有无集中渗流		
		备防石有无缺石、坍塌、倒垛、杂草,有无勾缝勾带脱落,石垛标牌是否完好、标注清楚等		
2	坝坡	干砌、浆砌坦坡是否平顺、砌缝紧密,已勾缝坝垛灰缝有无脱落,坡面是否清洁,有无残缺、凹凸、松动、变形、塌陷、架空等		
		散抛石坦坡坡面是否平顺,有无塌陷、架空、浮石、杂物		
		根石是否平顺,有无浮石、凹凸、松动、变形、塌陷、架空等,根石台是否整洁、有无高秆杂草		
		坝裆地面有无零石、垃圾、杂物、违章取土		
		踏步有无破损、凹凸、墩蛰、塌陷、活石		
		土坝坡是否平顺,有无残缺、水沟浪窝、洞穴、杂物、高秆杂草,有无违章垦植及取土现象		
3	联坝	坝顶有无积水、损坏、裂缝、残缺、冲沟、陷坑、浪窝		
		硬化路面有无龟裂、翻浆等损坏,是否需要洒水养护		
		坝坡有无水沟浪窝、洞穴、陷坑、垃圾、杂物,草皮是否缺失、老化,有无高秆杂草		
		路缘石有无缺失、损坏		

续表

序号	检查项目	检查内容	检查发现问题(具体描述)及处理建议	备注
4	排水设施	排水设施是否完好、顺畅,有无孔洞、暗沟,沟身有无蛰陷、断裂、阻塞,出口有无冲坑悬空		
		排水设施内有无杂物、淤泥		
5	上坝路	是否保持完整、平顺,有无沟坎、凹陷、残缺		
		上坝路口两侧警示桩,位置、尺寸、漆条是否符合要求,是否倾斜、损毁、缺失		
6	护坝地	是否平整,有无洞穴、残缺、水沟浪窝等		
		有无垃圾、杂物堆放、垦植等现象		
7	行道林和护坝林	林木是否存在病虫害、倒伏、缺损断带、人为损坏、枯枝干梢、干旱缺水等问题		
8	标志标牌	是否符合相关标准要求,整齐美观,规范一致;		
		有无涂层脱落、内容模糊不清、倾倒、损坏和缺失		
9	边界	界沟或界埂是否完整、明显、顺直		
		界桩尺寸是否符合要求,界桩是否埋设坚固、标识清晰,有无缺失、倾倒、损毁等		
10	管理庭院	管理房是否坚固、完整,门窗是否齐全、有无损坏,墙体有无裂缝,墙皮有无脱落		
		绿化布局是否合理,树木、花卉、草皮是否生长茂盛、修剪整齐,菜园管理情况等		
		是否有垃圾或杂物堆放,厨房和卫生间卫生管理情况,工器具管理和安全消防器材配备情况等		
		资料整理和录入情况,视频监视和网络运行情况等		

续表

序号	检查项目	检查内容	检查发现问题(具体描述)及处理建议	备注
11	观测设施	监视监控设备是否清洁,有无短路、放电等故障;监测监控设备是否工作正常,数据是否准确,图像是否清晰;有无按规定保养云台及设备的防雷设施		
		水尺安装是否牢固,表面是否清洁,标尺数字是否清晰,有无损坏		
		根石断面桩、滩岸观测断面桩是否按规定设置,桩体是否完整无残缺,标志是否清晰		
12	安全管理	工程管理范围内有无取土、爆破、打井、钻探、挖沟、建房、葬坟或者进行其他危害工程安全的活动		
		有无放牧、垦植、破坏植被、破坏树株等现象发生		
		有无破坏或盗窃工程标志桩牌和测量、监测监控、水文、电力、通信等设施行为发生		
		有无未经批准动用备防石等防汛抢险物料行为发生		
		有无垃圾、杂物堆放等现象发生,有无草皮焚烧等现象		
		有无未经上级批准的非防洪工程建设项目的建设行为		
	其他			

填表说明:

1. 本表采用黑色签字笔或黑色钢笔填写;
2. 本表由检查人员在现场根据检查情况如实记录填写;
3. 检查人员对照检查项目和内容细致进行检查,若未发现异常,检查发现问题(具体描述)及处理建议栏填写“正常”,若发现异常,则须描述清楚具体问题,记录异常的准确位置(桩号)、数量及范围等;
4. 若检查发现问题(具体描述)及处理建议栏填不下,可另附页;
5. 水管单位可根据实际情况删减不涉及的项目。

附件 3

堤防工程定期检查记录表

工程名称： 桩号：

天　　气： 日期：　　年　　月　　日

序号	检查项目	损坏或异常情况	处理建议
1	堤顶		
2	堤坡		
3	堤脚		
4	排水设施		
5	前后戗		
6	淤区		
7	护堤地		
8	边界		
9	上堤辅道		
10	备防土和备防石		
11	防浪林和护堤林		
12	标志标牌		
13	管理庭院		
14	观测设施		
15	安全管理		
16	其他		

检查人员签字： 负责人签字：

填表说明：

1. 本表采用黑色签字笔或黑色钢笔填写；
2. 本表由检查人员在现场根据检查情况如实记录填写；
3. 检查人员对照检查项目和内容细致进行检查，若未发现异常，损坏或异常情况栏填写“正常”，若发现异常，则须描述清楚具体问题，记录异常的准确位置（桩号）、数量及范围等；
4. 若损坏或异常情况栏填不下，可另附页。

附件 4

河道整治工程定期检查记录表

工程名称：

天　　气：　　　　　　　　　　　　　　日期：　　年　　月　　日

序号	检查项目	损坏或异常情况	处理建议
1	坝顶		
2	坝坡		
3	联坝		
4	排水设施		
5	上坝路		
6	护坝地		
7	行道林和护坝林		
8	标志标牌		
9	边界		
10	管理庭院		
11	观测设施		
12	安全管理		
13	其他		
检查人员签字：		负人签字：	

填表说明：

1. 本表采用黑色签字笔或黑色钢笔填写；
2. 本表由检查人员在现场根据检查情况如实记录填写；
3. 检查人员对照检查项目和内容细致进行检查，若未发现异常，损坏或异常情况栏填写“正常”，若发现异常，则须描述清楚具体问题，记录异常的准确位置（桩号）、数量及范围等；
4. 若损坏或异常情况栏填不下，可另附页。

附件 5

水位观测记录表

工程名称：　　　　　　　　水尺编号及零点高程：　　　　高程系：

时间（年、月、日、时）	人工观测		遥测水位	观测人	备注
	读数	水位			

附件 6

河势观测记录表

工程名称：

时间（年、月、日、时）	附近水文站流量/（m^3/s）	岸别	靠水坝号	靠溜坝号	靠主溜坝号	靠边溜坝号	靠回溜坝号	不靠水坝号	靠水长度/m	与昨日相比	与起涨初期相比		观测人
										靠溜坝岸增加/段	靠溜坝岸增加/段	靠水长度增加/m	

附件 7

滩岸观测记录表

时间（年、月、日、时）	滩区名	地点/处数	岸别	开始塌滩时间	滩岸坍塌长度/m	滩岸坍塌宽度/m		坍塌面积/m^2	观测人	备注
						平均	最大			

附录一 《黄河防洪工程施工质量检验与评定规程(试行)》

1 总则

1.0.1 为加强黄河防洪工程建设质量管理,统一施工质量评定标准,规范施工质量检验与评定工作,保证工程施工质量,特制定本规程。

1.0.2 本规程适用于黄河防洪工程新建、续建和改建的施工质量检验与评定。

1.0.3 黄河防洪工程施工质量等级分为“合格”“优良”两级。

1.0.4 项目法人(建设单位)、监理单位、勘测单位、设计单位、施工单位等工程参建单位及工程质量检测单位等,应按国家和行业有关规定,建立健全工程质量管理体系,做好工程建设质量管理工作。

1.0.5 黄河水利委员会(以下简称黄委会)各级建设主管单位及其委托的工程质量监督机构对黄河防洪工程施工质量检验与评定工作进行监督。

1.0.6 道路工程的施工质量标准可按设计文件及其批复情况参照本规程执行。

1.0.7 本规程引用的主要标准如下:

《水利水电工程施工质量检验与评定规程》(SL 176—2007)

《堤防工程施工规范》(SL 260—2014)

《混凝土强度检验评定标准》(GB/T 50107—2010)

《水闸施工规范》(SL 27—2014)

《水工混凝土施工规范》(SL 677—2014)

《测量不确定度评定与表示》(JJF 1059.1—2012)

《公路工程质量检验评定标准 第一册 土建工程》(JTG F80/1—2017)

《水运工程质量检验标准》(JTS 257—2008)

《水利工程施工监理规范》(SL 288—2014)

1.0.8 黄河防洪工程施工质量检验与评定,除应符合本规程要求外,尚应符合国家及行业现行有关标准的规定。

2 术语

2.0.1 黄河防洪工程质量 工程满足国家和行业相关标准、黄委会有关规定以及合同约定要求的程度,在安全、功能、适用、外观及环境保护等方面的特性总和。

2.0.2 质量检验 通过检查、量测、试验等方法,对工程质量特性进行的符合性评价。

2.0.3 质量评定 将质量检验结果与国家和行业技术标准、黄委会有关规定以及合同约定的质量标准所进行的比较活动。

2.0.4 单位工程 具有独立发挥作用或独立施工条件的建筑物。

2.0.5 主要建筑物及主要单位工程 主要建筑物,指其失事后将造成灾害或严重影响工程效益的建筑物,如堤防、河道整治建筑物、泄洪建筑物、输水建筑物等。属于主要建筑物的单位工程称为主要单位工程。

2.0.6 分部工程 在一个建筑物内能组合发挥一种功能的建筑安装工程,是组成单位工程的部分。

2.0.7 主要分部工程 对单位工程安全、功能或效益起决定性作用的分部工程。

2.0.8 单元工程 依据设计结构、施工部署和质量考核要求,将分部工程划分为若干个层、块、区、段,每一层、块、区、段为一个单元工程,是施工质量考核的基本单位。

2.0.9 关键部位单元工程 对工程安全、功能或效益有显著影响的单元工程。

2.0.10 重要隐蔽单元工程 主要建筑物的地基开挖、地下洞室开挖、地基防渗、加固处理和排水等隐蔽工程中,对工程安全或功能有严重影响的单元工程。

2.0.11 工序 按施工的先后顺序将单元工程划分成的若干个具体施工过程或施工步骤。

2.0.12 主要工序 对单元工程质量影响较大的工序。

2.0.13 主控项目 对工程安全、质量和功能起决定作用或对卫生、环境保护有重大影响的检验项目。

2.0.14 一般项目 除主控项目外的检验项目。

2.0.15 中间产品 工程施工中使用的砂石骨料、石料、混凝土拌和物、砂浆拌和物、混凝土预制构件等土建类成品及半成品。

2.0.16 见证取样 在监理单位或项目法人(建设单位)监督下,由施工单位有关人员现场取样,并送到具有相应资质等级的工程质量检测单位所进行的检测。

2.0.17 外观质量 通过检查和必要的量测所反映的工程外表质量。

2.0.18 质量事故 黄河防洪工程建设过程中,由于建设管理、监理、勘测、设计、施工、材料、设备等原因造成工程质量不符合国家和行业相关标准、黄委会有关规定以及合同约定的质量标准,影响工程使用寿命和对工程安全运行造成隐患和危害的事件。

2.0.19 质量缺陷 对工程质量有影响,但小于一般质量事故的质量问题。

3 项目划分

3.1 项目名称

3.1.1 黄河防洪工程质量检验与评定应进行项目划分。项目划分为单位工程、分部工程、单元(工序)工程等三级。

3.1.2 永久性房屋(管理设施用房)、道路等工程项目,可按相关行业标准划分和确定项目名称。

3.2 项目划分原则

3.2.1 黄河防洪工程项目划分应结合工程结构特点、施工部署及施工合同要求进行,划分结果应有利于保证施工质量以及施工质量管理。

3.2.2 单位工程项目的划分应按下列原则确定:

(1)堤防工程:按招标标段或工程结构划分单位工程。规模较大的交叉连接建筑物及管理设施以每座独立的建筑物为一个单位工程。

(2)河道整治工程:按招标标段或坝垛(坝段)划分。

(3)水闸工程:一般以每座建筑物为一个单位工程,也可将一个建筑物中具有独立施工条件的部分划分为一个单位工程。

(4)道路工程:按招标标段划分。

3.2.3 分部工程项目的划分应按下列原则确定:

(1)堤防工程:按长度或功能划分。

(2)河道整治工程:按施工部署或坝垛划分,以坝垛为单位工程的按工程主要结构划分。

(3)水闸工程:按工程结构主要组成部分划分。

(4)道路工程:按长度或结构划分。

(5)同一单位工程中,各个分部工程的工程量(或投资)不宜相差太大,每个单位工程中的分部工程数目,不宜少于5个。

3.2.4 单元工程项目的划分应按下列原则确定:

(1)单元工程按工序划分情况,分为有工序单元工程和无工序单元工程。

(2)有工序单元工程和无工序单元工程均按本规程第5章至第11章规定进行划分。

(3)同一分部工程中各单元工程的工程量(或投资)不宜相差太大。

(4)本规程中未涉及的单元工程可依据工程结构、施工部署或质量考核要求,按层、块、区、段进行划分。

黄河防洪工程项目划分表见本规程附录A(本规程中所涉及的附录本书中均未列出,附录具体内容请参阅本规程完整文件,余同)。

3.3 项目划分程序

3.3.1 由项目法人(建设单位)组织监理、设计及施工等单位进行工程项目划分,并确定主要单位工程、主要分部工程、重要隐蔽单元工程和关键部位单元工程。项目法人(建设单位)在主体工程开工前应将项目划分表及说明书面报相应工程质量监督机构确认。

3.3.2 工程质量监督机构收到项目划分书面报告后,应在14个工作日内对项目划分进行确认,并将确认结果书面通知项目法人(建设单位)。

3.3.3 工程实施过程中,需对单位工程、主要分部工程、重要隐蔽单元工程和关键部位单元工程的项目划分进行调整时,项目法人(建设单位)应重新报送工程质量监督机构确认。

4 施工质量检验

4.1 基本规定

4.1.1 承担工程检测业务的检测单位应具有水行政主管部门颁发的资质证书。其资质等级、设备和人员的配备应与所承担的任务相适应,有健全的管理制度。

4.1.2 工程施工质量检验中使用的计量器具、试验仪器仪表及设备应定期进行检定,并具备有效的检定证书。国家规定需强制检定的计量器具应经县级以上计量行政部门认定的计量检定机构或其授权设置的计量检定机构进行检定。

4.1.3 检测人员应熟悉检测业务,了解被检测对象性质和所用仪器设备性能,经考核合格后,持证上岗。参与中间产品及混凝土或砂浆试件质量资料复核的人员应具有工程师以上工程系列技术职称,并从事过相关试验工作。

4.1.4 工程质量检验项目和数量应符合本规程规定。

4.1.5 工程质量检验方法,应符合国家及行业现行技术标准和本规程的有关规定。

4.1.6 工程质量检验数据应真实可靠,检验记录及签证应完整齐全。

4.1.7 工程项目中如遇本规程中尚未涉及的项目质量评定标准时,其质量标准及评定表格,由项目法人(建设单位)组织监理、设计及施工单位按水利部有关规定进行编制和报批。

4.1.8 工程中永久性房屋等项目的施工质量检验与评定可按相应行业标准执行。

4.1.9 项目法人(建设单位)、监理、设计、施工和工程质量监督等单位根据工程建设需要,可委托具有相应资质等级的水利工程质量检测单位进行工程质量检测。工程质量有重大分歧时,应由项目法人(建设单位)委托第三方具有相应资质等级的质量检测单位进行检测,检测数量视需要确定,检测费用由责任方承担。

4.1.10 黄河防洪工程竣工验收前,项目法人(建设单位)应委托具有相应资质等级的质量检测单位进行抽样检测,工程质量抽检项目和数量由工程质量监督机构确定。

4.1.11 对涉及工程结构安全的试块、试件及有关材料,应实行见证取样。见证取样资料由施工单位制备,记录应真实齐全,参与见证取样人员应在相关文件上签字。

4.1.12 工程中出现检验不合格的项目时,应按以下规定进行处理。

(1)原材料、中间产品一次抽样检验不合格时,应及时对同一取样批次另取两倍数量进行检验,如仍不合格,则该批次原材料或中间产品应定为不合格,不得使用。

(2)单元(工序)工程质量不合格时,应按合同要求进行处理或返工重做,并经重新检验且合格后方可进行后续工程施工。

(3)混凝土或砂浆试件抽样检验不合格时,应委托具有相应资质等级的质量检测单位对相应工程部位进行检验。如仍不合格,应由项目法人(建设单位)组织有关单位进行研究,并提出处理意见。

(4)工程完工后的质量抽检不合格,或其他检验不合格的工程,应按有关规定进行处理,合格后才能进行验收或后续工程施工。

(5)水泥、钢材、外加剂、混合材及其他原材料的检测数量与数据统计方法应按现行国家和行业有关标准执行。

(6)普通混凝土试块试验数据统计应符合本规程附录 D 的规定。试块组数较少或对结论有怀疑时,也可采取其他措施进行检验。

(7)砂浆、砌筑用混凝土强度检验评定标准应符合本规程附录 E 的规定。

(8)混凝土、砂浆的抗冻、抗渗等其他检验评定标准应符合设计和相关技术标准的要求。

4.2 质量检验职责范围

4.2.1 黄河防洪工程的主体工程及附属工程施工质量检验应符合下列规定:

(1)施工单位应依据工程设计要求、施工技术标准和合同约定,结合本规程的规定确定检验项目及数量并进行自检,自检过程应有书面记录,并如实填写施工质量评定表。

(2)监理单位应根据本规程单元工程施工质量检验标准和抽样检测结果复核工程质量。其平行检测和跟踪检测的数量按《水利工程施工监理规范》(SL 288—2014)(以下简称《监理规范》)或合同约定执行。

(3)项目法人(建设单位)应对施工单位自检和监理单位抽检过程进行检查,对报工程质量监督机构核备、核定的工程质量等级进行认定。

(4)工程质量监督机构应对项目法人(建设单位)、监理、勘测、设计、施工单位以及工程其他参建单位的质量行为和工程实物质量进行监督检查。检查结果应按有关规定及时公布,并书面通知有关单位。

4.2.2 临时工程质量检验及评定标准,应由项目法人(建设单位)组织监理、设计及施工等单位根据工程特点,参照本规程和其他相关标准确定,并报相应的工程质量监督机构核备。

4.3 质量检验内容

4.3.1 质量检验包括施工准备检查,原材料与中间产品质量检验,水工金属结构、启闭机及机电产品质量检查,单元(工序)工程质量检验,质量事故检查和质量缺陷备案,工程外观质量检验等。

4.3.2 主体工程开工前,施工单位应组织人员进行施工准备检查,并经项目法人(建设单位)或监理单位确认合格且履行相关手续后,才能进行主体工程施工。

4.3.3 施工单位应按本规程及有关技术标准对水泥、钢材等原材料与中间产品质量进行检验,并报监理单位复核。不合格产品,不得使用。

4.3.4 水工金属结构、启闭机及机电产品进场后,有关单位应按有关合同进行交货检查和验收。安装前,施工单位应检查产品是否有出厂合格证、设备安装说明书及有关技术文件,对在运输和存放过程中发生的变形、受潮、损坏等问题应做好记录,并进行妥善处理。无出厂合格证或不符合质量标准的产品不得用于工程中。

4.3.5 施工单位应按本规程检验单元(工序)工程质量,做好书面记录,在自检合格后,填写施工质量评定表报监理单位复核。监理单位根据抽检资料核定单元(工序)工程质量等级。发现不合格单元(工序)工程,应要求施工单位及时进行处理,合格后才能进行后续工程施工。对施工中的质量缺陷应书面记录备案,进行必要的统计分析,并在相应单元(工序)工程质量评定表"评定意见"栏内注明。单元工程施工质量验收评定表及工序质量验收评定表见本规程附录 B。

4.3.6 施工单位应及时将原材料、中间产品及单元(工序)工程质量检验结果报监理单位复核,并按月将施工质量情况报监理单位,由监理单位汇总分析后报送项目法人(建设单位)和工程质量监督机构。

4.3.7 单位工程完工后,项目法人(建设单位)应组织监理、设计、施工及工程运行管理等单位组成工程外观质量评定组,现场进行工程外观质量检验评定,并将评定结论报工程质量监督机构核定。参加工程外观质量评定的人员应具有工程师以上技术职称或相应执业资格。评定组人数应不少于 5 人,大型工程不宜少于 7 人。工程外观质量评定办法见本规程附录 C。

4.4 质量事故检查和质量缺陷备案

4.4.1 根据《水利工程质量事故处理暂行规定》(水利部令第 9 号),水利水电工程质量事故分为一般质量事故、较大质量事故、重大质量事故和特大质量事故 4 类。

4.4.2 质量事故发生后,有关单位应按"事故原因不查清楚不放过、主要事故责任者和职工未受到教育不放过、补救和防范措施不落实不放过"的原则,调查事故原因,研究处理措施,查明事故责任者,并根据《水利工程质量事故处理暂行规定》做好事故处理工作。

4.4.3 在施工过程中,因特殊原因使得工程个别部位或局部发生达不到技术标准和设计要求(但不影响使用),且未能及时进行处理的工程质量缺陷问题(质量评定仍定为合格),应以工程质量缺陷备案形式进行记录备案。

4.4.4 质量缺陷备案表由监理单位组织填写,内容应真实、准确、完整。各工程参建单位代表应在质量缺陷备案表上签字,若有不同意见应明确记载。质量缺陷备案表应及时报工程质量监督机构备案。质量缺陷备案资料按竣工验收的标准制备。工程竣工验收时,项目法人(建设单位)应向竣工验收委员会汇报并提交历次质量缺陷备案资料。

4.4.5　工程质量事故处理后,应由项目法人(建设单位)委托具有相应资质等级的工程质量检测单位检测后,按照处理方案确定的质量标准,重新进行工程质量评定。

4.5　数据处理

4.5.1　测量误差的判断和处理,应符合《测量不确定度评定与表示》(JJF 1059.1—2012)的规定。

4.5.2　数据保留位数,应符合国家及行业有关试验规程及施工规范的规定。计算合格率时,小数点后保留一位。

4.5.3　数值修约应符合以下规定:

(1)拟舍弃数字的最左一位数字小于5时,则舍去。

(2)拟舍弃数字的最左一位数字大于5或是5但其后跟有并非全部为0的数字时,则进1。

(3)如拟舍弃数字的最左一位数字为5,而右面无数字或皆为0时,若所保留的末位数字为奇数(1,3,5,7,9)则进1,为偶数(2,4,6,8,0)则舍弃。

4.5.4　检验和分析数据可靠性时,应符合下列要求:

(1)检查取样应具有代表性。

(2)检验方法及仪器设备应符合国家及行业规定。

(3)操作应准确无误。

4.5.5　实测数据是评定质量的基础资料,严禁伪造或随意舍弃检测数据。对可疑数据,应检查分析原因,并作出书面记录。

5　土方工程单元工程施工质量标准

5.1　土方开挖

5.1.1　宜以工程设计结构或施工检验的区、段划分单元工程。

5.1.2　土方开挖单元工程分为表土及土质岸坡清理、软基和土质岸坡开挖两个工序,其中软基和土质岸坡开挖为主要工序。

5.1.3　表土及土质岸坡清理施工质量标准见表5.1.3。

表 5.1.3 表土及土质岸坡清理施工质量标准

项次		检验项目	质量要求	检验方法	检验数量
主控项目	1	表土清理	树木、草皮、树根、乱石、坟墓以及各种建筑物全部清除;水井、泉眼、地道、坑窖等洞穴的处理符合设计要求	观察、查阅施工记录	全数检查
	2	不良土质的处理	淤泥、腐殖土、泥炭土全部清除;对风化岩石、坡积物、残积物、滑坡体、粉土、细砂等处理符合设计要求	观察、查阅施工记录	全数检查
	3	地质坑、孔处理	构筑物基础区范围内的地质探孔、竖井、试坑的处理符合设计要求;回填材料质量满足设计要求	观察、查阅施工记录、取样试验等	全数检查
一般项目	1	清理范围	符合设计要求。长、宽边线允许偏差:人工施工 0~50 cm,机械施工 0~100 cm	量测	每边线测点不少于 5 点,且点间距不大于 20 m
	2	土质岸坡坡度	不陡于设计值	测量	每 10~20 延米测量 1 个断面

5.1.4 软基和土质岸坡开挖施工质量标准见表 5.1.4。

表 5.1.4 软基和土质岸坡开挖施工质量标准

项次		检验项目	质量要求	检验方法	检验数量
主控项目	1	保护层开挖	保护层开挖方式应符合设计要求,在接近建基面时,宜使用小型机具或人工挖除,不应扰动建基面以下的原地基	观察、测量、查阅施工记录	全数检查
	2	建基面处理	构筑物软基和土质岸坡开挖面平顺。软基和土质岸坡与土质构筑物接触时,应采用斜面连接,不应有台阶、急剧变坡及反坡	观察、测量、查阅施工记录	全数检查
	3	渗水处理	构筑物基础区及土质岸坡渗水(含泉眼)妥善引排或封堵,建基面清洁无积水	观察、测量、查阅施工记录	全数检查

续表 5.1.4

<table>
<tr><th colspan="2">项次</th><th>检验项目</th><th colspan="3">质量要求</th><th>检验方法</th><th>检验数量</th></tr>
<tr><td rowspan="8">一般项目</td><td rowspan="8">1</td><td rowspan="8">基坑断面尺寸及开挖面平整度</td><td rowspan="4">无结构要求或无配筋</td><td>长或宽小于或等于 10 m</td><td>符合设计要求,允许偏差:-10~20 cm</td><td rowspan="8">观察、测量、查阅施工记录</td><td rowspan="8">检测点采用横断面控制,断面间距不大于20 m,各横断面点数间距不大于2 m,局部突出或凹陷部位(面积在 0.5 m^2 以上者)应增设检测点</td></tr>
<tr><td>长或宽大于 10 m</td><td>符合设计要求,允许偏差:-20~30 cm</td></tr>
<tr><td>坑(槽)底部标高</td><td>符合设计要求,允许偏差:-10~20 cm</td></tr>
<tr><td>斜面平整度</td><td>符合设计要求,允许偏差:20 cm</td></tr>
<tr><td rowspan="4">有结构要求或有配筋、预埋件</td><td>长或宽小于或等于 10 m</td><td>符合设计要求,允许偏差:0~20 cm</td></tr>
<tr><td>长或宽大于 10 m</td><td>符合设计要求,允许偏差:0~30 cm</td></tr>
<tr><td>坑(槽)底部标高</td><td>符合设计要求,允许偏差:0~20 cm</td></tr>
<tr><td>斜面平整度</td><td>符合设计要求,允许偏差:15 cm</td></tr>
</table>

注:“-”表示欠挖。

5.2 堤基清理

5.2.1 堤基清理宜按沿堤轴线方向长度 100~500 m 施工段划分为一个单元工程。

5.2.2 堤基清理单元工程分为基面清理和基面平整压实两个工序,其中基面平整压实工序为主要工序。

5.2.3 堤基内坑、槽、沟、穴等的回填土料土质及压实指标应符合设计要求和本规程第 5.3.7 条规定。

5.2.4 基面清理施工质量标准见表 5.2.4。

表 5.2.4 基面清理施工质量标准

项次		检验项目	质量要求	检验方法	检验数量
主控项目	1	表层清理	堤基表层的淤泥、腐殖土、泥炭土、草皮、树根、建筑垃圾等应清理干净	观察	全面检查
	2	堤基内坑、槽、沟、穴等处理	按设计要求清理后回填、压实,并符合第 5.3.7 条规定	土工试验	每处或每 400 m^2 每层取样 1 个
	3	接合部处理	清除接合部表面杂物,并将接合部挖成台阶状	观察	全面检查
一般项目	1	清理范围	包括堤身、戗台、铺盖、压载基面清理,其边界应在设计边线外 0.3~0.5 m。老堤加高培厚尚应包括堤坡及堤顶清理等	量测	按施工段堤轴线长 20~50 m 量测 1 次

5.2.5 基面平整压实施工质量标准见表 5.2.5。

表 5.2.5 基面平整压实施工质量标准

项次		检验项目	质量要求	检验方法	检验数量
主控项目	1	堤基表面压实	堤基清理后应按堤身填筑要求压实,无松土、无弹簧土等,并符合第 5.3.7 条规定	土工试验	每 400~800 m^2 取样 1 个
一般项目	1	基面平整	基面应无明显凹凸	观察	全面检查

5.3 堤防工程土料填筑

5.3.1 土料填筑单元工程宜按施工的层、段来划分。新堤填筑宜按堤段轴线长度 100~500 m 划分为一个单元工程;老堤加高培厚宜按填筑工程量 500~2 000 m^3 划分为一个单元工程。

5.3.2 土料填筑单元工程按土料摊铺和土料碾压两个工序,其中土料碾压工序为主要工序。

5.3.3 土料填筑单元工程施工前,应在料场采集代表性土样复核填筑土料的土质,确定压实指标,并符合下列规定:

(1)土料的颗粒组成、液限、塑限和塑性指数等指标应符合设计要求。

(2)对于黏性土或少黏性土,应通过轻型击实试验,确定土料的最大干密度和最优含水率。对于无黏性土,应通过相对密度试验,确定土料的最大干密度和最小干密度。

(3)当土料的土质发生变化或填筑量达到 3×10^4 m^3 时,应重新进行上述试验,并及时调整相应控制指标。

5.3.4　铺土厚度、压实遍数、含水率等压实参数宜通过碾压试验确定。

5.3.5　土料摊铺施工质量标准见表 5.3.5-1,铺料厚度和土块限制直径见表 5.3.5-2。

表 5.3.5-1　土料摊铺施工质量标准

项次		检验项目	质量要求	检验方法	检验数量
主控项目	1	土块直径	符合表 5.3.5-2 规定	观察、量测	全数检查
	2	铺土厚度	符合碾压试验或表 5.3.5-2 规定;允许偏差:-5~0 m	量测	按作业面积每 100~200 m^2 检测 1 点
一般项目	1	作业面分段长度	人工作业不小于 50 m;机械作业不小于 100 m	量测	全数
	2	铺填边线超宽值	人工铺料大于 10 cm;机械铺料大于 30 cm	量测	按堤轴线方向每 20~50 m 检测 1 点
			防渗体:0~10 cm		按堤轴线方向每 20~30 m 或按填筑面积每 100~400 m^2 检测 1 点

表 5.3.5-2　铺料厚度和土块限制直径

压实功能类型	压实机具种类	铺料厚度/cm	土块限制直径/cm
轻型	人工夯、机械夯	15~20	≤5
	5~10 t 平碾	20~25	≤8
中型	12~15 t 平碾、斗容 2.5 m^3 铲运机、5~8 t 振动碾	25~30	≤10
重型	斗容大于 7 m^3 铲运机、10~16 t 振动碾、加载气胎碾	30~50	≤15

5.3.6 土料碾压施工质量标准见表5.3.6。

表5.3.6 土料碾压施工质量标准

项次		检验项目	质量要求	检验方法	检验数量
主控项目	1	压实度或相对密实度	符合设计要求和第5.3.7条规定	土工试验	每填筑100~200 m^3取样1个,堤防加固按堤轴线长度方向每20~50 m取样1个
一般项目	1	搭接碾压宽度	平行堤轴线方向不小于0.5 m;垂直堤轴线方向不小于1.5 m	观察、量测	全数检查
	2	碾压作业程序	符合《堤防工程施工规范》(SL 260—2014)规定	检查	每班2~3次

5.3.7 土料碾压的压实质量控制指标应符合下列规定:

(1)土料为黏性土或少黏性土时应以压实度控制压实质量;筑堤土料为无黏性土时应以相对密度控制压实质量;

(2)堤坡与堤顶填筑按表5.3.7中老堤加高培厚的要求控制压实质量;

(3)不合格样的压实度或相对密度不应低于设计值的96%,且不合格样不应相邻;

(4)土料填筑压实工序的压实度或相对密度等压实指标合格率应符合表5.3.7规定;优良工序的压实指标合格率应超过表5.3.7规定数值的5个百分点或以上。

表5.3.7 土料填筑压实度或相对密度合格标准

序号	筑堤土料	堤防级别	压实度/%	相对密度	压实度或相对密度合格率/%		
					新筑堤	老堤加高培厚	防渗体
1	黏性土	1级	≥94	—	≥85	≥85	≥90
		2级和高度超过6 m的3级堤防	≥92	—	≥85	≥85	≥90
		3级以下及高度低于6 m的3级堤防	≥90	—	≥80	≥80	≥85
2	少黏性土	1级	≥94	—	≥90	≥85	—
		2级和高度超过6 m的3级堤防	≥92	—	≥90	≥85	—
		3级以下及高度低于6 m的3级堤防	≥90	—	≥85	≥80	—
3	无黏性土	1级	—	≥0.65	≥85	≥85	—
		2级和高度超过6 m的3级堤防	—	≥0.65	≥85	≥85	—
		3级以下及高度低于6 m的3级堤防	—	≥0.60	≥80	≥80	—

5.4 河道整治工程土料填筑

5.4.1 河道整治工程土料填筑单元工程宜按施工的层、段来划分。新建、续建工程按坝轴线长度100~500 m划分为一个单元工程;改建、加固工程宜按填筑工程量500~2 000 m^3 划分为一个单元工程。

5.4.2 河道整治工程土料填筑施工质量标准见表5.4.2,其中坝身土料填筑部分应符合本规程第5.3.7条规定。

表5.4.2 河道整治工程土料填筑施工质量标准

项次		检验项目	质量要求	检验方法	检验数量
主控项目	1	土料填筑控制干密度	不小于1.5 g/cm^3;合格率不小于80%	试验	每填筑100~200 m^3 取样1个
一般项目	1	铺土厚度	符合碾压机械要求或试验要求	量测	每100~200 m^2 检测1点
	2	铺土边线超宽值	人工铺料不小于10 cm;机械铺料不小于30 cm	量测	按坝轴线方向每20~50 m检测1点

5.5 放淤固堤

5.5.1 本节适用于堤防背水侧放淤固堤。

5.5.2 放淤固堤宜按淤区围(格)堤、层划分单元工程。每层将围(格)堤修筑、土料淤填分别划分为一个单元工程,包边盖顶宜按堤线长度200~500 m划分为一个单元工程。

5.5.3 围(格)堤修筑单元工程施工质量标准见表5.5.3。

表5.5.3 围(格)堤修筑单元工程施工质量标准

项次		检验项目	质量要求	检验方法	检验数量
主控项目	1	土料填筑控制干密度	不小于1.45 g/cm^3;合格率不小于85%	试验	每填筑200~400 m^3 取样1个
一般项目	1	铺土厚度	符合碾压机械要求或试验要求	量测	每100~200 m^2 检测1点
	2	铺线边线超宽值	人工铺料不小于10 cm;机械铺料不小于30 cm	量测	按堤轴线方向每50~100 m检测1点

5.5.4 土料淤填单元工程施工质量标准见表5.5.4。

表5.5.4 土料淤填单元工程施工质量标准

项次		检验项目	质量要求	检验方法	检验数量
主控项目	1	淤区高程	允许偏差为0~0.3 m	测量	按淤区长度方向每50~100 m检测1个断面,每断面10~20 m检测1点
	2	淤区宽度	允许偏差为0~0.5 m	量测	
一般项目	1	输泥管出口位置	合理安放、适时调整,淤区沿程沉积的泥沙颗粒无显著差异	观察	全面检查

5.5.5 包边盖顶单元工程施工质量标准见表5.5.5。

表5.5.5 包边盖顶单元工程施工质量标准

项次		检验项目	质量要求	检验方法	检验数量
主控项目	1	填筑土料	符合设计要求	观察	全面检查
	2	包边铺土厚度	根据选用压实机具确定,允许偏差为-5~0 m	量测	按作业面积每100~200 m^2检测1点
		盖顶厚度	允许偏差为0~10 cm		
	3	包边填筑控制干密度	不小于1.5 g/cm^3; 合格率不小于80%	土工试验	每填筑100~200 m^3检测1点
一般项目	1	填筑边线超宽值	人工铺料不小于10 cm; 机械铺料不小于30 cm	量测	按堤轴线方向每50~100 m检测1点

5.5.6 采用放淤方法修筑堤身或前戗时,淤筑体单元工程施工质量标准执行国家或水利部有关“土料吹填筑堤”的质量标准。

5.6 土体与建筑物接合部填筑

5.6.1 土体与建筑物接合部填筑单元工程划分按填筑工程量相近的原则,可将五个以下填筑层划分为一个单元工程。

5.6.2 土体与建筑物接合部填筑单元工程按表面涂浆和接合部填筑两个工序,其中接合部填筑工序为主要工序。

5.6.3 土体与建筑物接合部填筑单元工程施工前,应采集代表性土样复核填筑土料的土质、确定压实指标，并符合本规程第5.3.3条规定。

5.6.4　建筑物表面涂浆工序施工质量标准见表5.6.4。

表5.6.4　建筑物表面涂浆工序施工质量标准

项次		检验项目	质量要求	检验方法	检验数量
主控项目	1	制浆土料	符合设计要求；塑性指数 $I_{p}>17$	土工试验	每料源取样1个
一般项目	1	建筑物表面清理	清除建筑物表面乳皮、粉尘及附着杂物	观察	全数检查
	2	涂层泥浆浓度	水土重量比为：1∶2.5～1∶3.0	试验	每班测1次
	3	涂浆操作	建筑物表面洒水，涂浆高度与铺土厚度一致，且保持涂浆层湿润	观察	全数检查
	4	涂层厚度	3～5 mm	观察	全数检查

5.6.5　接合部填筑工序施工质量标准见表5.6.5。

表5.6.5　接合部填筑工序施工质量标准

项次		检验项目	质量要求	检验方法	检验数量
主控项目	1	土块直径	≤5 cm	观察	全数检查
	2	铺土厚度	15～20 cm	量测	每层测1点
	3	土料填筑压实度	符合设计要求和表5.3.7中新筑堤的规定	试验	每层至少取样1个
一般项目	1	铺填边线超宽值	人工铺料不小于10 cm；机械铺料不小于30 cm	量测	每层测1点

6　裹护工程单元工程施工质量标准

6.1　一般规定

6.1.1　裹护工程分为有根石台和无根石台两种。有根石台的裹护工程，根石台以上部分为护坡，根石台及以下部分为护根；无根石台的裹护工程，以施工水位分界，水上部分为护坡,水下部分为护根,分别采用相应的施工质量标准。

6.1.2 护坡与护根单元工程划分宜相互对应,其长度宜为60~100 m。每道丁坝、垛的护坡与护根分别划分为一个单元工程。现浇混凝土护坡宜以施工段长度30~50 m划分为一个单元工程。

6.1.3 护坡垫层单元工程施工质量标准见表6.1.3。

表6.1.3 护坡垫层单元工程施工质量标准

项次		检验项目	质量要求	检验方法	检验数量
主控项目	1	垫层材料	符合设计要求	观察	全数检查
	2	垫层厚度	允许偏差为±15%设计厚度	量测	每50~100 m^2 测1点
一般项目	1	垫层基面表面平整度	符合设计要求	量测	每50~100 m^2 测1处
	2	垫层基面坡度	符合设计要求	测量	每50~100 m^2 测1处

6.1.4 土工织物铺设单元工程施工质量标准见表6.1.4。

表6.1.4 土工织物铺设单元工程施工质量标准

项次		检验项目	质量要求	检验方法	检验数量
主控项目	1	土工织物锚固	符合设计要求	检查	全数检查
一般项目	1	垫层基面表面平整度、整修表面平整度	符合设计要求	量测	每50~100 m^2 测1处
	2	垫层基面坡度	符合设计要求	测量	每50~100 m^2 测1处
	3	土工织物垫层连接方式和搭接长度	符合设计要求	观察、量测	每条接缝3个点

6.1.5 河道整治裹护工程进场石料应分批进行抽检。不得使用风化石料,符合设计块重要求的石料块数抽检合格率不小于80%。

6.2 护坡工程

6.2.1 散抛石护坡单元工程施工质量标准见表6.2.1。

表 6.2.1　散抛石护坡单元工程施工质量标准

项次	检验项目	质量要求	检验方法	检验数量
主控项目	裹护厚度	允许偏差为±10%	量测	每升高 1 m,沿护坡长度方向 1 次/20 m
一般项目	石料块重	符合第 6.1.5 条要求	量测	沿护坡长度方向每 20 m 检查 1 m^2

6.2.2　块石粗排护坡用块石逐层抛投修建,面层需进行粗略排整,其单元工程施工质量标准见表 6.2.2。

表 6.2.2　块石粗排护坡单元工程施工质量标准

项次		检验项目	质量要求	检验方法	检验数量
主控项目	1	裹护厚度	允许偏差为±10%	量测	每升高 1 m,沿护坡长度方向 1 次/20 m
一般项目	1	坡面平整度	坡度平顺,用 2 m 靠尺检查允许偏差为±10 cm	量测	每 50~100 m^2 检测 1 处
	2	石料块重	面石符合第 6.1.5 条要求	量测	沿护坡长度方向每 20 m 检查 1 m^2
	3	粗排质量	石块稳固、无松动	观察	全数检查
	4	腹石	逐层填充,无淤泥杂质	观察	全数检查

6.2.3　铅丝石笼护坡单元工程施工质量标准见表 6.2.3。

表 6.2.3　铅丝石笼护坡单元工程施工质量标准

项次		检验项目	质量要求	检验方法	检验数量
主控项目	1	裹护厚度	允许偏差为±5%	量测	每 50~100 m^2 检测 1 处
	2	绑扎点间距	允许偏差为±5 cm	量测	每 30~60 m^2 检测 1 处
一般项目	1	坡面平整度	允许偏差为±8 cm	量测	每 50~100 m^2 检测 1 处

6.2.4　干砌石护坡单元工程施工质量标准见表 6.2.4。

表 6.2.4 干砌石护坡单元工程施工质量标准

项次		检验项目	质量要求	检验方法	检验数量
主控项目	1	砌筑形式	丁扣平缝、平扣花缝或平砌平缝等施工方式,均应符合设计要求	观察	全面检查
	2	护坡厚度	厚度不大于 50 cm 时,允许偏差为±5 cm; 厚度大于 50 cm 时,允许偏差为±10%	量测	每 50~100 m^2 测 1 次
	3	坡面平整度	用 2 m 靠尺量测,允许偏差为±8 cm	量测	每 50~100 m^2 检测 1 处
	4	石料块重	除腹石和嵌缝石外,面石用料符合设计要求	量测	沿护坡长度方向每 20 m 检查 1 m^2
一般项目	1	砌石坡度	不陡于设计坡度	测量	沿护坡长度方向每 20 m 检测 1 处
	2	腹石砌筑	排紧填严,无淤泥杂质	观察	全数检查
	3	砌筑质量	石块稳固、无松动,无宽度在 1.5 cm 以上、长度在 50 cm 以上的连续缝	检查	沿护坡长度方向每 20 m 检查 1 处

6.2.5 浆砌石护坡单元工程施工质量标准见表 6.2.5。

表 6.2.5 浆砌石护坡单元工程施工质量标准

项次		检验项目	质量要求	检查方法	检验数量
主控项目	1	砌筑石料	面石符合设计要求	观察	全面检查
	2	护坡厚度	允许偏差为±5 cm	量测	每 50~100 m^2 检测 1 处
	3	坡面平整度	允许偏差为±5 cm	量测	
	4	排水孔反滤	符合设计要求	检查	每 10 孔检查 1 孔
	5	坐浆、灌浆饱满度	大于 80%	检查	每层每 10 m 至少检查 1 处

续表 6.2.5

项次		检验项目	质量要求	检查方法	检验数量
一般项目	1	排水孔设置	应连续贯通,孔径和孔距允许偏差±5%设计值	量测	每 10 孔检查 1 孔
	2	变形缝结构、填充质量	符合设计要求,宽度允许偏差为±0.5 cm	检查	全面检查
	3	勾缝	应按平缝勾填,无开裂、脱皮现象	检查	全面检查

6.2.6 混凝土预制块护坡单元工程施工质量标准见表 6.2.6。

表 6.2.6 混凝土预制块护坡单元工程施工质量标准

项次		检验项目	质量要求	检验方法	检验数量
主控项目	1	混凝土预制块外观及尺寸	符合设计要求,允许偏差为±0.5 cm,表面平整,无掉角、断裂	观察、量测	每 50～100 块抽检 1 块
	2	坡面平整度	允许偏差为±1 cm	量测	每 50～100 m^2 检测 1 处
一般项目	1	垫层	按第 6.1.3 条执行		
	2	混凝土块铺筑	应平整、稳固、缝线规则	检查	全数检查

6.2.7 现浇混凝土护坡单元工程施工质量标准见表 6.2.7。

表 6.2.7 现浇混凝土护坡单元工程施工质量标准

项次		检验项目	质量要求	检验方法	检验数量
主控项目	1	护坡厚度	允许偏差为±1 cm	量测	沿护坡长度方向每 10～20 m 至少检测 1 点
	2	排水孔反滤层	符合设计要求	检查	每 10 孔检查 1 孔

续表 6.2.7

项次		检验项目	质量要求	检验方法	检验数量
一般项目	1	坡面平整度	允许偏差为±1 cm	量测	每 50~100 m^2 至少检测1次
	2	排水孔设置	连续贯通,孔径、孔距允许偏差±5%设计值	量测	每10孔检查1孔
	3	变形缝结构与填充质量	符合设计要求	检查	全面检查

6.3 护根工程

6.3.1 护根单元工程宜按制备和抛投两个工序,其中抛投工序为主要工序。散抛石护根单元工程为无工序单元工程。

6.3.2 铅丝石笼制备工序施工质量标准见表6.3.2。

表 6.3.2 铅丝石笼制备工序施工质量标准

项次	检验项目	质量要求	检验方法	检验数量
主控项目	铅丝石笼网片	符合设计要求	检测	全数检查
一般项目	防冲体体积	符合设计要求;允许偏差为0~10%	检测	全数检查

6.3.3 预制混凝土块制备工序施工质量标准见表6.3.3。

表 6.3.3 预制混凝土块制备工序施工质量标准

项次	检验项目	质量要求	检验方法	检验数量
主控项目	预制混凝土块尺寸	不小于设计值	量测	每50块至少检测1个
一般项目	预制混凝土块	无断裂,无严重破损	检查	全数检查

6.3.4 土工袋(包)制备工序施工质量标准见表6.3.4。

表 6.3.4 土工袋(包)制备工序施工质量标准

项次	检验项目	质量要求	检验方法	检验数量
主控项目	土工袋(包)封口	封口应牢固	检查	全数检查
一般项目	土工袋(包)充填度	70%~80%	观察	全数检查

6.3.5 柳石枕制备工序施工质量标准见表6.3.5。

表6.3.5 柳石枕制备工序施工质量标准

项次		检验项目	质量要求	检验方法	检验数量
主控项目	1	捆枕	符合《堤防工程施工规范》(SL 260—2014)要求	观察	全数检查
	2	石料用量	符合第6.1.5条要求	检验	全数检查
一般项目		柳石枕的长度和直径	不小于设计值	检验	全数检查

6.3.6 防冲体抛投工序施工质量标准见表6.3.6。

表6.3.6 防冲体抛投工序施工质量标准

项次		检验项目	质量要求	检验方法	检验数量
主控项目	1	抛投数量	符合设计要求,允许偏差为0~10%	量测	全数检查
	2	抛投程序	符合《堤防工程施工规范》(SL 260—2014)或设计要求	检查	全数检查
一般项目	1	抛投断面	符合设计要求	量测	抛投前后每20~50 m测1个横断面,每横断面5~10 m测1点

6.4 沉排工程

6.4.1 沉排单元工程按沉排制作和锚定、沉排铺设两个工序,其中沉排铺设工序为主要工序。

6.4.2 沉排制作和锚定工序施工质量标准见表6.4.2。

表6.4.2 沉排制作和锚定工序施工质量标准

项次		检验项目	质量要求	检验方法	检验数量
主控项目	1	沉排制作	符合设计要求	观察	全数检查
	2	软体排厚度	允许偏差为±5%设计值	量测	旱地沉排:每10~20 m^2检测1点 水下沉排:每20~40 m^2检测1点
	3	锚桩等锚定系统的制作	符合设计要求	观察	全数检查

续表 6.4.2

项次		检验项目	质量要求	检验方法	检验数量
一般项目	1	锚定系统平面位置及高程	允许偏差为±10 cm	测量	全数检查
	2	锚桩尺寸	允许偏差为±3 cm	量测	每5 m长系排梁或每5根锚桩检测1处(点)

6.4.3 旱地土工织物软体沉排铺设工序施工质量标准见表6.4.3。

表 6.4.3 旱地土工织物软体沉排铺设工序施工质量标准

项次		检验项目	质量要求	检验方法	检验数量
主控项目	1	沉排搭接宽度	不小于设计值	量测	每条搭接缝或每30 m搭接缝长,检查1点
一般项目	1	旱地沉排铺放高程	允许偏差为±20 cm	测量	每40~80 m^2 检测1点
	2	旱地沉排保护层厚度	不小于设计值	量测	每40~80 m^2 检测1点

6.4.4 水下土工织物软体沉排铺设工序施工质量标准见表6.4.4。

表 6.4.4 水下土工织物软体沉排铺设工序施工质量标准

项次		检验项目	质量要求	检验方法	检验数量
主控项目	1	沉排搭接宽度	不小于设计值	量测	每条搭接缝或每30 m搭接缝长,检测1点
一般项目	1	沉排船定位	符合设计和施工规范要求	观察	全数检查
	2	铺排程序	符合《堤防工程施工规范》(SL 260—2014)的要求	观察	全数检查

7 水中进占单元工程施工质量标准

7.0.1 水中进占宜按每占或每10~20 m坝长为一个单元工程。

7.1 柳石搂厢进占

7.1.1 柳石搂厢进占单元工程分为备料、打桩、铺绳、进厢、裹护5道工序，其中打桩、铺绳、进厢为主要工序。

7.1.2 备料工序施工质量标准见表7.1.2。

表7.1.2 备料工序施工质量标准

项次		检验项目	质量要求	检验方法	检验数量
主控项目	1	石料、秸料或梢料	符合设计要求	观察	全数检查
	2	桩、绳	符合设计要求	观察	全数检查
一般项目	1	石料数量	符合设计要求	检验	全数检查

7.1.3 打桩工序施工质量标准见表7.1.3。

表7.1.3 打桩工序施工质量标准

项次		检验项目	质量要求	检验方法	检验数量
主控项目	1	打底钩绳顶桩	排距0.3~0.6 m，间距0.8~1.0 m	量测	全数检查
一般项目	1	捆厢船或浮枕定位	位置适当，锚位稳定	观察	逐坝检查
	2	打滑绳顶桩	数量适当，牢固	观察	逐坝检查

7.1.4 铺绳工序施工质量标准见表7.1.4。

表7.1.4 铺绳工序施工质量标准

项次		检验项目	质量要求	检验方法	检验数量
主控项目	1	过肚绳	拴于顶桩，过船底，系于龙骨，其数量符合设计要求	观察	逐坝检查
	2	底钩绳	栓于顶桩，沿坝轴线方向，铺到船上；上料完成后及时回搂	观察	逐坏检查
	3	占绳	拴于顶桩，不过船底，直接系于龙骨，其数量较过肚绳多一路		
	4	链子绳	间距0.4 m，与底钩绳垂直，连成网状		
	5	束腰绳	与底钩绳垂直，连成网状		
	6	滑绳	分布均匀，吊拉有力		

7.1.5 进厢工序施工质量标准见表7.1.5。

表7.1.5 进厢工序施工质量标准

项次		检验项目	质量要求	检验方法	检验数量
主控项目	1	上料	柳石比例误差不大于设计值的10%,上料程序符合要求,铺料均匀整齐	检查,每坯1~2个点	逐坯检查
	2	家伙	位置和数量适当,连接牢固		
	3	回搂	回搂绳数量变化符合要求		
一般项目	1	腰桩	位置和数量适当,连接牢固		
	2	占体宽度	不小于设计宽度,不大于设计宽度1.0 m		
	3	坝轴线偏差	允许误差0.5~1.0 m		

7.1.6 裹护工序施工质量标准见表7.1.6。

表7.1.6 裹护工序施工质量标准

项次		检验项目	质量要求	检验方法	检验数量
主控项目	1	护根和护坡	符合设计要求	检查	逐占检查
一般项目	1	封顶	进占完成后及时施工		
	2	后戗	进占完成后及时施工		

7.2 散抛石进占

7.2.1 散抛石进占工序单元工程施工质量标准见表7.2.1。

表7.2.1 散抛石进占工序单元工程施工质量标准

项次		检验项目	质量要求	检验方法	检验数量
主控项目	1	石料的块径、质量	符合设计要求	观察	全数检查
	2	抛投数量	符合设计要求,允许偏差为0~10%	量测	全数检查
	3	高于水位0.5 m以上的土料填筑干密度	不小于1.5 g/cm^3;合格率不小于80%	土工试验	每填筑100~200 m^{3}取样1个

续表 7.2.1

项次		检验项目	质量要求	检验方法	检验数量
一般项目	1	抛投位置与范围	符合设计要求	量测	全数检查

7.3 铅丝石笼进占

7.3.1 铅丝石笼进占单元工程分为铅丝石笼制备和铅丝石笼进占两道工序,其中铅丝石笼进占为主要工序。

7.3.2 铅丝石笼制备工序施工质量标准见表 7.3.2。

7.3.2 铅丝石笼制备工序施工质量标准

项次		检验项目	质量要求	检验方法	检验数量
主控项目	1	制作防冲体的主要原材料性能	符合设计要求	检验	每个料源取样 1 组
	2	铅丝石笼网片	符合设计要求	量测	全数检查
一般项目	1	防冲体体积	符合设计要求,允许偏差为 0~10%	量测	全数检查

7.3.3 铅丝石笼进占工序施工质量标准见表 7.3.3。

表 7.3.3 铅丝石笼进占工序施工质量标准

项次		检验项目	质量要求	检验方法	检验数量
主控项目	1	抛投数量	符合设计要求,允许偏差为 0~10%	量测	全数检查
	2	高于水位 0.5 m 以上的土料填筑干密度	不小于 1.5 g/cm^3;合格率不小于 80%	土工试验	每填筑 100~200 m^3 取样 1 个
一般项目	1	抛投位置与范围	符合设计要求	量测	全数检查

7.4 土工包进占

7.4.1 土工包进占单元工程分为土工包制备和土工包进占两道工序,其中土工包进占为主要工序。

7.4.2 土工包制备工序施工质量标准见表 7.4.2。

表 7.4.2 土工包制备工序施工质量标准

项次		检验项目	质量要求	检验方法	检验数量
主控项目	1	土工包材料	符合设计要求	检验	每个料源取样 1 组
	2	土工包封口	封口应牢固	检查	全数检查
一般项目	1	土工包充填度	70%~80%	观察	全数检查
	2	土工包尺寸	符合设计要求	量测	每 10 个至少抽查 1 个

7.4.3 土工包进占工序施工质量标准见表 7.4.3。

表 7.4.3 土工包进占工序施工质量标准

项次		检验项目	质量要求	检验方法	检验数量
主控项目	1	抛投数量	符合设计要求,允许偏差为 0~10%	量测	全数检查
	2	高于水位 0.5 m 以上的土料填筑干密度	不小于 1.5 g/cm³;合格率不小于 80%	土工试验	每填筑 100~200 m³ 取样 1 个
一般项目	1	抛投位置与范围	符合设计要求	量测	全数检查

8 锥探灌浆及防渗墙工程单元工程施工质量标准

8.1 锥探灌浆

8.1.1 本节适用于堤防工程以泥浆灌浆加固堤身。

8.1.2 沿堤身轴线的锥探灌浆宜按每 50 m 长度划分为一个单元工程。

8.1.3 锥探灌浆单元工程施工质量标准应符合表 8.1.3 的规定。

表 8.1.3　锥探灌浆单元工程施工质量标准

项次		检验项目	质量要求	检验方法	检验数量
主控项目	1	孔数	符合设计要求	检测	全数检查
	2	孔深	符合设计要求		
	3	灌浆压力	符合设计要求		
	4	浆液性能	符合设计要求	检测	每批或每 50 孔检测 1 次
	5	终孔标准	符合设计要求	检查	全数检查
	6	封孔	符合设计要求		
一般项目	1	孔径	不小于设计孔径	检测	全数检查
	2	孔位偏差	不大于 10 cm		
	3	孔斜率	不大于 2%		
	4	灌浆次数	3 次以上		

8.2　混凝土防渗墙

8.2.1　本节适用于松散透水地基或堤防内以泥浆护壁连续造孔成槽和浇筑混凝土形成的混凝土地下连续墙，其他成槽方法形成的混凝土防渗墙可参照执行。

8.2.2　混凝土防渗墙宜以每一个槽孔划分为一个单元工程。

8.2.3　混凝土防渗墙施工工序分为：造孔、清孔（包括接头处理）、混凝土浇筑（包括钢筋笼、预埋件、观测仪器安装埋设）3 个工序。

8.2.4　混凝土防渗墙单元工程施工质量验收评定，应在工序施工质量验收评定合格的基础上进行。

8.2.5　混凝土防渗墙施工质量标准见表 8.2.5。

表 8.2.5　混凝土防渗墙施工质量标准

工序	项次		检验项目	质量要求	检验方法	检验数量
造孔	主控项目	1	槽孔孔深	不小于设计孔深	钢尺或测绳量测	逐槽检查
		2	孔斜率	符合设计要求	重锤法或测井法量测	逐孔检查
		3	施工记录	齐全、准确、清晰	查看	抽查

续表 8.2.5

工序	项次		检验项目		质量要求	检验方法	检验数量
造孔	一般项目	1	槽孔中心偏差		≤30 mm	钢尺量测	逐孔检查
		2	槽孔宽度		符合设计要求(包括接头搭接厚度)	测井仪或量测钻头	逐槽检查
清孔	主控项目	1	接头刷洗		符合设计要求,孔底淤积不再增加	查看、测绳量测	逐槽检查
		2	孔底淤积		≤100 mm	测绳量测	逐槽检查
		3	施工记录		齐全、准确、清晰	查看	逐槽检查
	一般项目	1	孔内泥浆密度	黏土	≤1.30 g/cm^3	比重秤量测	逐槽检查
				膨润土	根据地层情况或现场试验确定		
		2	孔内泥浆黏度	黏土	≤30 s	500 mL/700 mL 漏斗量测	逐槽检查
				膨润土	根据地层情况或现场试验确定		
		3	孔内泥浆含砂量	黏土	≤10%	含砂量测量仪量测	逐槽检查
				膨润土	根据地层情况或现场试验确定		
混凝土浇筑	主控项目	1	导管埋深		不小于 1 m,不宜大于 6 m	测绳量测	逐槽检查
		2	混凝土上升速度		≥2 m/h	测绳量测	逐槽检查
		3	施工记录		齐全、准确、清晰	查看	逐槽检查
	一般项目	1	钢筋笼、预埋件、仪器安装埋设		符合设计要求	钢尺量测	逐项检查
		2	导管布置		符合规范或设计要求	钢尺或测绳量测	逐槽检查
		3	混凝土面高差		≤0.5 m	测绳量测	逐槽检查
		4	混凝土最终高度		不小于设计高程 0.5 m	测绳量测	逐槽检查
		5	混凝土配合比		符合设计要求	现场检验	逐批检查
		6	混凝土扩散度		34~40 cm	现场试验	逐槽或逐批检查
		7	混凝土坍落度		18~22 cm,或符合设计要求	现场试验	逐槽或逐批检查
		8	混凝土抗压强度、抗渗等级、弹性模量等		符合抗压、抗渗、弹性模量等设计指标	室内试验	逐槽或逐批检查
		9	特殊情况处理		处理后符合设计要求	现场查看、记录检查	逐项检查

8.2.6　混凝土防渗墙单元工程施工质量验收评定标准为：

如果进行了墙体钻孔取芯和其他无损检测等方式检查，则在其检查结果符合设计要求的前提下，工序施工质量验收评定全部合格，该单元工程评定合格；工序施工质量验收评定全部合格，其中两个及以上工序达到优良，并且混凝土浇筑工序达到优良，该单元工程评定优良。

8.3　高压喷射注浆防渗墙

8.3.1　高压喷射注浆防渗墙宜以相邻的30~50个高喷孔或连续600~1 000 m^2的防渗墙体划分为一个单元工程。

8.3.2　高压喷射注浆防渗墙单元工程施工质量验收评定，应在单孔施工质量验收评定合格的基础上进行。

8.3.3　高压喷射注浆防渗墙工程单孔施工质量标准见表8.3.3。

表8.3.3　高压喷射注浆防渗墙工程单孔施工质量标准

项次		检验项目	质量要求	检验方法	检验数量
主控项目	1	孔位偏差	≤50 mm	钢尺量测	逐孔检查
主控项目	2	钻孔深度	大于设计墙体深度	测绳或钻杆、钻具量测	逐孔检查
主控项目	3	喷射管下入深度	符合设计要求	钢尺或测绳量测喷管	逐孔检查
主控项目	4	喷射方向	符合设计要求	罗盘量测	逐孔检查
主控项目	5	提升速度	符合设计要求	钢尺、秒表量测	逐孔检查
主控项目	6	浆液压力	符合设计要求	压力表量测	逐孔检查
主控项目	7	浆液流量	符合设计要求	体积法	逐孔检查
主控项目	8	进浆浆液密度	符合设计要求	比重秤量测	逐孔检查
主控项目	9	摆动角度	符合设计要求	角度尺或罗盘量测	逐孔检查
主控项目	10	施工记录	齐全、准确、清晰	查看	抽查
一般项目	1	孔序	按设计要求	现场查看	逐孔检查
一般项目	2	孔斜率	≤1%，或符合设计要求	测斜仪、吊线等量测	逐孔检查
一般项目	3	摆动速度	符合设计要求	秒表量测	逐孔检查
一般项目	4	气压力	符合设计要求	压力表量测	逐孔检查
一般项目	5	气流量	符合设计要求	流量计量测	逐孔检查
一般项目	6	水压力	符合设计要求	压力表量测	逐孔检查
一般项目	7	水流量	符合设计要求	流量表量测	逐孔检查
一般项目	8	回浆浆液密度	符合规范要求	比重秤量测	逐孔检查
一般项目	9	特殊情况处理	符合设计要求	根据实际情况定	逐孔检查

注：1. 本要求适用于摆喷施工法，其他施工法可调整检验项目。

2. 使用低压浆液时，“浆液压力”为一般项目。

8.3.4 高压喷射注浆防渗墙单孔施工质量验收评定标准为：

主控项目检验点100%合格，一般项目逐项70%及以上的检验点合格，不合格点不集中分布，且不合格点的质量不超出有关规范和设计要求的限值，该孔评定合格。

主控项目检验点100%合格，一般项目逐项90%及以上的检验点合格，不合格点不集中分布，且不合格点的质量不超出有关规范和设计要求的限值，该孔评定优良。

8.3.5 高压喷射注浆防渗墙单元工程施工质量验收评定标准为：

在单元工程效果检查符合设计要求的前提下，单孔100%合格，优良率小于70%，单元工程评定合格；单孔100%合格，优良率大于或等于70%，单元工程评定优良。

8.4 水泥土搅拌防渗墙

8.4.1 水泥土搅拌防渗墙宜按沿轴线每20 m长度划分为一个单元工程。

8.4.2 水泥土搅拌防渗墙单元工程施工质量验收评定，应在单桩施工质量验收评定合格的基础上进行。

8.4.3 水泥土搅拌防渗墙工程单桩施工质量标准见表8.4.3。

表8.4.3 水泥土搅拌防渗墙工程单桩施工质量标准

项次		检验项目	质量要求	检验方法	检验数量
主控项目	1	孔位偏差	≤20 mm	钢尺	逐桩检查
	2	孔深	符合设计要求	量测钻杆	逐桩检查
	3	孔斜率	符合设计要求	钢尺或测绳量测	逐桩检查
	4	输浆量	符合设计要求	体积法	逐桩检查
	5	桩径	符合设计要求	钢尺量测搅拌头	逐桩检查
	6	施工记录	齐全、准确、清晰	查看	抽查
一般项目	1	水灰比	符合设计要求	比重秤量测或体积法	逐桩检查
	2	搅拌速度	符合设计要求	秒表量测	逐桩检查
	3	提升速度	符合设计要求	秒表、钢尺等	逐桩检查
	4	重复搅拌次数和深度	符合设计要求	查看	逐桩检查
	5	桩顶标高	超出设计桩顶0.3~0.5 m	钢尺量测	逐桩检查
	6	特殊情况处理	不影响质量	现场查看	逐桩检查

注：1. 本要求适用于单头搅拌机施工法，多头搅拌机施工法参照执行。
2. 本表适用于湿法施工工艺，干法施工工艺的检验项目可适当调整。

8.4.4 水泥土搅拌防渗墙单桩施工质量验收评定标准为：

主控项目检验点100%合格，一般项目逐项70%及以上的检验点合格，不合格点不集中分布,且不合格点的质量不超出有关规范和设计要求的限值,该桩评定合格。

主控项目检验点100%合格,一般项目逐项90%及以上的检验点合格,不合格点不集中分布,且不合格点的质量不超出有关规范和设计要求的限值,该桩评定优良。

8.4.5 水泥土搅拌防渗墙单元工程施工质量验收评定标准为:

在单元工程效果检查符合设计要求的前提下,水泥搅拌桩100%合格,优良率小于70%,单元工程评定合格;水泥搅拌桩100%合格,优良率大于或等于70%,单元工程评定优良。

9 普通混凝土工程单元工程施工质量标准

9.1 一般规定

9.1.1 普通混凝土单元工程宜以混凝土浇筑仓号或一次检查验收范围划分。对混凝土浇筑仓号,按每一仓号为一个单元工程;对排架、梁、板、柱等构件,按一次检查验收的范围为一个单元工程。

9.1.2 普通混凝土单元工程分为基础面或施工缝处理、模板安装、钢筋制安、预埋件(止水、伸缩缝等)制安、混凝土浇筑(含养护、脱模)、外观质量检查六个工序,其中钢筋制安、混凝土浇筑(含养护、脱模)工序为主要工序。

9.1.3 水泥、钢筋、掺合料、外加剂、止水片(带)等原材料质量应按有关规范要求进行全面检验,进场检验结果应满足相关产品标准,不同批次原材料在工程中的使用部位应有记录。

9.1.4 砂料质量标准见表9.1.4-1;粗骨料质量标准见表9.1.4-2。

表9.1.4-1 砂料质量标准

项目		质量要求		检验方法	检验数量
		天然砂	人工砂		
含泥量/%	有抗冻要求或≥C30	≤3	—	抽样、试验	每8 h检验1次
	<C30	≤5	—		
泥块含量		不允许		抽样、试验	每月不少于2次
有机质含量		浅于标准色	不允许		
云母含量/%		≤2			
石粉含量/%		—	6~18(指颗粒<0.16 mm)	抽样、试验	每8 h检验1次

续表 9.1.4-1

项目		质量要求		检验方法	检验数量
		天然砂	人工砂		
表观密度/(kg/m^3)		≥2 500		抽样、试验	每月不少于 2 次
细度模数波动		±0.2		抽样、试验	每 8 h 检验 2 次
坚固性/%	有抗冻要求	≤8		抽样、试验	每月不少于 2 次
	无抗冻要求	≤10			
硫化物及硫酸盐含量/%		≤1(折算成 SO_3,按质量计)			
轻物质含量/%		≤1	—		

表 9.1.4-2 粗集料质量标准

检验项目		质量要求	检验方法	检验数量
含泥量/%	*D*20、*D*40 粒径级	≤1	抽样、试验	每 8 h 检验 1 次
	*D*80、*D*150(*D*120)粒径级	≤0.5		
泥块含量		不允许	抽样、试验	每月不少于 2 次
有机质含量		浅于标准色		
坚固性/%	有抗冻要求	≤5		
	无抗冻要求	≤8		
硫化物及硫酸盐含量(按重量折算成 SO_3)/%		≤0.5		
表观密度/(kg/m^3)		≥2 550		
吸水率/%		≤2.5		
针片状颗粒含量/%		≤15,经论证可以放宽至 25		
超逊径含量/%	超径	圆孔筛<5,超逊径筛余量为 0	抽样、试验	每 8 h 检验 1 次
	逊径	圆孔筛<10,超逊径筛余量<2		

9.1.5 混凝土拌和物性能质量标准见表 9.1.5。

表 9.1.5　混凝土拌和物性能质量标准

<table>
<tr><th rowspan="2">检验项目</th><th colspan="2">质量标准</th><th rowspan="2">检验方法</th><th rowspan="2">检验数量</th></tr>
<tr><th>合格</th><th>优良</th></tr>
<tr><td>最少拌和时间</td><td colspan="2">符合规范要求</td><td rowspan="2">抽样、试验</td><td rowspan="2">每 8 h 检验 2 次</td></tr>
<tr><td>原材料称量符合规范要求的频率</td><td>≥70%</td><td>≥85%</td></tr>
<tr><td>砂子、小石饱和面干含水率≤6%频率</td><td>≥70%</td><td>≥85%</td><td>抽样、试验</td><td>每 4 h 检验 1 次</td></tr>
<tr><td>坍落度合格率</td><td>≥70%</td><td>≥85%</td><td>抽样、试验</td><td>每 4 h 检验 2 次</td></tr>
<tr><td>含气量(有抗冻要求时)合格率</td><td>≥70%</td><td>≥85%</td><td rowspan="2">抽样、试验</td><td rowspan="2">每 4 h 检验 2 次</td></tr>
<tr><td>出机口温度(有温度要求时)合格率</td><td>≥70%</td><td>≥85%</td></tr>
</table>

注:1. 坍落度以设计要求的中值为基准,变化范围以《水工混凝土施工规范》(SL 677—2014)的允许偏差为准。
2. 含气量以设计要求的中值为基准,允许偏差范围为±0.5%。
3. 砂子、小石的含水率宜分别控制在±0.5%、±0.2%。

9.2　基础面或施工缝处理

9.2.1　基础面或施工缝处理施工质量标准见表 9.2.1。

表 9.2.1　基础面或施工缝处理施工质量标准

<table>
<tr><th colspan="2">项次</th><th colspan="2">检验项目</th><th>质量要求</th><th>检验方法</th><th>检查数量</th></tr>
<tr><td rowspan="4">主控项目</td><td rowspan="2">1</td><td rowspan="2">基础面</td><td>岩基</td><td>符合设计要求</td><td>观察、查阅设计图纸或地质报告</td><td>全仓</td></tr>
<tr><td>软基</td><td>预留保护层已挖除;基础面符合设计要求</td><td>观察、查阅测量断面图及设计图纸</td><td>全仓</td></tr>
<tr><td>2</td><td colspan="2">地表水和地下水</td><td>妥善引排或封堵</td><td>观察</td><td>全仓</td></tr>
<tr><td>3</td><td colspan="2">施工缝</td><td>表面洁净,基面无乳皮、成毛面、微露出砂;无积水;无积渣杂物</td><td>观察</td><td>全仓</td></tr>
<tr><td>一般项目</td><td>1</td><td colspan="2">岩面清理</td><td>符合设计要求;清洗洁净、无积水、无积渣杂物</td><td>观察</td><td>全仓</td></tr>
</table>

9.3　模板安装

9.3.1　本规程适用于定型或现场装配式钢、木模板等的制作及安装;对于特种模板(镶面模板、滑升模板、拉模及钢模台车等)除应符合本规程外,还应符合有关技术标准和设计要求等的规定。

9.3.2 模板安装施工质量标准见表9.3.2。

表9.3.2 模板安装施工质量标准

<table>
<tr><th colspan="2">项次</th><th colspan="2">检验项目</th><th colspan="2">质量要求</th><th>检验方法</th><th>检验数量</th></tr>
<tr><td rowspan="9">主控项目</td><td>1</td><td colspan="2">稳定性、刚度和强度</td><td colspan="2">满足混凝土施工荷载要求,并符合模板设计要求</td><td>对照文件及图纸检查</td><td>全部检查</td></tr>
<tr><td>2</td><td colspan="2">承重模板底面高程允许偏差</td><td colspan="2">0~+5 mm</td><td>仪器测量</td><td rowspan="8">模板面积在100 m² 以内,不少于10个点;每增加100 m²,检查点数增加不少于10个点</td></tr>
<tr><td rowspan="3">3</td><td rowspan="3">梁、柱、墙、墩</td><td>结构断面尺寸允许偏差</td><td colspan="2">±10 mm</td><td>钢尺量测</td></tr>
<tr><td>轴线位置允许偏差</td><td colspan="2">±10 mm</td><td>仪器测量</td></tr>
<tr><td>垂直度允许偏差</td><td colspan="2">±5 mm</td><td>2 m靠尺量测或仪器测量</td></tr>
<tr><td rowspan="2">4</td><td colspan="2" rowspan="2">结构物边线与设计边线允许偏差</td><td>外露表面</td><td>内模板:-10~0 mm
外模板:0~+10 mm</td><td rowspan="2">钢尺量测</td></tr>
<tr><td>隐蔽内面</td><td>15 mm</td></tr>
<tr><td rowspan="2">5</td><td colspan="2" rowspan="2">预留孔、洞尺寸及位置允许偏差</td><td>孔、洞尺寸</td><td>-10 mm</td><td rowspan="2">量测、查看图纸</td></tr>
<tr><td>孔、洞位置</td><td>±10 mm</td></tr>
<tr><td rowspan="4">一般项目</td><td rowspan="2">1</td><td colspan="2" rowspan="2">模板平整度、相邻两板面错台</td><td>外露表面</td><td>钢模:允许偏差2 mm
木模:允许偏差3 mm</td><td rowspan="2">2 m靠尺量测或拉线检查</td><td rowspan="2">模板面积在100 m² 以内,不少于10个点;每增加100 m²,检查点数增加不少于10个点</td></tr>
<tr><td>隐蔽内面</td><td>允许偏差5 mm</td></tr>
<tr><td rowspan="2">2</td><td colspan="2" rowspan="2">局部平整度</td><td>外露表面</td><td>钢模:允许偏差3 mm
木模:允许偏差5 mm</td><td rowspan="2">按水平线(或垂直线)布置检测点,2 m靠尺量测</td><td rowspan="2">模板面积在100 m² 以上,不少于20个点;每增加100 m²,增加不少于10个点</td></tr>
<tr><td>隐蔽内面</td><td>允许偏差10 mm</td></tr>
</table>

续表 9.3.2

项次		检验项目	质量要求		检验方法	检验数量
一般项目	3	板面缝隙	外露表面	钢模:允许偏差 1 mm 木模:允许偏差 2 mm	量测	100 m^2 以上,检查 3~5 个点;100 m^2 以内,检查 1~3 个点
			隐蔽内面	允许偏差 2 mm		
	4	结构物水平断面内部尺寸允许偏差	±20 mm		量测	100 m^2 以上,不少于 10 个点;100 m^2 以内,不少于 5 个点
	5	脱模剂涂刷	产品质量符合标准要求,涂刷均匀,无明显色差		查阅产品质检证明,观察	全面检查
	6	模板外观	表面光洁、无污物		观察	全面检查

注:1. 外露表面、隐蔽内面是指相应模板的混凝土结构物表面最终所处的位置。
2. 有专门要求的高速水流区、溢流面、闸墩、闸门槽等部位的模板,还应符合有关专项设计的要求。

9.4 钢筋制安

9.4.1 钢筋进场时应逐批(炉号)进行检验,查验产品合格证、出厂检验报告和外观质量并记录,并按相关规定抽取试样进行力学性能检验,不符合标准规定的不应使用。

9.4.2 钢筋制安施工质量标准见表 9.4.2-1,钢筋连接施工质量标准见表 9.4.2-2。

表 9.4.2-1 钢筋制安施工质量标准

项次		检验项目	质量要求	检验方法	检验数量
主控项目	1	钢筋的数量、规格尺寸、安装位置	符合质量标准和设计的要求	对照设计文件检查	全数
	2	钢筋接头的力学性能	符合规范要求和国家(行业)有关规定	对照仓号在结构上取样测试	焊接 200 个接头检查 1 组,机械连接 500 个接头检查 1 组
	3	焊接接头和焊缝外观	不允许有裂缝、脱焊点、漏焊点,表面平顺,没有明显的咬边、凹陷、气孔等,钢筋不得有明显烧伤	观察并记录	不少于 10 个点
	4	钢筋连接	钢筋连接的施工质量标准见表 9.4.2-2		
	5	钢筋间距、保护层	符合规范和设计要求	观察、量测	不少于 10 个点

续表 9.4.2-1

<table>
<tr><th colspan="2">项次</th><th colspan="2">检验项目</th><th>质量要求</th><th>检验方法</th><th>检验数量</th></tr>
<tr><td rowspan="6">一般项目</td><td>1</td><td colspan="2">钢筋长度方向的偏差</td><td>±1/2 净保护层厚</td><td>观察、量测</td><td>不少于 5 个点</td></tr>
<tr><td rowspan="2">2</td><td rowspan="2">同一排受力钢筋间距的局部偏差</td><td>柱、梁</td><td>±0.5d</td><td>观察、量测</td><td>不少于 5 个点</td></tr>
<tr><td>板、墙</td><td>±10%间距</td><td>观察、量测</td><td>不少于 5 个点</td></tr>
<tr><td>3</td><td colspan="2">双排钢筋,其排与排间距的局部偏差</td><td>±10%排距</td><td>观察、量测</td><td>不少于 5 个点</td></tr>
<tr><td>4</td><td colspan="2">梁与柱中箍筋间距的偏差</td><td>±10%箍筋间距</td><td>观察、量测</td><td>不少于 10 个点</td></tr>
<tr><td>5</td><td colspan="2">保护层厚度的局部偏差</td><td>±1/4 净保护层厚</td><td>观察、量测</td><td>不少于 5 个点</td></tr>
</table>

表 9.4.2-2 **钢筋连接施工质量标准**

<table>
<tr><th>序号</th><th colspan="3">检验项目</th><th>质量要求</th><th>检验方法</th><th>检验数量</th></tr>
<tr><td rowspan="5">1</td><td rowspan="5">点焊及电弧焊</td><td colspan="2">帮条对焊接头中心的纵向偏移差</td><td>不大于 0.5d</td><td rowspan="5">观察、量测</td><td rowspan="5">每项不少于 10 个点</td></tr>
<tr><td colspan="2">接头处钢筋轴线的曲折</td><td>不大于 4°</td></tr>
<tr><td rowspan="3">焊缝</td><td>长度偏差</td><td>允许偏差-0.5d</td></tr>
<tr><td>高度偏差</td><td>允许偏差-0.5d</td></tr>
<tr><td>表面气孔、夹渣</td><td>在 2d 长度上数量不多于 2 个;气孔、夹渣的直径不大于 3 mm</td></tr>
<tr><td rowspan="4">2</td><td rowspan="4">对焊及熔槽焊</td><td rowspan="2">焊接接头根部未焊透深度</td><td>直径 25~40 mm 钢筋</td><td>不大于 0.15d</td><td rowspan="4">观察、量测</td><td rowspan="4">每项不少于 10 个点</td></tr>
<tr><td>直径 40~70 mm 钢筋</td><td>不大于 0.10d</td></tr>
<tr><td colspan="2">接头处钢筋中心线的位移</td><td>0.10d 且不大于 2 mm</td></tr>
<tr><td colspan="2">焊缝表面(长为 2d)和焊缝截面上蜂窝、气孔、非金属杂质</td><td>不大于 1.5d</td></tr>
</table>

续表 9.4.2-2

序号	检验项目			质量要求	检验方法	检验数量
3	绑扎连接	缺扣、松扣		不大于20%且不集中	观察、量测	不少于10个点
3	绑扎连接	弯钩朝向正确		符合设计图纸	观察	不少于10个点
3	绑扎连接	搭接长度允许偏差		-5%设计值	量测	不少于10个点
4	机械连接	带肋钢筋冷挤压连接接头	压痕处套筒外形尺寸	挤压后套筒长度应为原套筒长度的1.10~1.15倍,或压痕处套筒的外径波动范围为原套筒外径的80%~90%	观察并量测	不少于10个点
4	机械连接	带肋钢筋冷挤压连接接头	挤压道次	符合型式检验结果	观察、量测	不少于10个点
4	机械连接	带肋钢筋冷挤压连接接头	接头弯折	不大于4°	观察、量测	不少于10个点
4	机械连接	带肋钢筋冷挤压连接接头	裂缝检查	挤压后肉眼观察无裂缝	观察、量测	不少于5个点
4	机械连接	直(锥)螺纹连接接头	丝头外观质量	保护良好,无锈蚀和油污,牙形饱满光滑	观察、量测	不少于10个点
4	机械连接	直(锥)螺纹连接接头	套头外观质量	无裂纹或其他肉眼可见缺陷	观察、量测	不少于10个点
4	机械连接	直(锥)螺纹连接接头	外露丝扣	无1扣以上完整丝扣外露	观察、量测	不少于10个点
4	机械连接	直(锥)螺纹连接接头	螺纹匹配	丝头螺纹与套筒螺纹满足连接要求,螺纹结合紧密,无明显松动,以及相应处理方法得当	观察、量测	不少于10个点

9.5 预埋件制安

9.5.1 水工混凝土中的预埋件包括止水、伸缩缝(填充材料)、排水系统、冷却及灌浆管路、铁件、安全监测设施等。在施工中应进行全过程检查和保护,防止移位、变形、损坏及堵塞。

9.5.2 预埋件的结构形式、位置、尺寸及材料的品种、规格、性能等应符合设计要求和有关标准。所有预埋件都应进行材质证明检查,需要抽检的材料按有关规范进行。

9.5.3 安全监测设施预埋施工质量标准按照《水利水电工程单元工程施工质量验收评定标准 混凝土工程》(SL 632—2012)执行。

9.5.4 预埋件制安施工质量标准见表9.5.4-1~表9.5.4-3。

表9.5.4-1 止水片(带)施工质量标准

项次		检验内容		质量要求	检验方法	检验数量
主控项目	1	片(带)外观		表面平整,无浮皮、锈污、油渍、砂眼、钉孔、裂纹等	观察	所有外露止水片(带)
	2	基座		符合设计要求(按建基面要求验收合格)	观察	不少于5个点
	3	片(带)插入深度		符合设计要求	检查、量测	不少于1个点
	4	沥青井(柱)		位置准确、牢固,上下层衔接好,电热元件及绝热材料埋设准确,沥青填塞密实	观察	检查3~5个点
	5	接头		符合工艺要求	检查	全数检查
一般项目	1	片(带)偏差	宽	±5 mm	量测	检查3~5个点
			高	±2 mm		
			长	±20 mm		
	2	搭接长度	金属止水片	≥20 mm,双面焊接	量测	每个焊接处
			橡胶、PVC止水带	不小于100 mm	量测	每个连接处
			金属止水片与PVC止水带接头栓接长度	不小于350 mm(螺栓栓接法)	量测	每个连接带
	3	止水片(带)中心线与接缝中心线安装偏差		±5 mm	量测	检查1~2个点

表 9.5.4-2 伸缩缝(填充材料)施工质量标准

项次		检验项目	质量要求	检验方法	检验数量
主控项目	1	伸缩缝缝面	平整、顺直、干燥,外露铁件应割除,确保伸缩有效	观察	全部
一般项目	1	涂敷沥青料	涂刷均匀平整、与混凝土黏接紧密,无气泡及隆起现象	观察	全部
	2	粘贴沥青油毛毡	铺设厚度均匀平整、牢固、搭接紧密	观察	全部
	3	铺设预制油毡板或其他闭缝板	铺设厚度均匀平整、牢固,相邻块安装紧密、平整、无缝	观察	全部

表 9.5.4-3 铁件施工质量标准

<table>
<tr><th colspan="2">项次</th><th colspan="2">检验项目</th><th>质量要求</th><th>检验方法</th><th>检验数量</th></tr>
<tr><td>主控项目</td><td>1</td><td colspan="2">高程、方位、埋入深度及外露长度等</td><td>符合设计要求</td><td>对照图纸现场观察、查阅施工记录、量测</td><td>全部</td></tr>
<tr><td rowspan="6">一般项目</td><td>1</td><td colspan="2">铁件外观</td><td>表面无锈皮、油污等</td><td>观察</td><td>全部</td></tr>
<tr><td rowspan="2">2</td><td rowspan="2">锚筋钻孔位置允许偏差</td><td>柱子的锚筋</td><td>不大于 20 mm</td><td>量测</td><td>全部</td></tr>
<tr><td>钢筋网的锚筋</td><td>不大于 50 mm</td><td>量测</td><td>全部</td></tr>
<tr><td>3</td><td colspan="2">钻孔底部的孔径</td><td>锚筋直径+20 mm</td><td>量测</td><td>全部</td></tr>
<tr><td>4</td><td colspan="2">钻孔深度</td><td>符合设计要求</td><td>量测</td><td>全部</td></tr>
<tr><td>5</td><td colspan="2">钻孔的倾斜度相对设计轴线的偏差</td><td>不大于 5%(在全孔深度范围内)</td><td>量测</td><td>全部</td></tr>
</table>

9.6 混凝土浇筑

9.6.1 所选用的混凝土浇筑设备能力应与浇筑强度相适应,确保混凝土施工的连续性。

9.6.2 混凝土浇筑施工质量标准见表 9.6.2。

表 9.6.2 混凝土浇筑施工质量标准

项次		检验项目	质量要求	检验方法	检验数量
主控项目	1	入仓混凝土料	无不合格料入仓。如有少量不合格料入仓,应及时处理至达到要求	观察	不少于入仓总次数的 50%
	2	平仓分层	厚度不大于振捣棒有效长度的 90%,铺设均匀,分层清楚,无集料集中现象	观察、量测	全部
	3	混凝土振捣	振捣器垂直插入下层 5 cm,有次序,间距、留振时间合理,无漏振、无超振	在混凝土浇筑过程中全部检查	全部
	4	铺筑间歇时间	符合要求,无初凝现象	在混凝土浇筑过程中全部检查	全部
	5	浇筑温度(指有温控要求的混凝土)	满足设计要求	温度计量测	全部
	6	混凝土养护	表面保持湿润;连续养护时间基本满足设计要求	观察	全部
一般项目	1	砂浆铺筑	厚度宜为 2~3 cm、均匀平整,无漏铺	观察	全部
	2	积水和泌水	无外部水流入,泌水排除及时	观察	全部
	3	插筋、管路等埋设件以及模板的保护	保护好,符合设计要求	观察、量测	全部
	4	混凝土表面保护	保护时间、保温材料质量符合设计要求	观察	全部
	5	脱模	脱模时间符合施工技术规范或设计要求	观察或查阅施工记录	不少于脱模总次数的 30%

9.7 外观质量检查

9.7.1 混凝土拆模后,应检查其外观质量。当发生混凝土裂缝、冷缝、蜂窝、麻面、错台和变形等质量问题时,应及时处理,并做好记录。

9.7.2　混凝土外观质量评定可在拆模后或消除缺陷处理后进行。

9.7.3　外观质量检查标准见表9.7.3。

表9.7.3　外观质量检查标准

项次		检验项目	质量要求	检验方法	检验数量
主控项目	1	表面平整度	符合设计要求	使用2 m靠尺或专用工具检查	100 m^2 以上的表面检查点数6~10个;100 m^2 以下的表面检查点数3~5个
	2	形体尺寸	符合设计要求或允许偏差±20 mm	钢尺量测	抽查15%
	3	重要部位缺损	不允许,应修复使其符合设计要求	观察、仪器检测	全部
一般项目	1	麻面、蜂窝	麻面、蜂窝累计面积不超过0.5%。经处理符合设计要求	观察	全部
	2	孔洞	单个面积不超过0.01 m^2,且深度不超过集料最大粒径。经处理符合设计要求	观察、量测	全部
	3	错台、跑模、掉角	经处理符合设计要求	观察、量测	全部
	4	表面裂缝	短小、深度不大于钢筋保护层厚度的表面裂缝经处理符合设计要求	观察、量测	全部

10　道路工程单元工程施工质量标准

10.0.1　本节适用于黄河堤防道路和黄河防汛道路。

10.0.2　道路工程宜按道路长度100~500 m划分为一个单元工程。

10.1 土方路基

10.1.1 土方路基单元工程施工质量应符合表 10.1.1 的要求。

表 10.1.1 土方路基单元工程施工质量标准

项次		检验项目	质量要求	检验方法	检验数量
主控项目	1	清基和压实	路基用地范围内,清除地表植被、杂物、淤泥,处理坑塘并按规范和设计要求对基底进行压实,清基和压实范围不小于设计值	检查	全段
	2	路基填料	符合规范和设计要求	环刀法或灌砂法	每 50 m、每压实层检测 1 处
	3	压实度	符合设计要求		
一般项目	1	纵断面高程	允许偏差:-20~10 mm	测量	每 50 m 检测 1 处
	2	宽度	符合设计要求	钢尺量测	每 50 m 检测 1 处
	3	中线偏位	允许偏差:100 mm	量测	每 50 m 检测 1 点,弯道加测曲线要素点
	4	平整度	允许偏差:20 mm	3 m 直尺检测	每 100 m 检测 1 处,连续 10 个尺长
	5	横坡度	允许偏差:±0.5%	测量	沿路线每 50 m 检测 1 处
	6	外观	路基表面应平整、坚实,无弹簧土、松散和龟裂	检查	全段

10.2 稳定类基层和底基层

10.2.1 稳定类基层与底基层单元工程施工质量应符合表 10.2.1 的规定。

表 10.2.1　稳定类基层与底基层单元工程施工质量标准

项次		检验项目	质量要求	检查方法	检验数量
主控项目	1	水泥、石灰和集料等物理力学指标	符合设计要求及国家现行有关标准	检验	每个料源取样1组
	2	集料级配与配合比	符合配合比设计要求	检验	
	3	压实度	符合设计要求	灌砂法	每100 m 1处
	4	强度	符合设计要求	试件	每2 000 m^2 或每工作班制1组试件
一般项目	1	平整度	允许偏差:20 mm	3 m直尺检测	沿路线每100 m测1处,连续10个尺长
	2	厚度	允许偏差:±10 mm	取样量测	每200 m测1处
	3	纵断面高程	允许偏差:-15~5 mm	测量	沿路线每50 m检测1个断面
	4	宽度	符合设计要求	钢尺量测	沿路线每50 m检测1处
	5	横坡度	允许偏差:±0.5%	测量	沿路线每50 m检测1个断面
	6	外观	表面平整、密实,接茬平顺,无明显离析	检查	全段

10.3　水泥混凝土面层

10.3.1　水泥混凝土面层单元工程施工质量应符合表10.3.1的规定。

表 10.3.1 水泥混凝土面层单元工程施工质量标准

项次		检验项目	质量要求	检查方法	检验数量
主控项目	1	水泥、钢筋物理力学指标	符合设计要求及国家现行有关标准	检验	每个料源取样1组
	2	粗细集料、外掺剂及接缝填料	符合设计要求及国家现行有关标准	检验	
	3	混凝土配合比	经试验测定的施工配合比	按本规程表 9.1.5 规定执行	
	4	弯拉强度	在合格标准之内	试样取验	每工作班 1~3 组
	5	厚度	允许偏差:-5~20 mm	取样量测	每 100 m、每车道 1 处
	6	抗滑构造深度	0.5~1.0 mm	砂铺法	每 200 m 检测 1 处
一般项目	1	纵断面高程	允许偏差:±15 mm	测量	每 50 m 检测 1 处
	2	中线平面偏位	允许偏差:20 mm	量测	每 50 m 检测 1 点
	3	路面宽度	允许偏差:±20 mm	钢尺量测	每 50 m 检测 1 处
	4	平整度	允许偏差:5 mm	3 m 直尺检测	每 100 m 检测 1 处,连续 10 个尺长
	5	相邻板高差	≤3 mm	量测	每 200 m 抽纵横缝各 2 条,每条 2 点
	6	纵横缝顺直度	纵向:≤15 mm; 横向:≤10 mm	量测	纵缝 20 m 拉线,每 200 m 4 处;横缝每 200 m 4 条
	7	横坡度	允许偏差:±0.3%	测量	每 50 m 检测 1 个断面
	8	外观	路面表面应平整密实,边角整齐,无裂缝,无松散、脱皮、踏痕等现象,接缝填筑饱满密实,不污染路面	检查	全段

10.4　沥青混凝土面层和沥青碎石面层

10.4.1　沥青混凝土面层和沥青碎石面层单元工程施工质量应符合表10.4.1的规定。

表10.4.1　沥青混凝土面层和沥青碎石面层单元工程施工质量标准

项次		检验项目	质量要求	检查方法	检验数量
主控项目	1	矿料质量及矿料级配	符合设计要求及国家现行有关标准	检验	每个料源取样1组；沥青混合料每日做提取试验、马歇尔稳定度试验
	2	沥青和沥青混合料各项指标	符合设计要求及国家现行有关标准	检查	
	3	压实度	符合设计要求	检验	每200 m测1处
一般项目	1	厚度	允许偏差：-5~10 mm	取样量测	每200 m测1处
	2	平整度	允许偏差：5 mm	3 m直尺检测	沿路线每100 m测1处，连续10个尺长
	3	纵断面高程	允许偏差：±20 mm	测量	沿路线每50 m检测1个断面
	4	中线平面偏位	允许偏差：30 mm	量测	沿路线每50 m检测1点
	5	路面宽度	不小于设计值	量测	沿路线每50 m检测1个断面
	6	横坡度	允许偏差：±0.5%	测量	沿路线每50 m检测1处
	7	外观	表面应平整密实，无泛油、松散、裂缝等缺陷	检查	全段

10.4.2　透层、粘层和封层单元工程施工质量应符合表10.4.2的规定。

表 10.4.2 透层、粘层和封层单元工程施工质量标准

项次		检验项目	质量要求	检查方法	检验数量
主控项目	1	沥青品种、标号	符合设计要求	检查	每批次料源取样1组
	2	封层粒料质量及矿料级配	符合设计要求	检验	
一般项目	1	宽度	大于设计值	量测	沿路线每50 m检测1个断面
	2	外观	油层与粒料应撒布均匀,无松散、漏撒、堆积、泛油等现象	检查	全段

10.5 泥结碎石面层和干压碎石面层

10.5.1 泥结碎石面层和干压碎石面层单元工程施工质量应符合表10.5.1的规定。

表 10.5.1 泥结碎石面层和干压碎石面层单元工程施工质量标准

项次		检验项目	质量要求	检查方法	检验数量
主控项目	1	基层质量	符合设计要求	检查	全数检查
	2	石灰、碎石质量及碎石级配	符合设计要求	检验	每个料源取样1组
	3	压实度	符合设计要求	灌砂法	每200 m检测1处
一般项目	1	平整度	允许偏差:15 mm	3 m直尺检测	每100 m检测1处,连续10个尺长
	2	厚度	允许偏差:±15 mm	量测	每200 m检测1处
	3	纵断面高程	允许偏差:±20 mm	测量	每50 m检测1点
	4	路面宽度	不小于设计值	量测	每50 m检测1处
	5	中线平面偏位	允许偏差:±30 mm	量测	每50 m检测1点
	6	横坡度	允许偏差:±0.5%	测量	每50 m检测1个断面
	7	外观	表面平整、坚实,无明显粗细集料集中现象	检查	全段

10.6 路缘石

10.6.1 路缘石单元工程施工质量应符合表10.6.1的规定。

表10.6.1 路缘石单元工程施工质量标准

项次		检验项目	质量要求	检验方法	检验数量
主控项目	1	预制路缘石质量	符合设计要求	按本规程第9章有关规定执行	
一般项目	1	顺直度	允许偏差:10 mm	量测	20 m拉线,每50 m检测1处
	2	顶面高程	允许偏差:±10 mm	测量	每50 m检测1处
	3	相邻两块高差	≤3 mm	量测	每50 m检测1处
	4	相邻两块缝宽	允许偏差:±3 mm	量测	每50 m检测1处
	5	外观	路缘石安砌稳固,顶面平整,缝宽均匀,勾缝密实	检查	全段

11 附属工程单元工程施工质量标准

11.1 植树

11.1.1 植树宜按5 000~10 000 m^{2}划分为一个单元工程。

11.1.2 植树单元工程施工质量标准见表11.1.2。

表11.1.2 植树单元工程施工质量标准

项次		检验项目	质量要求	检验方法	检验数量
主控项目	1	苗木规格与品质	符合设计要求	检查	全数检查
	2	株距、行距	允许偏差为设计值的±10%	量测	每300~500 m^{2}检测1处
一般项目	1	树坑尺寸	符合设计要求	检查	全面检查
	2	种植范围	允许偏差:单侧不大于行(株)距	量测	每20~50 m检测1处
	3	树坑回填	符合设计要求	观察	全数检查

11.2 植草

11.2.1 植草宜按对应工段划分单元工程。

11.2.2 植草单元工程施工质量标准见表 11.2.2。

表 11.2.2 植草单元工程施工质量标准

项次		检验项目	质量要求	检验方法	检验数量
主控项目	1	坡面清理	符合设计要求	观察	全面检查
一般项目	1	种植密度	符合设计要求	观察	全面检查
	2	种植范围	长度允许偏差为±20 cm; 宽度允许偏差为±10 cm	量测	每 20 m 检查 1 处

11.3 排水沟

11.3.1 排水沟宜按工段划分单元工程。

11.3.2 现浇混凝土排水沟单元工程施工质量标准见表 11.3.2。

表 11.3.2 现浇混凝土排水沟单元工程施工质量标准

项次		检验项目	质量要求	检验方法	检验数量
主控项目	1	外形尺寸	允许偏差为±1 cm	量测	沿排水沟长度方向每 10~20 m 至少检测 1 处
一般项目	1	表面平整度	允许偏差为±1 cm	量测	沿排水沟长度方向每 10~20 m 至少检测 1 处
	2	变形缝结构与填充质量	符合设计要求	检查	全数

11.3.3 预制混凝土排水沟单元工程施工质量标准见表 11.3.3。

表 11.3.3 预制混凝土排水沟单元工程施工质量标准

项次		检验项目	质量要求	检验方法	检验数量
主控项目	1	混凝土预制块外观及尺寸	符合设计要求,允许偏差为±0.5 cm,表面平整,无掉角、断裂	观察、量测	每 50~100 块抽检 1 块
一般项目	1	顺直度	允许偏差:10mm	量测	20 m 拉线,每 50 m 检测 1 处
	2	相邻两块高差	≤3 mm	量测	每 50 m 检测 1 处

11.4 标志标牌

11.4.1 标志标牌按构件数量划分,每个单元数量宜为10~20个。

11.4.2 标志标牌单元工程施工质量标准见表11.4.2。

表11.4.2 标志标牌单元工程施工质量标准

项次		检验项目	质量要求	检验方法	检验数量
主控项目	1	材料质量	符合国家有关标准	检查	全数检查
	2	埋设位置	符合设计要求	检查	全数检查
一般项目	1	外观检查	表面平整、无蜂窝麻面,外形规整	检查	全数检查
	2	尺寸偏差	允许偏差为±3%设计值	量测	每10~20件检查1件
	3	桩志及标牌的注字	符合设计要求	检查	每10~20件检查1次

11.5 土牛及备防石

11.5.1 每10~20个土牛宜划分为1个单元工程。土牛单元工程施工质量标准见表11.5.1。

表11.5.1 土牛单元工程施工质量标准

<table>
<tr><th colspan="2">项次</th><th colspan="2">检验项目</th><th>质量要求</th><th>检验方法</th><th>检验数量</th></tr>
<tr><td rowspan="2">主控项目</td><td>1</td><td colspan="2">土质</td><td>符合设计要求</td><td>试验</td><td>每个料源取样1个</td></tr>
<tr><td>2</td><td colspan="2">方量</td><td>不小于设计值</td><td>量测</td><td>全数检查</td></tr>
<tr><td rowspan="2">一般项目</td><td rowspan="2">1</td><td rowspan="2">土牛堆筑</td><td>位置</td><td>符合设计要求</td><td rowspan="2">检查</td><td rowspan="2">全数检查</td></tr>
<tr><td>外观</td><td>规整</td></tr>
</table>

11.5.2 备防石单元工程施工质量标准见表11.5.2。

表11.5.2 备防石单元工程施工质量标准

项次		检验项目	质量要求	检验方法	检验数量
主控项目	1	石料质量	符合设计要求	检查	全数检查
	2	石料数量	符合设计要求	量测	全数检查
一般项目	1	摆放位置	布局合理	检查	全数检查
	2	编号及方量标志	工整清晰	检查	全数检查

12 施工质量评定

12.1 一般规定

12.1.1 黄河防洪工程施工质量等级评定的主要依据有:

(1)国家及行业技术标准;

(2)经批准的设计文件、施工图纸、金属结构设计图样与技术条件、设计修改通知书、厂家提供的设备安装说明书及有关技术文件;

(3)工程承发包合同中约定的技术标准;

(4)工程施工期及试运行期的试验和观测分析成果。

12.1.2 合格标准是工程验收标准。不合格工程必须进行处理且达到合格标准后,才能进行后续工程施工或验收。

12.1.3 优良等级是为工程项目质量创优而设置的。

12.2 单元工程质量评定

12.2.1 锥探灌浆及防渗墙工程单元工程质量评定按照第 8 章规定执行;其他工程单元工程质量评定按照本节规定执行。

12.2.2 工序施工质量合格标准为:

(1)主控项目,检验结果全部符合本标准的要求;

(2)一般项目,逐项有 70%及以上的检验点合格,且不合格点不应是相邻的检测点(批、次);

(3)各项报验资料符合本标准要求。

12.2.3 工序施工质量优良标准为:

(1)主控项目,检验结果全部符合本标准的要求;

(2)一般项目,逐项有 90%及以上的检验点合格,且不合格点不应是相邻的检测点(批、次);

(3)各项报验资料符合本标准要求。

12.2.4 单元工程分为有工序单元工程和无工序单元工程两类,其合格标准分别为:

(1)有工序单元工程:各工序施工质量验收评定全部合格;各项报验资料符合本规程要求。

(2)无工序单元工程:主控项目检验结果全部符合本规程的要求;一般项目逐项有70%及以上的检验点合格;各项报验资料符合本规程要求。

12.2.5 当达不到合格标准时,应及时处理。处理后的质量等级应按下列规定重新确定:

(1)全部返工重做的,可重新评定质量等级。

(2)经加固补强并经设计和监理单位鉴定能达到设计要求时,其质量评为合格。

(3)处理后的工程部分质量指标仍达不到设计要求时,经设计复核,项目法人(建设单位)及监理单位确认能满足安全和使用功能要求,可不再进行处理;或经加固补强后,改变了外形尺寸或造成工程永久性缺陷的,经项目法人(建设单位)、监理及设计单位确认能基本满足设计要求,其质量可定为合格,但应按规定进行质量缺陷备案。

12.2.6 单元工程优良标准为:

(1)有工序单元工程:

混凝土工程、地基处理与基础工程:各工序施工质量全部合格,优良工序达到70%及以上,并且主要工序达到优良等级;各项报验资料符合本规程要求。

其他工程:各工序施工质量全部合格,优良工序达到50%及以上,并且主要工序达到优良等级;各项报验资料符合本规程要求。

(2)无工序单元工程:主控项目检验结果全部符合本规程的要求;一般项目逐项有90%及以上的检验点合格;各项报验资料符合本规程要求。

12.2.7 全部返工重做的单元工程,经检验达到优良标准时,可评为优良等级。

12.2.8 单元(工序)工程质量在施工单位自评合格后,由监理单位复核,监理工程师核定质量等级并签证认可。

12.2.9 重要隐蔽单元工程及关键部位单元工程质量经施工单位自评合格、监理单位抽检后,由项目法人(建设单位)或委托监理、设计、施工、工程运行管理等单位组成联合小组,共同检查核定其质量等级并填写签证表,报工程质量监督机构核备。

12.3 分部工程质量评定

12.3.1 分部工程施工质量同时满足下列标准时,其质量评为合格:

(1)所含单元工程的质量全部合格。质量事故及质量缺陷已按要求处理,并经检验合格。

(2)原材料、中间产品及混凝土或砂浆试件质量全部合格,金属结构及启闭机制造质量合格,机电产品质量合格。

12.3.2 分部工程施工质量同时满足下列标准时,其质量评为优良:

(1)所含单元工程质量全部合格,其中70%以上达到优良等级,重要隐蔽单元工程和关键部位单元工程质量优良率达90%以上,且未发生过质量事故。

(2)中间产品质量全部合格,混凝土或砂浆试件质量达到优良等级(当试件组数小于30时,试件质量合格)。原材料质量、金属结构及启闭机制造质量合格,机电产品质量合格。

12.3.3 分部工程质量,在施工单位自评合格后,由监理单位复核,项目法人(建设单位)认定。分部工程验收的质量结论由项目法人(建设单位)报工程质量监督机构核备。大型枢纽工程主要建筑物的分部工程验收的质量结论由项目法人(建设单位)报工程质量监督机构核定。

12.4 单位工程质量评定

12.4.1 单位工程施工质量同时满足下列标准时,其质量评为合格:

(1)所含分部工程质量全部合格。

(2)质量事故已按要求进行处理。

(3)工程外观质量得分率达到70%以上。

(4)单位工程施工质量检验与评定资料基本齐全。

(5)工程施工期及试运行期,单位工程观测资料分析结果符合国家和行业技术标准以及合同约定的标准要求。

12.4.2 单位工程施工质量同时满足下列标准时,其质量评为优良:

(1)所含分部工程质量全部合格,其中70%以上达到优良等级,主要分部工程质量全部优良,且施工中未发生过较大质量事故。

(2)质量事故已按要求进行处理。

(3)外观质量得分率达到85%以上。

(4)单位工程施工质量检验与评定资料齐全。

(5)工程施工期及试运行期,单位工程观测资料分析结果符合国家和行业技术标准以及合同约定的标准要求。

12.4.3 单位工程质量,在施工单位自评合格后,由监理单位复核,项目法人(建设单位)认定。单位工程验收的质量结论由项目法人(建设单位)报工程质量监督机构核定。

12.5 工程项目质量评定

12.5.1 工程项目施工质量同时满足下列标准时,其质量评为合格:

(1)单位工程质量全部合格;

(2)工程施工期及试运行期,各单位工程观测资料分析结果均符合国家和行业技术标准以及合同约定的标准要求。

12.5.2 工程项目施工质量同时满足下列标准时,其质量评为优良:

(1)单位工程质量全部合格,其中70%以上单位工程质量达到优良等级,且主要单位工程质量全部优良。

(2)工程施工期及试运行期,各单位工程观测资料分析结果均符合国家和行业技术标准以及合同约定的标准要求。

12.5.3 工程项目质量,在单位工程质量评定合格后,由监理单位进行统计并评定工程项目质量等级,经项目法人(建设单位)认定后,报工程质量监督机构核定。

12.5.4 阶段验收前,工程质量监督机构应提交工程质量评价意见。

12.5.5 工程质量监督机构应按有关规定在工程竣工验收前提交工程质量监督报告,工程质量监督报告应有工程质量是否合格的明确结论。

附录二 《黄河生态保护治理攻坚战行动方案》

为贯彻落实黄河流域生态保护和高质量发展国家重大战略,按照党中央、国务院关于深入打好污染防治攻坚战的决策部署,着力打好黄河生态保护治理攻坚战,制定本行动方案。

一、总体要求

(一)指导思想

以习近平新时代中国特色社会主义思想为指导,全面贯彻党的十九大和十九届历次全会精神,深入贯彻习近平生态文明思想,坚持稳中求进工作总基调,完整、准确、全面贯彻新发展理念,坚持绿水青山就是金山银山,准确把握重在保护、要在治理的战略要求,落实以水定城、以水定地、以水定人、以水定产,共同抓好大保护,协同推进大治理,以维护黄河生态安全为目标,以改善生态环境质量为核心,统筹水资源、水环境和水生态,加强综合治理、系统治理、源头治理,推进山水林田湖草沙一体化保护修复,协同推动生态保护与环境治理,提升流域生态系统质量和稳定性,落实各方生态环境保护责任,强化督察监管,着力解决人民群众关心的突出生态环境问题,实现流域生态安全屏障更加牢固、生态环境质量持续改善,让黄河成为造福人民的幸福河。

(二)基本原则

坚持因地制宜、分类施策。落实生态优先、保护优先,科学把握上中下游的差异,实施分区分类保护治理,系统推进重点河湖自然生态保护修复和工业、城乡生活、农业、矿区等污染治理,促进河流生态系统健康。

坚持休养生息、还水于河。从过度干预、过度利用向自然恢复、休养生息转变,把水资源作为最大刚性约束,合理控制水资源开发利用强度,优化用水结构,有效保障生态流量,守住黄河自然生态安全边界。

坚持问题导向、重点攻坚。聚焦流域生态保护和环境治理的突出问题,深入实施生态环境保护重大工程,加快补齐生态环境基础设施短板,保护水资源、改善水环境、恢复水生态,以生态环境质量的持续改善不断提升人民群众的幸福感。

坚持源头管控、防范风险。建立健全流域国土空间管控机制,强化生态环境分区管控,严格自然资源开发利用准入,坚决遏制高能耗、高排放、低水平项目盲目发展,完善生态环境管理、协调、监督机制,有效防范化解重大生态环境风险。

坚持多元共治、协同推进。落实各方生态环境保护责任,引导市场主体和社会公众参与,深化全流域联防联控,推进各地方、各部门分工协作、共同发力,建立健全上下游、左右岸、干支流协同保护治理机制。

(三)工作目标

通过攻坚,黄河流域生态系统质量和稳定性稳步提升,干流及主要支流生态流量得到有效保障,水环境质量持续改善,污染治理水平得到明显提升,生态环境风险有效控制,共同抓好大保护、协同推进大治理的格局基本形成。到2025年,黄河流域森林覆盖率达到21.58%,水土保持率达到67.74%,退化天然林修复1 050万亩,沙化土地综合治理136万hm^2,地表水达到或优于Ⅲ类水体比例达到81.9%,地表水劣Ⅴ类水体基本消除,黄河干流上中游(花园口以上)水质达到Ⅱ类,县级及以上城市集中式饮用水水源水质达到或优于Ⅲ类比例不低于90%,县级城市建成区黑臭水体消除比例达到90%以上。

(四)攻坚范围

在黄河流域覆盖的青海、四川、甘肃、宁夏、内蒙古、山西、陕西、河南、山东等9省(区)范围内,以黄河干流、主要支流及重要湖库为重点开展流域生态保护治理行动。黄河干流主要指青海玉树河源至山东东营入海口河段;主要支流包括湟水河、洮河、窟野河、无定河、延河、汾河、渭河、石川河、伊洛河、沁河、大汶河等河流;重要湖库包括乌梁素海、红碱淖、沙湖、东平湖、龙羊峡水库、李家峡水库、刘家峡水库、万家寨水库、三门峡水库、小浪底水库等湖库。

二、主要任务

(一)河湖生态保护治理行动

推动河湖水生态环境保护。以黄河干流,湟水河、大通河、洮河、汾河、渭河、伊洛河、沁河、大汶河等主要支流,以及乌梁素海、红碱淖、沙湖、东平湖、龙羊峡水库、李家峡水库、刘家峡水库等湖库为重点,实施水生态调查评估与保护修复,优先开展饮用水水源地、自然保护地、国家级水产种质资源保护区、“三场一通道”(产卵场、索饵场、越冬场和洄游通道)、野生动物保护栖息地等所在河湖生态缓冲带划定,严格生态缓冲带监管和岸线管控,推动清退、搬迁与生态保护要求不符的生产活动和建设项目。加大扎陵湖、鄂陵湖、约古宗列曲、卡日曲、星星海和玛多湖泊群保护力度,维护自然生态岸线和河湖原生生态。调整优化黄河禁渔期制度,科学规范实施水生生物增殖放流。到2025年,完成干流、主要支流及重点湖库水生态调查评估,建成一批具有示范价值的美丽河湖、幸福河湖。(生态环境部牵头,水利部、农业农村部参与。以下均需沿黄省区地方各级人民政府相关部门落实,不再列出)

加快污染水体消劣达标。汾河、都思兔河、黄甫川、涝河、南川河、三川河、杨兴河、乌兰木伦河、小黑河、泔河、马莲河等劣Ⅴ类水体,编制实施消劣行动方案。到2025年,黄河流域基本消除劣Ⅴ类水体(环境本底除外)。石川河、沮河、延河、三岔河等未达到水质目标要求的水体,依法编制实施水体达标规划。(生态环境部牵头,发展改革委、水利部参与)

保障生态流量。以黄河干流及湟水河、大通河、黑河、洮河、窟野河、无定河、汾河、渭河、泾河、北洛河、伊洛河、大汶河等主要支流为重点,制定实施生态流量保障方案。加强黄河水量统一调度和调度计划执行监管,着力提高冬春季枯水期生态流量,维持河道生态系统稳定。在确保黄河防洪安全前提下,开展黄河主要断面4—10月等关键期生态流量监管,保障鱼类产卵与沿黄湿地等生态用水。开展水利水电工程生态流量泄放落实情况专项检查。(水利部牵头,生态环境部参与)

推进入河排污口排查整治。有序推进入河排污口“排查、监测、溯源、整治”，全面摸清黄河干流及主要支流入河排污口底数，做到应查尽查，有口皆查，推进排污口水质水量在线监测设施建设，建立全流域入河排污口“一本账”“一张图”，实施入河排污口分类整治。到2022年，完成黄河干流及重要支流排查，到2025年，基本完成排污口整治工作。(生态环境部牵头，住房和城乡建设部、水利部、农业农村部参与)

加强饮用水水源地规范化建设。以县级及以上城市集中式饮用水水源地为重点，加强饮用水水源地规范化建设，开展不达标水源地治理。推进乡镇级饮用水水源保护区划定、立标并开展环境问题排查整治。到2025年，完成乡镇级集中式饮用水水源保护区划定与立标。(生态环境部牵头，水利部参与)

加强地下水污染防治。开展地下水污染状况调查评估，推动地下水污染防治重点区划定，建立地下水污染防治重点排污单位名录，落实地下水防渗和监测措施。到2025年，完成一批地级市地下水污染防治重点区划定及配套管理制度文件制定，完成一批化工园区地下水污染风险管控工程。(生态环境部牵头，自然资源部、水利部参与)

严格环境风险防控。以涉危险废物涉重金属企业、化工园区为重点，完成黄河干流和主要支流突发水污染事件“一河一策一图”全覆盖。以黄河干流和主要支流为重点，严控石化、化工、化纤、有色金属、印染、原料药制造等行业企业环境风险，加强油气管道环境风险防范，开展新污染物环境调查监测和环境风险评估，推进流域突发环境风险调查与监控预警体系建设，加强流域及地方环境应急物资库建设。在环境高风险领域依法建立实施环境污染强制责任保险制度。加强内蒙古、甘肃、陕西、河南等省(区)重点行业重金属污染防控。到2025年，完成黄河干流及主要支流环境风险调查。(生态环境部牵头，发展改革委、工业和信息化部参与)

(二)减污降碳协同增效行动

强化生态环境分区管控。落实生态保护红线、环境质量底线、资源利用上线硬约束，充分衔接国土空间规划和用途管制要求，因地制宜建立差别化生态环境准入清单，加快推进“三线一单”(生态保护红线、环境质量底线、资源利用上线和生态环境准入清单)成果应用。严格规划环评审查、节能审查、节水评价和项目环评准入，严控严管新增高污染、高耗能、高排放、高耗水企业。严控钢铁、煤化工、石化、有色金属等行业规模，依法依规淘汰落后产能和化解过剩产能。禁止在黄河干支流岸线一定范围内新建、扩建化工园区和化工项目。严禁“挖湖造景”等不合理用水需求。(发展改革委、工业和信息化部、自然资源部、生态环境部、水利部按职责分工负责)

加快工业企业清洁生产和污染治理。推动构建以排污许可制为核心的固定污染源监管制度体系，开展排污许可提质增效工作。推动钢铁、焦化、化工、有色金属、造纸、印染、原料药制造、农副食品加工等重点行业实施清洁生产改造，开展自愿性清洁生产评价和认证，严格实施“双超双有高耗能”企业强制性清洁生产审核。鼓励有条件的地区开展行业、园区和产业集群整体审核试点。推动化工企业迁入合规园区，新建化工、有色金属、原料药制造等企业，应布局在符合产业定位和准入要求的合规园区，工业园区应按规定建成污水集中处理设施，依法安装自动在线监控装置并与生态环境主管部门联网。推进沿黄省区工业园区水污染整治。到2025年，沿黄工业园区全部建成污水集中处理设施并稳定达标排放。加快推进工业污废水全收集、全处理,严格煤矿等行业高浓盐水管理,推动实现工业废水稳定达标排放。严控工业废水未经处理或未有效处理直接排入城镇污水处理系统,严厉打击向河湖、沙漠、湿地、地下水等偷排、直排行为。(生态环境部、发展改革委、工业和信息化部、自然资源部按职责分工负责)

强化固体废物协同控制与污染防治。选择一批"无废城市"开展协同增效试点,在固体废物处置全过程中协同推进碳减排。建设固体废物跨区域回收利用示范基地,推动区域固体废物集中利用处置能力共享。持续推进流域"清废行动",加快推进沿黄省区干支流固体废物倾倒排查整治工作,全面整治固体废物非法堆存。推动省域内危险废物处置能力与产废情况总体匹配,鼓励主要产业基地根据需要配套建设危险废物集中利用处置设施,支持有条件的地区建设区域性特殊危险废物集中处置中心。加快完善医疗废物收集转运处置体系,推动地级及以上城市医疗废物集中处置设施建设,健全县域医疗废物收集转运处置体系,补齐医疗废物收集处理设施短板。(生态环境部牵头,发展改革委、住房和城乡建设部、卫生健康委参与)

推进污水资源化利用。在重点排污口下游、河流入湖口、支流入干流处等关键节点因地制宜建设人工湿地水质净化等工程设施,将净化改善后的再生水纳入区域水资源调配管理体系。选择缺水地区积极开展区域再生水循环利用试点示范。在地级及以上城市建设污水资源化利用示范城市,选择典型地区开展再生水利用配置试点,推广再生水用于生态补水、工业生产和市政杂用。推进宁东、鄂尔多斯、榆林等重点地区煤矿疏干水综合利用,创建一批煤炭、钢铁、石化、有色金属、造纸、印染等行业工业废水循环利用示范企业和生态工业示范园区。在居住分散、干旱缺水的农村积极推进污水就近就地资源化利用。到2025年,上游地级及以上缺水城市再生水利用率达到25%以上,中下游力争达到30%。(发展改革委、工业和信息化部、生态环境部、住房和城乡建设部、水利部、农业农村部按职责分工负责)

(三)城镇环境治理设施补短板行动

推进城镇污水收集管网补短板。推进黄河干流和主要支流沿线城镇污水管网全覆盖,大力推进城中村、老旧城区、城乡结合部污水管网建设与改造。开展城镇污水管网混错接改造、更新、破损修复改造,加强管网清疏管养,进一步提高污水收集效能。对进水生化需氧量浓度低于100 mg/L的城市污水处理厂,实施片区管网系统化整治。因地制宜推进城镇雨污分流改造,除干旱地区外,新建污水管网全部实行雨污分流。到2025年,城市生活污水集中收集率达到70%以上,进水生化需氧量浓度高于100 mg/L的城市污水处理厂规模占比达90%。(住房和城乡建设部、生态环境部、发展改革委按职责分工负责)

加强污水污泥处理处置。黄河流域省会城市、干流沿线城市以及湟水河、汾河、涑水河、延河、渭河等支流沿线城市的水环境敏感区域可因地制宜制定城镇污水处理厂污染物排放标准,实施差别化精准提标,着重提升污水处理厂超负荷运行地区污水处理能力。全面推进县级及以上城市污泥处置设施建设,在实现污泥稳定化、无害化处置前提下,稳步推进资源化利用。到2025年,县城污水处理率达到95%以上,城市污泥无害化处置率达到90%以上。(住房和城乡建设部、生态环境部、发展改革委按职责分工负责)

综合整治城市黑臭水体。全面开展县级城市建成区黑臭水体排查,制定黑臭水体清单，编制实施整治方案，统筹好上下游、左右岸、干支流、城市和乡村，系统推进城市黑臭水体治理。组织开展城市黑臭水体整治环境保护行动。充分发挥河长制湖长制作用，巩固城市黑臭水体治理成效，建立防止返黑返臭的长效机制。（住房和城乡建设部、生态环境部牵头，水利部、农业农村部参与）

（四）农业农村环境治理行动

加强农业面源污染防治。对干支流国控断面氮磷污染物超标的地区，开展农业面源污染调查监测、负荷评估和氮磷来源解析工作，推进测土配方施肥、有机肥替代化肥，合理调整施肥结构。在宁蒙河套、汾渭、青海湟水河和大通河、甘肃沿黄、中下游引黄灌区等区域开展农田灌溉用水和出水水质监测。推进农业面源污染综合治理项目县建设。以上中游为重点，大力推广标准地膜应用，推进废旧农膜、农药包装废弃物等回收利用处置，建立健全农田地膜残留监测点，开展常态化监测评估。（农业农村部、生态环境部、水利部按职责分工负责）

强化养殖污染防治。严格落实养殖水域滩涂规划制度，依法依规清理不符合要求的水产养殖设施。严格落实畜禽规模养殖场污染防治措施，推动粪污处理配套设施装备提档升级。推进养殖废弃物资源化利用，规范养殖户粪污贮存和还田利用，鼓励采用截污建池、收运还田等模式处理利用畜禽粪污。到2025年，畜禽粪污综合利用率达到80%以上，畜禽规模养殖场粪污处理设施装备配套率稳定在97%以上。（农业农村部、生态环境部按职责分工负责）

加快农村人居环境整治提升。深入开展黄河流域村庄清洁和绿化行动，严禁向河道、沟渠堆放生活垃圾，建设清洁宜居美丽乡村。以紧邻黄河干流和主要支流的乡镇政府驻地和中心村等为重点，推进农村人居环境整治提升。建立适合本地区的农村生活污水治理技术模式，积极稳步推进农村生活污水治理。健全生活垃圾收运处置体系，结合实际统筹县乡村三级设施建设和服务，完善农村生活垃圾收集、转运、处置设施和模式，因地制宜采用小型化、分散化的无害化处理方式。推动农村厕所、生活污水垃圾处理设施设备和村庄保洁等一体化运行管护。建立农村黑臭水体监管清单，逐步消除农村地区房前屋后河塘沟渠和群众反映强烈的黑臭水体。到2025年，基本消除较大面积农村黑臭水体。（农业农村部、国家乡村振兴局牵头，生态环境部、住房和城乡建设部、水利部、林草局参与）

推进农用地安全利用。强化受污染耕地安全利用和风险管控，因地制宜制定实施安全利用方案，加强耕地重金属污染治理与修复。在土壤污染面积较大的县级行政区推进农用地安全利用示范。在河南等重点区域分区分类开展耕地土壤污染成因分析。（农业农村部、生态环境部、自然资源部按职责分工负责）

（五）生态保护修复行动

维护上游水源涵养功能。加强三江源国家公园保护，推动祁连山、秦岭、若尔盖等国家公园创建，加大天然林保护力度，科学实施退化林修复。推动以草定畜、定牧，实施黑土滩等退化草原综合治理，科学有效维护高寒草甸、草原等重要生态系统。加强三江源、甘南、若尔盖等主要湿地保护修复，及时恢复退化湿地生态功能，防止沼泽湿地大面积萎缩。提升黄河上游三江源、若尔盖湿地、祁连山、甘南等水源涵养区碳汇能力。建成生态修复型人工影响天气保障示范基地。加大山丹马场生态保护修复力度。到2025年，天然林管

护面积 51 867 万亩。(自然资源部、林草局牵头,生态环境部、水利部、气象局参与)

加强中游水土流失治理。以小流域为单元,大力推进水土保持重点工程建设。以多沙粗沙区为重点,建设高标准淤地坝。以窟野河、无定河、黄甫川、孤山川等粗泥沙集中来源区为重点,实施粗泥沙拦沙工程,有效减少下游粗泥沙淤积。以陇东董志塬、晋西太德塬、陕北洛川塬、关中渭北台塬等高塬沟壑区为重点,实施黄土高原固沟保塬项目。以黄土丘陵沟壑区、黄土高塬沟壑区为重点,建设高标准旱作梯田。加强病险淤地坝除险加固,提升改造老旧淤地坝、梯田。因地制宜推进林草植被建设。打造一批生态清洁小流域。加强黄河中游生态气象监测评估和预报预警服务。到 2025 年,新增水土流失治理 200 万 hm^2。(水利部牵头,自然资源部、农业农村部、林草局、气象局参与)

强化下游及河口综合治理和保护修复。加强滩区水生态空间管控,开展滩区生态修复与环境整治,因地制宜退还水域岸线空间,依法打击非法采砂取土、违法违规开发建设项目等行为。开展黄河口生态预警监测,在黄河三角洲符合条件的区域实施退耕还湿,加强互花米草、大米草等外来入侵物种治理,开展受损盐沼、海草床修复,提高鸟类栖息地生境质量,提升生态系统碳汇增量。加强气候变化对黄河下游湿地、滩涂影响评估。依法退出河口区域油田开采,推动黄河口水生生物修复、鱼类产卵场修复与重建示范工程,开展水沙治理对水生生物资源生境影响评价,统筹实施黄河三角洲生态补水工程,加快黄河口国家公园建设,支持建设黄河口"美丽海湾"。(自然资源部、林草局、水利部、农业农村部、生态环境部、气象局按职责分工负责)

加强生物多样性保护。深入实施生物多样性保护战略与行动计划,加大祁连山区等生物多样性保护优先区域保护力度,为野生动植物繁衍生息创造有利环境。开展黄河流域生物多样性本底调查,建立健全生物多样性观测网络,全面掌握生物多样性现状和濒危物种种群生存状况。加强鹳类、鹤类等珍稀濒危鸟类及其栖息地保护修复。推动在黄河上游及河源区等重点水域开展鱼类生态通道及栖息地修复。加强三角洲盐沼、滩涂和河口浅海湿地生物资源保护,提高河口三角洲生物多样性。加强重大有害外来入侵物种防控和治理,保障流域生物多样性和生态系统安全。(生态环境部、自然资源部、水利部、农业农村部、林草局按职责分工负责)

强化尾矿库污染治理。扎实开展尾矿库污染隐患排查,优先治理黄河干流岸线 3 km 范围内和重要支流、湖泊岸线 1 km 范围内,以及水库、饮用水水源地、地质灾害易发多发等重点区域的尾矿库。严格新(改、扩)建尾矿库环境准入,对于不符合国家生态环境保护有关法律法规、标准和政策要求的,一律不予批准。健全尾矿库环境监管清单,建立分级分类环境监管制度。完善尾矿库尾水回用系统,提升改造渗滤液收集设施和废水处理设施,建设排放管线防渗漏设施,做好防扬散措施。尾矿库所属企业开展尾矿库污染状况监测,制定突发环境事件应急预案,完善环境应急设施和物资装备。建设和完善尾矿库下游区域环境风险防控工程设施。到 2025 年,基本完成尾矿库污染治理。(生态环境部牵头,发展改革委、自然资源部参与)

三、保障措施

（一）加强组织领导

落实党政同责、一岗双责，强化生态环境保护主体责任。黄河生态保护治理攻坚战有关目标任务完成情况纳入省（自治区、直辖市）污染防治攻坚战成效考核。各有关部门要加强业务指导和协同配合，推动重点任务、重大工程落实落地，确保各项工作有力有序推进。沿黄省区要主动作为，细化分解目标任务，健全工作推进机制，切实抓好各项任务落实。（生态环境部牵头，发展改革委、自然资源部、住房和城乡建设部、水利部、农业农村部参与）

（二）加强法治保障和科技支撑

加快推进黄河保护立法，支持沿黄省区出台地方法规和规章，推进重点区域协同立法。严格落实生态环境损害赔偿制度。推动企业依法披露环境信息，接受社会监督。（司法部、水利部、发展改革委、生态环境部、自然资源部按职责分工负责）支持地方制定流域和行业水污染物排放标准。推动制定水环境治理工程项目技术规范和指南。适时对具有跨省区生态环境影响的重大规划、标准、项目等实施情况开展会商。（生态环境部负责）

开展黄河流域生态保护和高质量发展科技创新行动，组织开展黄河流域水资源、水环境综合治理等科技研发。加强流域水环境质量与综合治理、水资源节约集约利用、水沙关系、水土流失治理、生态流量、退化生态系统修复、科学应对气候变化等关键性、前瞻性技术研究。依托现有科研机构组建黄河流域生态保护和高质量发展联合研究平台，开展减污降碳协同增效技术攻关，推进"一市一策"驻点跟踪研究等科技帮扶行动，推广生态环境整体解决方案、托管服务和第三方治理，形成一批可复制可推广的流域生态环境治理模式。（科技部、生态环境部、水利部、发展改革委、气象局按职责分工负责）

（三）发挥政府引导和市场调节作用

推进黄河源、祁连山、若尔盖—甘南、黄土高原、秦岭、贺兰山、黄河下游、黄河三角洲等重点区域生态保护和修复重点工程建设。统筹推进河套平原区、汾渭平原区、黄土高原土地沙化区、内蒙古高原湖泊萎缩退化区等重点区域山水林田湖草沙综合治理、系统治理、源头治理。（发展改革委、财政部、自然资源部、生态环境部、水利部、林草局按职责分工负责）

支持社会资本参与黄河生态保护治理，开展生态环境导向的开发模式试点，实施自然、农田、城镇、矿山生态系统保护修复项目和工程，探索发展生态产业。鼓励社会资本发射和运营环境遥感卫星，为生态系统、水生态环境、碳源碳汇等领域的监测与管理提供市场化服务。（发展改革委、自然资源部、生态环境部、住房和城乡建设部、农业农村部、林草局按职责分工负责）

大力发展绿色金融，支持和激励各类金融机构开发减污降碳的绿色金融产品，鼓励符合条件的企业发行绿色债券。加大对重点生态功能区转移支付力度，健全黄河干流和主要支流横向生态保护补偿机制，完善黄河流域生态保护补偿机制管理平台。加快推进碳排放权、排污权、用水权等市场化交易，逐步建立生态产品价值实现机制。（发展改革委、

财政部、生态环境部、自然资源部、水利部、中国人民银行按职责分工负责）

（四）严格监督管理

把黄河生态保护治理作为中央和省级生态环境保护督察的重要内容，持续拍摄黄河流域生态环境警示片，推动问题整改。开展“昆仑”专项行动，依法打击破坏黄河生态环境犯罪活动。开展生态保护红线监管试点和“绿盾”自然保护地强化监督，建立完善生态保护红线生态破坏问题监督机制。加强流域生态环境监督执法，完善跨区域跨部门联合执法机制，推动环境资源公益诉讼跨省际区划管辖协作，加强行政、司法协同，发挥检察公益诉讼职能作用，依法依规查处重大环境污染、生态破坏等行为，建立生态环境重大案件信息共享、案情通报、案件线索移送制度，及时发布典型案例。强化固定污染源“一证式”执法监管，加强自行监测、执行报告等监督管理。开展渔政“亮剑”执法专项行动。优化监测站网布局，实现环境质量、生态质量、污染源监测全覆盖，开展黄河流域生态质量监测评估，加强生态保护修复监督评估。（生态环境部牵头，最高人民检察院、最高人民法院、公安部、自然资源部、水利部、农业农村部参与）

附录三 《黄河保护法》(摘选)

第三章 生态保护与修复

第二十九条 国家加强黄河流域生态保护与修复,坚持山水林田湖草沙一体化保护与修复,实行自然恢复为主、自然恢复与人工修复相结合的系统治理。

国务院自然资源主管部门应当会同国务院有关部门编制黄河流域国土空间生态修复规划,组织实施重大生态修复工程,统筹推进黄河流域生态保护与修复工作。

第三十条 国家加强对黄河水源涵养区的保护,加大对黄河干流和支流源头、水源涵养区的雪山冰川、高原冻土、高寒草甸、草原、湿地、荒漠、泉域等的保护力度。

禁止在黄河上游约古宗列曲、扎陵湖、鄂陵湖、玛多河湖群等河道、湖泊管理范围内从事采矿、采砂、渔猎等活动,维持河道、湖泊天然状态。

第三十一条 国务院和黄河流域省级人民政府应当依法在重要生态功能区域、生态脆弱区域划定公益林,实施严格管护;需要补充灌溉的,在水资源承载能力范围内合理安排灌溉用水。

国务院林业和草原主管部门应当会同国务院有关部门、黄河流域省级人民政府,加强对黄河流域重要生态功能区域天然林、湿地、草原保护与修复和荒漠化、沙化土地治理工作的指导。

黄河流域县级以上地方人民政府应当采取防护林建设、禁牧封育、锁边防风固沙工程、沙化土地封禁保护、鼠害防治等措施,加强黄河流域重要生态功能区域天然林、湿地、草原保护与修复,开展规模化防沙治沙,科学治理荒漠化、沙化土地,在河套平原区、内蒙古高原湖泊萎缩退化区、黄土高原土地沙化区、汾渭平原区等重点区域实施生态修复工程。

第三十二条 国家加强对黄河流域子午岭—六盘山、秦岭北麓、贺兰山、白于山、陇中等水土流失重点预防区、治理区和渭河、洮河、汾河、伊洛河等重要支流源头区的水土流失防治。水土流失防治应当根据实际情况,科学采取生物措施和工程措施。

禁止在二十五度以上陡坡地开垦种植农作物。黄河流域省级人民政府根据本行政区域的实际情况,可以规定小于二十五度的禁止开垦坡度。禁止开垦的陡坡地范围由所在地县级人民政府划定并公布。

第三十三条 国务院水行政主管部门应当会同国务院有关部门加强黄河流域砒砂岩区、多沙粗沙区、水蚀风蚀交错区和沙漠入河区等生态脆弱区域保护和治理,开展土壤侵蚀和水土流失状况评估,实施重点防治工程。

黄河流域县级以上地方人民政府应当组织推进小流域综合治理、坡耕地综合整治、黄土高原塬面治理保护、适地植被建设等水土保持重点工程,采取塬面、沟头、沟坡、沟道防护等措施,加强多沙粗沙区治理,开展生态清洁流域建设。

国家支持在黄河流域上中游开展整沟治理。整沟治理应当坚持规划先行、系统修复、整体保护、因地制宜、综合治理、一体推进。

第三十四条 国务院水行政主管部门应当会同国务院有关部门制定淤地坝建设、养护标准或者技术规范,健全淤地坝建设、管理、安全运行制度。

黄河流域县级以上地方人民政府应当因地制宜组织开展淤地坝建设,加快病险淤地坝除险加固和老旧淤地坝提升改造,建设安全监测和预警设施,将淤地坝工程防汛纳入地方防汛责任体系,落实管护责任,提高养护水平,减少下游河道淤积。

禁止损坏、擅自占用淤地坝。

第三十五条 禁止在黄河流域水土流失严重、生态脆弱区域开展可能造成水土流失的生产建设活动。确因国家发展战略和国计民生需要建设的,应当进行科学论证,并依法办理审批手续。

生产建设单位应当依法编制并严格执行经批准的水土保持方案。

从事生产建设活动造成水土流失的,应当按照国家规定的水土流失防治相关标准进行治理。

第三十六条 国务院水行政主管部门应当会同国务院有关部门和山东省人民政府,编制并实施黄河入海河口整治规划,合理布局黄河入海流路,加强河口治理,保障入海河道畅通和河口防洪防凌安全,实施清水沟、刁口河生态补水,维护河口生态功能。

国务院自然资源、林业和草原主管部门应当会同国务院有关部门和山东省人民政府,组织开展黄河三角洲湿地生态保护与修复,有序推进退塘还河、退耕还湿、退田还滩,加强外来入侵物种防治,减少油气开采、围垦养殖、港口航运等活动对河口生态系统的影响。

禁止侵占刁口河等黄河备用入海流路。

第三十七条 国务院水行政主管部门确定黄河干流、重要支流控制断面生态流量和重要湖泊生态水位的管控指标,应当征求并研究国务院生态环境、自然资源等主管部门的意见。黄河流域省级人民政府水行政主管部门确定其他河流生态流量和其他湖泊生态水位的管控指标,应当征求并研究同级人民政府生态环境、自然资源等主管部门的意见,报黄河流域管理机构、黄河流域生态环境监督管理机构备案。确定生态流量和生态水位的管控指标,应当进行科学论证,综合考虑水资源条件、气候状况、生态环境保护要求、生活生产用水状况等因素。

黄河流域管理机构和黄河流域省级人民政府水行政主管部门按照职责分工,组织编制和实施生态流量和生态水位保障实施方案。

黄河干流、重要支流水工程应当将生态用水调度纳入日常运行调度规程。

第三十八条 国家统筹黄河流域自然保护地体系建设。国务院和黄河流域省级人民政府在黄河流域重要典型生态系统的完整分布区、生态环境敏感区以及珍贵濒危野生动植物天然集中分布区和重要栖息地、重要自然遗迹分布区等区域,依法设立国家公园、自然保护区、自然公园等自然保护地。

自然保护地建设、管理涉及河道、湖泊管理范围的,应当统筹考虑河道、湖泊保护需要,满足防洪要求,并保障防洪工程建设和管理活动的开展。

第三十九条 国务院林业和草原、农业农村主管部门应当会同国务院有关部门和黄河流域省级人民政府按照职责分工,对黄河流域数量急剧下降或者极度濒危的野生动植物和受到严重破坏的栖息地、天然集中分布区、破碎化的典型生态系统开展保护与修复,修建迁地保护设施,建立野生动植物遗传资源基因库,进行抢救性修复。

国务院生态环境主管部门和黄河流域县级以上地方人民政府组织开展黄河流域生物多样性保护管理,定期评估生物受威胁状况以及生物多样性恢复成效。

第四十条 国务院农业农村主管部门应当会同国务院有关部门和黄河流域省级人民政府,建立黄河流域水生生物完整性指数评价体系,组织开展黄河流域水生生物完整性评价,并将评价结果作为评估黄河流域生态系统总体状况的重要依据。黄河流域水生生物完整性指数应当与黄河流域水环境质量标准相衔接。

第四十一条 国家保护黄河流域水产种质资源和珍贵濒危物种,支持开展水产种质资源保护区、国家重点保护野生动物人工繁育基地建设。

禁止在黄河流域开放水域养殖、投放外来物种和其他非本地物种种质资源。

第四十二条 国家加强黄河流域水生生物产卵场、索饵场、越冬场、洄游通道等重要栖息地的生态保护与修复。对鱼类等水生生物洄游产生阻隔的涉水工程应当结合实际采取建设过鱼设施、河湖连通、增殖放流、人工繁育等多种措施,满足水生生物的生态需求。

国家实行黄河流域重点水域禁渔期制度,禁渔期内禁止在黄河流域重点水域从事天然渔业资源生产性捕捞,具体办法由国务院农业农村主管部门制定。黄河流域县级以上地方人民政府应当按照国家有关规定做好禁渔期渔民的生活保障工作。

禁止电鱼、毒鱼、炸鱼等破坏渔业资源和水域生态的捕捞行为。

第四十三条 国务院水行政主管部门应当会同国务院自然资源主管部门组织划定并公布黄河流域地下水超采区。

黄河流域省级人民政府水行政主管部门应当会同本级人民政府有关部门编制本行政区域地下水超采综合治理方案,经省级人民政府批准后,报国务院水行政主管部门备案。

第四十四条 黄河流域县级以上地方人民政府应当组织开展退化农用地生态修复,实施农田综合整治。

黄河流域生产建设活动损毁的土地,由生产建设者负责复垦。因历史原因无法确定土地复垦义务人以及因自然灾害损毁的土地,由黄河流域县级以上地方人民政府负责组织复垦。

黄河流域县级以上地方人民政府应当加强对矿山的监督管理,督促采矿权人履行矿山污染防治和生态修复责任,并因地制宜采取消除地质灾害隐患、土地复垦、恢复植被、防治污染等措施,组织开展历史遗留矿山生态修复工作。

第四章 水资源节约集约利用

第四十五条 黄河流域水资源利用,应当坚持节水优先、统筹兼顾、集约使用、精打细算,优先满足城乡居民生活用水,保障基本生态用水,统筹生产用水。

第四十六条 国家对黄河水量实行统一配置。制定和调整黄河水量分配方案,应当充分考虑黄河流域水资源条件、生态环境状况、区域用水状况、节水水平、洪水资源化利用等,统筹当地水和外调水、常规水和非常规水,科学确定水资源可利用总量和河道输沙入海水量,分配区域地表水取用水总量。

黄河流域管理机构商黄河流域省级人民政府制定和调整黄河水量分配方案和跨省支流水量分配方案。黄河水量分配方案经国务院发展改革部门、水行政主管部门审查后,报国务院批准。跨省支流水量分配方案报国务院授权的部门批准。

黄河流域省级人民政府水行政主管部门根据黄河水量分配方案和跨省支流水量分配方案,制定和调整本行政区域水量分配方案,经省级人民政府批准后,报黄河流域管理机构备案。

第四十七条 国家对黄河流域水资源实行统一调度,遵循总量控制、断面流量控制、分级管理、分级负责的原则,根据水情变化进行动态调整。

国务院水行政主管部门依法组织黄河流域水资源统一调度的实施和监督管理。

第四十八条 国务院水行政主管部门应当会同国务院自然资源主管部门制定黄河流域省级行政区域地下水取水总量控制指标。

黄河流域省级人民政府水行政主管部门应当会同本级人民政府有关部门,根据本行政区域地下水取水总量控制指标,制定设区的市、县级行政区域地下水取水总量控制指标和地下水水位控制指标,经省级人民政府批准后,报国务院水行政主管部门或者黄河流域管理机构备案。

第四十九条 黄河流域县级以上行政区域的地表水取用水总量不得超过水量分配方案确定的控制指标,并符合生态流量和生态水位的管控指标要求;地下水取水总量不得超过本行政区域地下水取水总量控制指标,并符合地下水水位控制指标要求。

黄河流域县级以上地方人民政府应当根据本行政区域取用水总量控制指标,统筹考虑经济社会发展用水需求、节水标准和产业政策,制定本行政区域农业、工业、生活及河道外生态等用水量控制指标。

第五十条 在黄河流域取用水资源,应当依法取得取水许可。

黄河干流取水,以及跨省重要支流指定河段限额以上取水,由黄河流域管理机构负责审批取水申请,审批时应当研究取水口所在地的省级人民政府水行政主管部门的意见;其他取水由黄河流域县级以上地方人民政府水行政主管部门负责审批取水申请。指定河段和限额标准由国务院水行政主管部门确定公布、适时调整。

第五十一条 国家在黄河流域实行水资源差别化管理。国务院水行政主管部门应当会同国务院自然资源主管部门定期组织开展黄河流域水资源评价和承载能力调查评估。评估结果作为划定水资源超载地区、临界超载地区、不超载地区的依据。

水资源超载地区县级以上地方人民政府应当制定水资源超载治理方案,采取产业结构调整、强化节水等措施,实施综合治理。水资源临界超载地区县级以上地方人民政府应当采取限制性措施,防止水资源超载。

除生活用水等民生保障用水外,黄河流域水资源超载地区不得新增取水许可;水资源临界超载地区应当严格限制新增取水许可。

第五十二条 国家在黄河流域实行强制性用水定额管理制度。国务院水行政、标准化主管部门应当会同国务院发展改革部门组织制定黄河流域高耗水工业和服务业强制性用水定额。制定强制性用水定额应当征求国务院有关部门、黄河流域省级人民政府、企业事业单位和社会公众等方面的意见，并依照《中华人民共和国标准化法》的有关规定执行。

黄河流域省级人民政府按照深度节水控水要求，可以制定严于国家用水定额的地方用水定额；国家用水定额未作规定的，可以补充制定地方用水定额。

黄河流域以及黄河流经省、自治区其他黄河供水区相关县级行政区域的用水单位，应当严格执行强制性用水定额；超过强制性用水定额的，应当限期实施节水技术改造。

第五十三条 黄河流域以及黄河流经省、自治区其他黄河供水区相关县级行政区域的县级以上地方人民政府水行政主管部门和黄河流域管理机构核定取水单位的取水量，应当符合用水定额的要求。

黄河流域以及黄河流经省、自治区其他黄河供水区相关县级行政区域取水量达到取水规模以上的单位，应当安装合格的在线计量设施，保证设施正常运行，并将计量数据传输至有管理权限的水行政主管部门或者黄河流域管理机构。取水规模标准由国务院水行政主管部门制定。

第五十四条 国家在黄河流域实行高耗水产业准入负面清单和淘汰类高耗水产业目录制度。列入高耗水产业准入负面清单和淘汰类高耗水产业目录的建设项目，取水申请不予批准。高耗水产业准入负面清单和淘汰类高耗水产业目录由国务院发展改革部门会同国务院水行政主管部门制定并发布。

严格限制从黄河流域向外流域扩大供水量，严格限制新增引黄灌溉用水量。因实施国家重大战略确需新增用水量的，应当严格进行水资源论证，并取得黄河流域管理机构批准的取水许可。

第五十五条 黄河流域县级以上地方人民政府应当组织发展高效节水农业，加强农业节水设施和农业用水计量设施建设，选育推广低耗水、高耐旱农作物，降低农业耗水量。禁止取用深层地下水用于农业灌溉。

黄河流域工业企业应当优先使用国家鼓励的节水工艺、技术和装备。国家鼓励的工业节水工艺、技术和装备目录由国务院工业和信息化主管部门会同国务院有关部门制定并发布。

黄河流域县级以上地方人民政府应当组织推广应用先进适用的节水工艺、技术、装备、产品和材料，推进工业废水资源化利用，支持企业用水计量和节水技术改造，支持工业园区企业发展串联用水系统和循环用水系统，促进能源、化工、建材等高耗水产业节水。高耗水工业企业应当实施用水计量和节水技术改造。

黄河流域县级以上地方人民政府应当组织实施城乡老旧供水设施和管网改造，推广普及节水型器具，开展公共机构节水技术改造，控制高耗水服务业用水，完善农村集中供水和节水配套设施。

黄河流域县级以上地方人民政府及其有关部门应当加强节水宣传教育和科学普及，提高公众节水意识，营造良好节水氛围。

第五十六条 国家在黄河流域建立促进节约用水的水价体系。城镇居民生活用水和具备条件的农村居民生活用水实行阶梯水价，高耗水工业和服务业水价实行高额累进加价，非居民用水水价实行超定额累进加价，推进农业水价综合改革。

国家在黄河流域对节水潜力大、使用面广的用水产品实行水效标识管理,限期淘汰水效等级较低的用水产品,培育合同节水等节水市场。

第五十七条 国务院水行政主管部门应当会同国务院有关部门制定黄河流域重要饮用水水源地名录。黄河流域省级人民政府水行政主管部门应当会同本级人民政府有关部门制定本行政区域的其他饮用水水源地名录。

黄河流域省级人民政府组织划定饮用水水源保护区,加强饮用水水源保护,保障饮用水安全。黄河流域县级以上地方人民政府及其有关部门应当合理布局饮用水水源取水口,加强饮用水应急水源、备用水源建设。

第五十八条 国家综合考虑黄河流域水资源条件、经济社会发展需要和生态环境保护要求,统筹调出区和调入区供水安全和生态安全,科学论证、规划和建设跨流域调水和重大水源工程,加快构建国家水网,优化水资源配置,提高水资源承载能力。

黄河流域县级以上地方人民政府应当组织实施区域水资源配置工程建设,提高城乡供水保障程度。

第五十九条 黄河流域县级以上地方人民政府应当推进污水资源化利用,国家对相关设施建设予以支持。

黄河流域县级以上地方人民政府应当将再生水、雨水、苦咸水、矿井水等非常规水纳入水资源统一配置,提高非常规水利用比例。景观绿化、工业生产、建筑施工等用水,应当优先使用符合要求的再生水。

第五章 水沙调控与防洪安全

第六十条 国家依据黄河流域综合规划、防洪规划,在黄河流域组织建设水沙调控和防洪减灾工程体系,完善水沙调控和防洪防凌调度机制,加强水文和气象监测预报预警、水沙观测和河势调查,实施重点水库和河段清淤疏浚、滩区放淤,提高河道行洪输沙能力,塑造河道主槽,维持河势稳定,保障防洪安全。

第六十一条 国家完善以骨干水库等重大水工程为主的水沙调控体系,采取联合调水调沙、泥沙综合处理利用等措施,提高拦沙输沙能力。纳入水沙调控体系的工程名录由国务院水行政主管部门制定。

国务院有关部门和黄河流域省级人民政府应当加强黄河干支流控制性水工程、标准化堤防、控制引导河水流向工程等防洪工程体系建设和管理,实施病险水库除险加固和山洪、泥石流灾害防治。

黄河流域管理机构及其所属管理机构和黄河流域县级以上地方人民政府应当加强防洪工程的运行管护,保障工程安全稳定运行。

第六十二条 国家实行黄河流域水沙统一调度制度。黄河流域管理机构应当组织实施黄河干支流水库群统一调度,编制水沙调控方案,确定重点水库水沙调控运用指标、运用方式、调控起止时间,下达调度指令。水沙调控应当采取措施尽量减少对水生生物及其栖息地的影响。

黄河流域县级以上地方人民政府、水库主管部门和管理单位应当执行黄河流域管理机构的调度指令。

第六十三条 国务院水行政主管部门组织编制黄河防御洪水方案，经国家防汛抗旱指挥机构审核后，报国务院批准。

黄河流域管理机构应当会同黄河流域省级人民政府根据批准的黄河防御洪水方案，编制黄河干流和重要支流、重要水工程的洪水调度方案，报国务院水行政主管部门批准并抄送国家防汛抗旱指挥机构和国务院应急管理部门，按照职责组织实施。

黄河流域县级以上地方人民政府组织编制和实施黄河其他支流、水工程的洪水调度方案，并报上一级人民政府防汛抗旱指挥机构和有关主管部门备案。

第六十四条 黄河流域管理机构制定年度防凌调度方案，报国务院水行政主管部门备案，按照职责组织实施。

黄河流域有防凌任务的县级以上地方人民政府应当把防御凌汛纳入本行政区域的防洪规划。

第六十五条 黄河防汛抗旱指挥机构负责指挥黄河流域防汛抗旱工作，其办事机构设在黄河流域管理机构，承担黄河防汛抗旱指挥机构的日常工作。

第六十六条 黄河流域管理机构应当会同黄河流域省级人民政府依据黄河流域防洪规划，制定黄河滩区名录，报国务院水行政主管部门批准。黄河流域省级人民政府应当有序安排滩区居民迁建，严格控制向滩区迁入常住人口，实施滩区综合提升治理工程。

黄河滩区土地利用、基础设施建设和生态保护与修复应当满足河道行洪需要，发挥滩区滞洪、沉沙功能。

在黄河滩区内，不得新规划城镇建设用地、设立新的村镇，已经规划和设立的，不得扩大范围；不得新划定永久基本农田，已经划定为永久基本农田、影响防洪安全的，应当逐步退出；不得新开垦荒地、新建生产堤，已建生产堤影响防洪安全的应当及时拆除，其他生产堤应当逐步拆除。

因黄河滩区自然行洪、蓄滞洪水等导致受淹造成损失的，按照国家有关规定予以补偿。

第六十七条 国家加强黄河流域河道、湖泊管理和保护。禁止在河道、湖泊管理范围内建设妨碍行洪的建筑物、构筑物以及从事影响河势稳定、危害河岸堤防安全和其他妨碍河道行洪的活动。禁止违法利用、占用河道、湖泊水域和岸线。河道、湖泊管理范围由黄河流域管理机构和有关县级以上地方人民政府依法科学划定并公布。

建设跨河、穿河、穿堤、临河的工程设施，应当符合防洪标准等要求，不得威胁堤防安全、影响河势稳定、擅自改变水域和滩地用途、降低行洪和调蓄能力、缩小水域面积；确实无法避免降低行洪和调蓄能力、缩小水域面积的，应当同时建设等效替代工程或者采取其他功能补救措施。

第六十八条 黄河流域河道治理，应当因地制宜采取河道清障、清淤疏浚、岸坡整治、堤防加固、水源涵养与水土保持、河湖管护等治理措施，加强悬河和游荡性河道整治，增强河道、湖泊、水库防御洪水能力。

国家支持黄河流域有关地方人民政府以稳定河势、规范流路、保障行洪能力为前提，统筹河道岸线保护修复、退耕还湿，建设集防洪、生态保护等功能于一体的绿色生态走廊。

第六十九条 国家实行黄河流域河道采砂规划和许可制度。黄河流域河道采砂应当依法取得采砂许可。

黄河流域管理机构和黄河流域县级以上地方人民政府依法划定禁采区,规定禁采期,并向社会公布。禁止在黄河流域禁采区和禁采期从事河道采砂活动。

第七十条 国务院有关部门应当会同黄河流域省级人民政府加强对龙羊峡、刘家峡、三门峡、小浪底、故县、陆浑、河口村等干支流骨干水库库区的管理,科学调控水库水位,加强库区水土保持、生态保护和地质灾害防治工作。

在三门峡、小浪底、故县、陆浑、河口村水库库区养殖,应当满足水沙调控和防洪要求,禁止采用网箱、围网和拦河拉网方式养殖。

第七十一条 黄河流域城市人民政府应当统筹城市防洪和排涝工作,加强城市防洪排涝设施建设和管理,完善城市洪涝灾害监测预警机制,健全城市防灾减灾体系,提升城市洪涝灾害防御和应对能力。

黄河流域城市人民政府及其有关部门应当加强洪涝灾害防御宣传教育和社会动员,定期组织开展应急演练,增强社会防范意识。

第六章 污染防治

第七十二条 国家加强黄河流域农业面源污染、工业污染、城乡生活污染等的综合治理、系统治理、源头治理,推进重点河湖环境综合整治。

第七十三条 国务院生态环境主管部门制定黄河流域水环境质量标准,对国家水环境质量标准中未作规定的项目,可以作出补充规定;对国家水环境质量标准中已经规定的项目,可以作出更加严格的规定。制定黄河流域水环境质量标准应当征求国务院有关部门和有关省级人民政府的意见。

黄河流域省级人民政府可以制定严于黄河流域水环境质量标准的地方水环境质量标准,报国务院生态环境主管部门备案。

第七十四条 对没有国家水污染物排放标准的特色产业、特有污染物,以及国家有明确要求的特定水污染源或者水污染物,黄河流域省级人民政府应当补充制定地方水污染物排放标准,报国务院生态环境主管部门备案。

有下列情形之一的,黄河流域省级人民政府应当制定严于国家水污染物排放标准的地方水污染物排放标准,报国务院生态环境主管部门备案:

(1)产业密集、水环境问题突出;

(2)现有水污染物排放标准不能满足黄河流域水环境质量要求;

(3)流域或者区域水环境形势复杂,无法适用统一的水污染物排放标准。

第七十五条 国务院生态环境主管部门根据水环境质量改善目标和水污染防治要求,确定黄河流域各省级行政区域重点水污染物排放总量控制指标。黄河流域水环境质量不达标的水功能区,省级人民政府生态环境主管部门应当实施更加严格的水污染物排放总量削减措施,限期实现水环境质量达标。排放水污染物的企业事业单位应当按照要求,采取水污染物排放总量控制措施。

黄河流域县级以上地方人民政府应当加强和统筹污水、固体废物收集处理处置等环境基础设施建设,保障设施正常运行,因地制宜推进农村厕所改造、生活垃圾处理和污水治理,消除黑臭水体。

第七十六条 在黄河流域河道、湖泊新设、改设或者扩大排污口,应当报经有管辖权的生态环境主管部门或者黄河流域生态环境监督管理机构批准。新设、改设或者扩大可能影响防洪、供水、堤防安全、河势稳定的排污口的,审批时应当征求县级以上地方人民政府水行政主管部门或者黄河流域管理机构的意见。

黄河流域水环境质量不达标的水功能区,除城乡污水集中处理设施等重要民生工程的排污口外,应当严格控制新设、改设或者扩大排污口。

黄河流域县级以上地方人民政府应当对本行政区域河道、湖泊的排污口组织开展排查整治,明确责任主体,实施分类管理。

第七十七条 黄河流域县级以上地方人民政府应当对沿河道、湖泊的垃圾填埋场、加油站、储油库、矿山、尾矿库、危险废物处置场、化工园区和化工项目等地下水重点污染源及周边地下水环境风险隐患组织开展调查评估,采取风险防范和整治措施。

黄河流域设区的市级以上地方人民政府生态环境主管部门商本级人民政府有关部门,制定并发布地下水污染防治重点排污单位名录。地下水污染防治重点排污单位应当依法安装水污染物排放自动监测设备,与生态环境主管部门的监控设备联网,并保证监测设备正常运行。

第七十八条 黄河流域省级人民政府生态环境主管部门应当会同本级人民政府水行政、自然资源等主管部门,根据本行政区域地下水污染防治需要,划定地下水污染防治重点区,明确环境准入、隐患排查、风险管控等管理要求。

黄河流域县级以上地方人民政府应当加强油气开采区等地下水污染防治监督管理。在黄河流域开发煤层气、致密气等非常规天然气的,应当对其产生的压裂液、采出水进行处理处置,不得污染土壤和地下水。

第七十九条 黄河流域县级以上地方人民政府应当加强黄河流域土壤生态环境保护,防止新增土壤污染,因地制宜分类推进土壤污染风险管控与修复。

黄河流域县级以上地方人民政府应当加强黄河流域固体废物污染环境防治,组织开展固体废物非法转移和倾倒的联防联控。

第八十条 国务院生态环境主管部门应当在黄河流域定期组织开展大气、水体、土壤、生物中有毒有害化学物质调查监测,并会同国务院卫生健康等主管部门开展黄河流域有毒有害化学物质环境风险评估与管控。

国务院生态环境等主管部门和黄河流域县级以上地方人民政府及其有关部门应当加强对持久性有机污染物等新污染物的管控、治理。

第八十一条 黄河流域县级以上地方人民政府及其有关部门应当加强农药、化肥等农业投入品使用总量控制、使用指导和技术服务,推广病虫害绿色防控等先进适用技术,实施灌区农田退水循环利用,加强对农业污染源的监测预警。

黄河流域农业生产经营者应当科学合理使用农药、化肥、兽药等农业投入品,科学处理、处置农业投入品包装废弃物、农用薄膜等农业废弃物,综合利用农作物秸秆,加强畜禽、水产养殖污染防治。

第七章 促进高质量发展

第八十二条 促进黄河流域高质量发展应当坚持新发展理念,加快发展方式绿色转型,以生态保护为前提优化调整区域经济和生产力布局。

第八十三条 国务院有关部门和黄河流域县级以上地方人民政府及其有关部门应当协同推进黄河流域生态保护和高质量发展战略与乡村振兴战略、新型城镇化战略和中部崛起、西部大开发等区域协调发展战略的实施,统筹城乡基础设施建设和产业发展,改善城乡人居环境,健全基本公共服务体系,促进城乡融合发展。

第八十四条 国务院有关部门和黄河流域县级以上地方人民政府应当强化生态环境、水资源等约束和城镇开发边界管控,严格控制黄河流域上中游地区新建各类开发区,推进节水型城市、海绵城市建设,提升城市综合承载能力和公共服务能力。

第八十五条 国务院有关部门和黄河流域县级以上地方人民政府应当科学规划乡村布局,统筹生态保护与乡村发展,加强农村基础设施建设,推进农村产业融合发展,鼓励使用绿色低碳能源,加快推进农房和村庄建设现代化,塑造乡村风貌,建设生态宜居美丽乡村。

第八十六条 黄河流域产业结构和布局应当与黄河流域生态系统和资源环境承载能力相适应。严格限制在黄河流域布局高耗水、高污染或者高耗能项目。

黄河流域煤炭、火电、钢铁、焦化、化工、有色金属等行业应当开展清洁生产,依法实施强制性清洁生产审核。

黄河流域县级以上地方人民政府应当采取措施,推动企业实施清洁化改造,组织推广应用工业节能、资源综合利用等先进适用的技术装备,完善绿色制造体系。

第八十七条 国家鼓励黄河流域开展新型基础设施建设,完善交通运输、水利、能源、防灾减灾等基础设施网络。

黄河流域县级以上地方人民政府应当推动制造业高质量发展和资源型产业转型,因地制宜发展特色优势现代产业和清洁低碳能源,推动产业结构、能源结构、交通运输结构等优化调整,推进碳达峰碳中和工作。

第八十八条 国家鼓励、支持黄河流域建设高标准农田、现代畜牧业生产基地以及种质资源和制种基地,因地制宜开展盐碱地农业技术研究、开发和应用,支持地方品种申请地理标志产品保护,发展现代农业服务业。

国务院有关部门和黄河流域县级以上地方人民政府应当组织调整农业产业结构,优化农业产业布局,发展区域优势农业产业,服务国家粮食安全战略。

第八十九条 国务院有关部门和黄河流域县级以上地方人民政府应当鼓励、支持黄河流域科技创新,引导社会资金参与科技成果开发和推广应用,提升黄河流域科技创新能力。

国家支持社会资金设立黄河流域科技成果转化基金,完善科技投融资体系,综合运用政府采购、技术标准、激励机制等促进科技成果转化。

第九十条 黄河流域县级以上地方人民政府及其有关部门应当采取有效措施,提高城乡居民对本行政区域生态环境、资源禀赋的认识,支持、引导居民形成绿色低碳的生活方式。